企業戰略管理
基礎與案例

主　編　曹小英
副主編　王相平　宋寶莉

崧燁文化

前 言

企業戰略管理是工商管理專業的一門必修課。目前，企業戰略管理課程教學偏重於理論教學，案例教學改革不到位，教學效果不理想。本書在對企業戰略管理基礎理論介紹的基礎上，側重大量的企業案例分析，有利於提高課程教學效果。本書具有較強的實用性和可讀性，適用於高等院校工商管理類各專業本科學生學習使用，也可以作為MBA教材以及企業管理人員培訓與自學者使用教材。

本書由曹小英擔任主編。全書包括基礎理論篇與企業案例篇兩大部分，共分為13章。其中，第1章由曹小英和宋寶莉編寫；第2章由曹小英和許娜編寫；第3章由宋寶莉和許娜編寫，第4章由王相平和干佳穎編寫，第5章由王相平和杜靜編寫，第6章由牟紹波和楊雯睿編寫，第7章由黃雷和鄭杲奇編寫，第8章由曹小英和範柳編寫，第9章由牟紹波和楊洋編寫，第10章由王相平和簡相伍編寫，第11章由曹小英和楊雯睿編寫，第12章由曹小英和楊洋編寫，第13章由曹小英、羅劍和陳明月編寫。全書由曹小英統稿和定稿。

在編寫本書的過程中，編者參閱了大量中外文獻資料，在此對文獻作者和譯者表示衷心感謝！由於編者水平有限，不足之處，懇請廣大讀者批評指正。

編 者

目 錄

第一部分　基礎理論篇

第 1 章　企業戰略管理概論 (3)
1.1　戰略 (3)
　　1.1.1　戰略的內涵 (3)
　　1.1.2　戰略的層次 (5)
1.2　戰略管理 (6)
　　1.2.1　戰略管理的內涵 (6)
　　1.2.2　戰略管理的過程 (6)

第 2 章　企業戰略環境 (8)
2.1　外部宏觀環境分析 (8)
　　2.1.1　政治法律環境 (8)
　　2.1.2　經濟環境 (8)
　　2.1.3　社會環境 (8)
　　2.1.4　技術環境 (9)
　　2.1.5　外部環境分析方法 (9)
2.2　內部微觀環境分析 (9)
　　2.2.1　資源分析 (10)
　　2.2.2　核心能力分析 (10)
　　2.2.3　內部環境分析方法 (11)

第 3 章　企業戰略目標 (13)
3.1　企業使命 (13)
　　3.1.1　企業使命的內涵 (13)
　　3.1.2　企業使命的陳述 (13)

3.2 企業願景 …………………………………………………………（13）
　　3.2.1 企業願景的內涵 …………………………………………（13）
　　3.2.2 建立願景的原則 …………………………………………（14）
3.3 企業戰略目標 ……………………………………………………（14）
　　3.3.1 戰略目標的內涵 …………………………………………（14）
　　3.3.2 戰略目標的內容 …………………………………………（15）

第4章　公司戰略 ……………………………………………………（16）

4.1 成長型戰略 ………………………………………………………（16）
　　4.1.1 集中增長型戰略 …………………………………………（16）
　　4.1.2 一體化戰略 ………………………………………………（17）
　　4.1.3 多元化戰略 ………………………………………………（18）
4.2 穩定型戰略 ………………………………………………………（18）
　　4.2.1 穩定型戰略的內涵 ………………………………………（18）
　　4.2.2 穩定型戰略的類型 ………………………………………（19）
4.3 緊縮型戰略 ………………………………………………………（19）
　　4.3.1 緊縮型戰略的內涵 ………………………………………（19）
　　4.3.2 緊縮型戰略的類型 ………………………………………（19）

第5章　競爭戰略 ……………………………………………………（21）

5.1 成本領先戰略 ……………………………………………………（21）
　　5.1.1 成本領先戰略的內涵 ……………………………………（21）
　　5.1.2 成本領先戰略的適用條件 ………………………………（21）
　　5.1.3 實施成本領先戰略應注意的問題 ………………………（21）
5.2 差異化戰略 ………………………………………………………（22）
　　5.2.1 差異化戰略的內涵 ………………………………………（22）
　　5.2.2 差異化戰略的適用條件 …………………………………（22）
　　5.2.3 實施差異化戰略應注意的問題 …………………………（22）
5.3 集中化戰略 ………………………………………………………（23）
　　5.3.1 集中化戰略的內涵 ………………………………………（23）

5.3.2　集中化戰略的適用條件 ··· (23)
　　5.3.3　實施集中化戰略應注意的問題 ·· (23)

第6章　合作戰略 ··· (25)
6.1　併購戰略 ··· (25)
　　6.1.1　併購的內涵 ·· (25)
　　6.1.2　併購的類型 ·· (25)
　　6.1.3　併購的程序 ·· (26)
6.2　聯盟戰略 ··· (28)
　　6.2.1　聯盟的內涵 ·· (28)
　　6.2.2　聯盟的類型 ·· (28)
　　6.2.3　聯盟的管理 ·· (28)

第7章　戰略選擇 ··· (31)
7.1　基於SWOT分析法的戰略選擇 ·· (31)
　　7.1.1　SWOT分析法簡介 ·· (31)
　　7.1.2　環境分析 ·· (31)
　　7.1.3　SWOT矩陣的構造 ·· (32)
　　7.1.4　戰略選擇 ·· (32)
7.2　基於SPACE矩陣分析法的戰略選擇 ··· (33)
　　7.2.1　SPACE矩陣分析法簡介 ··· (33)
　　7.2.2　SPACE矩陣的構造 ··· (35)
　　7.2.3　戰略選擇 ·· (35)

第8章　戰略實施 ··· (36)
8.1　戰略實施概述 ··· (36)
　　8.1.1　戰略實施的內涵 ·· (36)
　　8.1.2　戰略實施的原則 ·· (36)
8.2　組織結構、文化與戰略的關係 ·· (37)
　　8.2.1　組織結構與戰略的關係 ··· (37)

8.2.2　企業文化與戰略的關係 …………………………………………（38）
8.3　戰略實施模式 ……………………………………………………………（38）
8.4　戰略實施過程 ……………………………………………………………（39）
　　8.4.1　發動階段 …………………………………………………………（39）
　　8.4.2　計劃階段 …………………………………………………………（39）
　　8.4.3　運作階段 …………………………………………………………（39）

第9章　戰略控制 …………………………………………………………………（40）
9.1　戰略控制的內涵 …………………………………………………………（40）
9.2　戰略控制的特徵 …………………………………………………………（40）
　　9.2.1　適宜性 ……………………………………………………………（40）
　　9.2.2　可行性 ……………………………………………………………（40）
　　9.2.3　可接受性 …………………………………………………………（41）
　　9.2.4　多樣性和不確定性 ………………………………………………（41）
　　9.2.5　彈性和伸縮性 ……………………………………………………（41）
9.3　戰略控制的類型 …………………………………………………………（41）
9.4　戰略控制的層次 …………………………………………………………（42）
9.5　戰略控制的過程 …………………………………………………………（43）
9.6　戰略控制的工具 …………………………………………………………（44）

第二部分　企業案例篇

第10章　汽車企業案例 …………………………………………………………（49）
　案例1　眾泰汽車成功秘訣 …………………………………………………（49）
　案例2　吉利品牌戰略轉型 …………………………………………………（52）
　案例3　豐田的本土化戰略 …………………………………………………（55）
　案例4　長城汽車堅持SUV戰略 ……………………………………………（58）
　案例5　上海汽車邁向全球化 ………………………………………………（61）
　案例6　奇瑞的戰略轉型 ……………………………………………………（62）
　案例7　比亞迪的發展戰略 …………………………………………………（65）

案例 8　上海大眾營銷戰略 ⋯⋯⋯⋯⋯⋯⋯⋯⋯⋯⋯⋯⋯⋯⋯⋯⋯⋯⋯ (67)
案例 9　江淮汽車發展戰略 ⋯⋯⋯⋯⋯⋯⋯⋯⋯⋯⋯⋯⋯⋯⋯⋯⋯⋯⋯ (69)
案例 10　長安汽車發展戰略 ⋯⋯⋯⋯⋯⋯⋯⋯⋯⋯⋯⋯⋯⋯⋯⋯⋯⋯ (74)

第 11 章　白酒企業案例 ⋯⋯⋯⋯⋯⋯⋯⋯⋯⋯⋯⋯⋯⋯⋯⋯⋯⋯⋯⋯⋯⋯ (77)

案例 1　瀘州老窖發展戰略 ⋯⋯⋯⋯⋯⋯⋯⋯⋯⋯⋯⋯⋯⋯⋯⋯⋯⋯⋯ (77)
案例 2　全興酒業戰略選擇 ⋯⋯⋯⋯⋯⋯⋯⋯⋯⋯⋯⋯⋯⋯⋯⋯⋯⋯⋯ (81)
案例 3　郎酒發展戰略 ⋯⋯⋯⋯⋯⋯⋯⋯⋯⋯⋯⋯⋯⋯⋯⋯⋯⋯⋯⋯⋯ (89)
案例 4　五糧液全面創新升級戰略 ⋯⋯⋯⋯⋯⋯⋯⋯⋯⋯⋯⋯⋯⋯⋯⋯ (96)
案例 5　「金六福」戰略選擇 ⋯⋯⋯⋯⋯⋯⋯⋯⋯⋯⋯⋯⋯⋯⋯⋯⋯⋯ (97)
案例 6　東聖酒業競爭戰略 ⋯⋯⋯⋯⋯⋯⋯⋯⋯⋯⋯⋯⋯⋯⋯⋯⋯⋯ (100)
案例 7　洋河發展戰略 ⋯⋯⋯⋯⋯⋯⋯⋯⋯⋯⋯⋯⋯⋯⋯⋯⋯⋯⋯⋯ (105)
案例 8　寧夏紅競爭戰略 ⋯⋯⋯⋯⋯⋯⋯⋯⋯⋯⋯⋯⋯⋯⋯⋯⋯⋯⋯ (110)
案例 9　劍南春發展戰略 ⋯⋯⋯⋯⋯⋯⋯⋯⋯⋯⋯⋯⋯⋯⋯⋯⋯⋯⋯ (119)
案例 10　勁酒發展戰略 ⋯⋯⋯⋯⋯⋯⋯⋯⋯⋯⋯⋯⋯⋯⋯⋯⋯⋯⋯⋯ (126)

第 12 章　房產企業案例 ⋯⋯⋯⋯⋯⋯⋯⋯⋯⋯⋯⋯⋯⋯⋯⋯⋯⋯⋯⋯⋯ (130)

案例 1　萬科戰略轉型 ⋯⋯⋯⋯⋯⋯⋯⋯⋯⋯⋯⋯⋯⋯⋯⋯⋯⋯⋯⋯ (130)
案例 2　碧桂園海外戰略升級 ⋯⋯⋯⋯⋯⋯⋯⋯⋯⋯⋯⋯⋯⋯⋯⋯⋯ (132)
案例 3　保利發展戰略 ⋯⋯⋯⋯⋯⋯⋯⋯⋯⋯⋯⋯⋯⋯⋯⋯⋯⋯⋯⋯ (133)
案例 4　恒大多元化發展戰略 ⋯⋯⋯⋯⋯⋯⋯⋯⋯⋯⋯⋯⋯⋯⋯⋯⋯ (136)
案例 5　龍湖商業戰略新思路 ⋯⋯⋯⋯⋯⋯⋯⋯⋯⋯⋯⋯⋯⋯⋯⋯⋯ (140)
案例 6　萬達戰略轉型 ⋯⋯⋯⋯⋯⋯⋯⋯⋯⋯⋯⋯⋯⋯⋯⋯⋯⋯⋯⋯ (141)
案例 7　華潤發展戰略 ⋯⋯⋯⋯⋯⋯⋯⋯⋯⋯⋯⋯⋯⋯⋯⋯⋯⋯⋯⋯ (147)
案例 8　富力發展戰略 ⋯⋯⋯⋯⋯⋯⋯⋯⋯⋯⋯⋯⋯⋯⋯⋯⋯⋯⋯⋯ (154)
案例 9　藍光發展戰略 ⋯⋯⋯⋯⋯⋯⋯⋯⋯⋯⋯⋯⋯⋯⋯⋯⋯⋯⋯⋯ (162)
案例 10　中糧發展戰略 ⋯⋯⋯⋯⋯⋯⋯⋯⋯⋯⋯⋯⋯⋯⋯⋯⋯⋯⋯⋯ (165)

第 13 章　家電企業案例 ⋯⋯⋯⋯⋯⋯⋯⋯⋯⋯⋯⋯⋯⋯⋯⋯⋯⋯⋯⋯⋯ (169)

案例 1　格力電器發展戰略 ⋯⋯⋯⋯⋯⋯⋯⋯⋯⋯⋯⋯⋯⋯⋯⋯⋯⋯ (169)

案例 2　海信電器發展戰略 …………………………………………（174）
案例 3　海爾發展戰略 ………………………………………………（176）
案例 4　康佳電器發展戰略 …………………………………………（178）
案例 5　國美電器轉型戰略 …………………………………………（182）
案例 6　長虹電器發展戰略 …………………………………………（184）
案例 7　格蘭仕發展戰略 ……………………………………………（186）
案例 8　TCL 與蘇寧強強聯合戰略 …………………………………（190）
案例 9　LG 發展戰略 …………………………………………………（192）
案例 10　創維電器發展戰略 …………………………………………（195）

第一部分
基礎理論篇

第 1 章　企業戰略管理概論

1.1　戰略

1.1.1　戰略的內涵

（1）戰略的定義

戰略（strategy）一詞最早是軍事方面的概念。在西方，「strategy」一詞源於希臘語「strategos」，意為軍事將領、地方行政長官。在中國，戰略一詞歷史久遠，「戰」指戰爭，略指「謀略」「施詐」。春秋時期孫武的《孫子兵法》被認為是中國最早對戰略進行全局籌劃的著作。

彼得‧德魯克在《管理的實踐》（1954）一書中提出：「戰略就是管理者找出企業所擁有的資源並在此基礎上決定企業應該做什麼。」德魯克的戰略定義強調了企業經營者必須識別和找出自己所擁有的資源是什麼，並根據自身的資源特點來確定企業的經營方向。

錢德勒（Alfred Chandler）在《戰略與結構：工業企業史的考證》（1962）一書中認為戰略是決定企業的基本長期目標，以及為實現這些目標所採取的行動和進行分配資源。該定義被認為是最早用於商業領域裡的戰略定義。

安索夫（Igor Ansoff）在《公司戰略》（1965）一書中認為戰略是企業為了適應外部環境，對目前從事的和將來要從事的經營活動而進行的戰略決策。

明茨伯格（Herry Mintzberg）認為戰略是由五個「P」組成的，即戰略是一種計劃（plan）、一種策略/手法（ploy）、一種方式/模式（pattern）、一種定位（position）、一種期望（perspective）。

企業戰略是企業在市場經濟競爭激烈的環境中，在總結歷史經驗、調查現狀、預測未來的基礎上，為謀求生存和發展而做出的長遠性、全局性的謀劃或方案。具體地講，企業戰略就是要確定企業與外部環境的關係，規劃企業所要從事的經營範圍、成長方向和競爭對策，合理地組織企業結構和分配企業的全部資源，從而獲得某種競爭優勢。

（2）戰略的特徵

一是全局性。凡屬需高層次謀劃和決策，有要照顧各個方面和各個階段性質的重大的、相對獨立的領域，都是戰略的全局。全局性表現在空間上，整個世界、一個國

家、一個戰區、一個獨立的戰略方向，都可以是戰略的全局。全局性還表現在時間上，貫穿於指導戰爭準備與實施的各個階段和全過程。戰略的領導者和指揮者要把注意力擺在關照全局上面，胸懷全局，通觀全局，把握全局，處理好全局中的各種關係，抓住主要矛盾，解決關鍵問題；同時注意瞭解局部，關心局部，特別是注意解決好對全局有決定意義的局部問題。

　　二是方向性。戰爭是政治的繼續，具有很強的政治目的。任何戰略都反應一個國家或政治集團利益的根本的目標方向，體現它們的路線、方針和政策，是為其政治目的而服務的，具有鮮明的目標方向。

　　三是預見性。預見性是謀劃的前提，決策的基礎。在廣泛調查研究的基礎上，全面分析、正確判斷、科學預測國際國內戰略環境和敵友關係以及敵對雙方戰爭諸因素等可能的發展變化，把握時代的特徵，明確現實的和潛在的鬥爭對象，判明面臨威脅的性質、方向和程度，科學預測未來戰爭可能爆發的時機、樣式、方向、規模、進程和結局，揭示未來戰爭的特點和規律，是制定、調整和實施戰略的客觀依據。

　　四是謀略性。戰略是基於客觀情況而提出的克敵制勝的鬥爭策略。它是在一定的客觀條件下，變被動為主動，化劣勢為優勢，以少勝多，以弱制強，乃至不戰而屈人之兵的重要方法。運用謀略，重在對戰爭全局的謀劃。制定戰略強調深謀遠慮，尊重戰爭的特點和規律，多謀善斷，料敵定謀，靈活多變，高敵一籌，以智謀取勝。

　　（3）戰略的作用

　　企業如果沒有戰略，就好像沒有舵的輪船，只會在原地打轉。有人做過統計，有戰略的企業和沒有戰略的企業在經營效益上是大不相同的。一些企業現在沒有戰略或者沒有明確的戰略，經濟效益也很不錯。然而，經濟效益來自於企業管理者很好的思考，並不等於企業管理者真的沒有戰略，就像很多著名的企業一樣，企業的良好效益離不開高層管理人員對企業的形勢所做的充分的分析，所以說企業管理者是有戰略的，只是沒有明確地提出，或者說戰略沒有寫在紙上。對於戰略，最根本的問題是要考慮到環境和市場的變化。企業戰略的主要作用如下：

　　企業戰略是決定企業經營活動成敗的關鍵因素。也就是說，決定企業經營成敗的一個極其重要的問題，就是看企業經營戰略的選擇是否科學，是否合理。或者說，企業能否實現高效經營的目標，關鍵就在於對經營戰略的選擇，如果經營戰略選擇失誤，那麼企業的整個經營活動就必然會滿盤皆輸。所以企業經營戰略實際上是決定企業經營活動的一個極其關鍵的和重要的因素。

　　企業戰略是企業實現自己的理性目標的前提條件。也就是說，企業為了實現自己的所謂生存、盈利、發展的理性目標，就必須要首先選擇好經營戰略，經營戰略如果選擇不好的話，那麼最后的結果就可能是企業的理性目標難以實現。目標有賴於戰略，戰略服務於目標，這是貫穿於企業的全部經營活動的一個重要規律，因而企業經營戰略是企業目標得以實現的重要保證。

　　企業戰略是企業長久高效發展的重要基礎。也就是說，企業要長久高效發展，一

個極其重要的問題，就是要對自己的經營戰略做出正確的選擇。如果經營戰略選擇失誤了，那麼其結果必然是：即使是企業在某一段時間裡具有較強的活力，但是最終却很難成為百年老店，只不過是一種過眼烟雲式的短命企業。

企業戰略是企業充滿活力的有效保證。在現實經營活動中，企業具有活力的一個關鍵性因素，就是企業要有效地發揮自己的比較優勢，而比較優勢的發揮，則在於自己對經營戰略的選擇，即在經營戰略中充分體現自己的比較優勢。也就是說，一個企業有什麼樣的比較優勢，就應該發揮自己的比較優勢，並在經營戰略中充分體現自己的比較優勢。如果一個企業選擇了不能體現自己比較優勢的經營戰略，那麼這個企業最后肯定會完蛋，根本談不到高效發展的問題。

企業戰略是企業及其所有企業員工的行動綱領。一個企業的負責人按照什麼準則來安排企業的日常經營活動？只能是依據企業經營戰略，企業的日常經營活動必須要服從於自身的經營戰略，任何人都不能隨意更改企業已經決定的經營戰略。由此可見，如果企業沒有一個作為行動綱領的經營戰略，那麼就會出現企業領導人拍腦袋隨意改變企業的經營活動戰略的情況，從而使得企業的經營活動沒有一個有效的約束。

1.1.2 戰略的層次

1. 公司戰略

公司戰略是企業的戰略總綱，是最高管理層指導和控制企業一切行為的最高行動綱領。從企業經營發展的方向到各經營單位之間的協調以及資源的充分利用到整個企業的價值觀念、企業文化的建立，都是公司戰略的內容。公司戰略與企業的組織形態有著密切的關係，它規定了企業使命和目標、企業宗旨和發展計劃、整體的產品或市場決策以及其他重大決策。

2. 競爭戰略

競爭戰略是在公司層戰略的指導下，就如何在某個特定的市場上成功開展競爭制定的戰略計劃。戰略業務單位是指其產品和服務有著不同於其他戰略業務單元（SBU）的外部市場，從事多元化經營的公司往往擁有多個戰略業務單位。競爭戰略關注在特定市場、行業或產品中的競爭力。

3. 職能戰略

職能戰略是為貫徹、實施和支持公司戰略與競爭戰略而在企業特定的職能管理部門制定的戰略。職能戰略的重點是提高企業資源的利用效率，使企業資源利用效率最大化和成本最小化。職能戰略的側重點在於：一是怎樣貫徹事業部發展的戰略目標；二是職能目標的論證及其細分化；三是確定職能戰略的戰略重點、戰略階段和主要戰略措施；四是戰略實施中的風險分析和應變系統設計。

1.2 戰略管理

1.2.1 戰略管理的內涵

(1) 戰略管理的定義

早期的學者對戰略管理的認識是從戰略的概念構建開始的。安索夫最初提出了戰略管理的概念，傾向於把戰略管理視為一個過程，而且是一個根據戰略實施情況不斷修正目標與方案的動態過程。企業戰略管理是企業為實現戰略目標，制定戰略決策，實施戰略方案，控制戰略績效的一個動態管理過程，是一系列制定戰略和執行戰略的決策和行動，是一個連續過程。戰略管理有助於管理者思考和回答這樣一些戰略問題：組織目前的狀況如何，處於一個什麼樣的位置，組織想達到什麼目標，競爭環境正在發生哪些變化，其趨勢是什麼，採取哪些行動有助於組織目標的實現？企業通過戰略管理，有助於經理們明確組織的發展方向、發展重點、行為方式、資源配置的優先次序以及組織如何作為一個整體而有效運作，從而更好地實現戰略目標。

(2) 戰略管理的特徵

首先，戰略管理是一種高層次管理。戰略管理並不是由某一固定的部門負責的日常工作，而是由企業高層管理者負責的對企業長期發展或事關全局的問題的掌控和運作。

其次，戰略管理是一種系統管理。戰略管理是對整個企業所有事物的系統管理，涵蓋了企業管理的所有方面，在服務於企業整體目標的宗旨下進行整體的協調和配置，是對企業整個系統的管理。

再次，戰略管理統率其他管理。其他管理將服務和統一於企業的戰略管理，與戰略管理匹配、保持一致，任何與企業的戰略管理相矛盾的其他管理活動都是不可接受的。

最後，戰略管理是動態性管理。企業戰略管理的目標就是使企業內部因素與企業的外部環境相適應，而企業的外部環境因素是不斷變化的，因此，戰略管理活動也要適當進行調整。

1.2.2 戰略管理的過程

企業戰略管理過程包括確立企業使命與目標、企業內部環境分析、企業外部環境分析、企業戰略制定、戰略評價與戰略選擇、戰略實施、戰略控制與變革七個階段。如圖1-1所示。

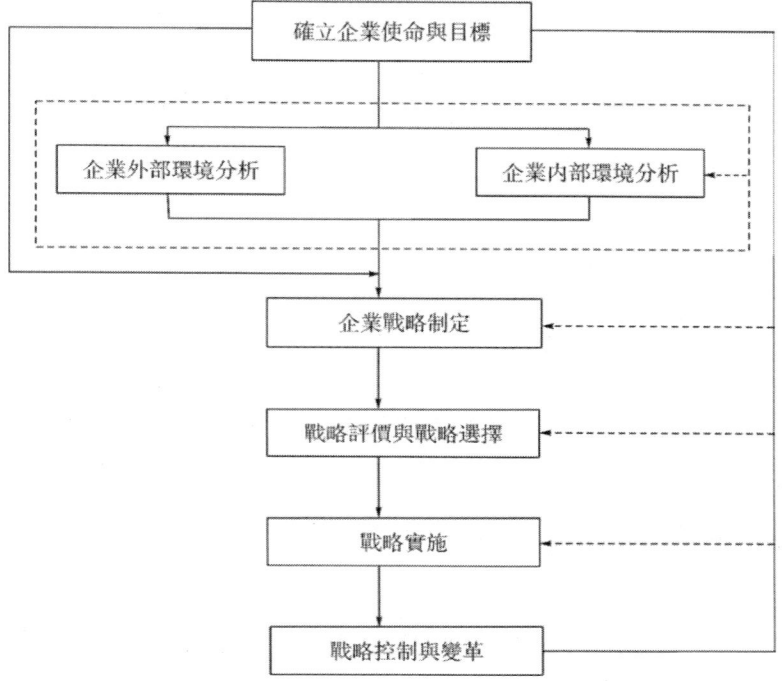

圖 1-1　戰略管理的過程

資料來源:. 宋賓莉. 企業戰略管理 [M]. 成都：西南財經大學出版社，2015.

思考題：

1. 戰略的含義和特點是什麼？
2. 戰略管理是什麼？
3. 戰略管理的過程包括哪些？

第 2 章　企業戰略環境

2.1　外部宏觀環境分析

2.1.1　政治法律環境

　　政治法律環境是指對企業經營活動具有實際和潛在影響的政治力量以及有關法律、法規等。政治環境包括國家的政治制度、權力機構、頒布的方針政策、政治團體和政治形勢等因素。法律環境包括國家制定的法律、法規、法令以及國家的執法機構等因素。政治和法律因素是保障企業生產經營活動的基本條件。

2.1.2　經濟環境

　　經濟環境，是指構成企業生存和發展的社會經濟狀況及國家的經濟政策，包括社會經濟結構、經濟體制、發展狀況、宏觀經濟政策等要素。通常衡量經濟環境的指標有國內生產總值、就業水平、物價水平、消費支出分配規模、國際收支狀況，以及利率、通貨供應量、政府支出、匯率等國家貨幣和財政政策等。經濟環境對企業生產經營的影響更為直接具體。

2.1.3　社會環境

　　社會環境是指企業所處的社會結構、社會風俗和習慣、信仰和價值觀念、行為規範、生活方式、文化傳統、人口規模與地理分佈等因素的形成和變動。這些因素關係到企業確定投資方向、產品改進與革新等重大經營決策問題。影響和制約企業經營活動的文化素質和條件以及人口統計特徵等，包括一個國家或地區的社會性質、人們共享的價值觀、人口狀況、教育程度、風俗習慣和宗教信仰等各個方面。從影響企業戰略制定的角度來看，社會文化環境可分解為文化、人口兩個方面。
　　文化環境對企業的影響是間接的、潛在的和持久的，文化的基本要素包括哲學、宗教、語言與文字、文學藝術等，它們共同構築成文化系統，對企業文化有重大的影響。人口因素對企業戰略的制定有重大影響。人口總數直接影響著社會生產總規模；人口的地理分佈影響著企業的廠址選擇；人口的性別比例和年齡結構在一定程度上決定了社會需求結構，進而影響社會供給結構和企業生產；人口的教育文化水平直接影響著企業的人力資源狀況。

2.1.4　技術環境

技術環境是指企業所處的環境中的科技要素及與該要素直接相關的各種社會現象的集合，包括國家科技體制、科技政策、科技水平和科技發展趨勢等。一個企業不但要關注那些引起時代革命性變化的發明，而且還要關注與企業生產有關的新技術、新工藝、新材料的出現和發展趨勢及應用前景。技術環境是企業決定戰略方向時需要考慮的問題，影響到企業能否及時調整戰略決策，以獲得新的競爭優勢。

2.1.5　外部環境分析方法

外部因素評價矩陣（External Factor Evaluation Matrix，簡稱 EFE 矩陣）為外部環境分析提供了一種很好的評估方法，其做法是從機會和威脅兩個方面找出影響企業未來發展的關鍵因素，根據各個因素影響程度的大小確定加權系數，再按企業對各關鍵因素的有效反應程度對各關鍵因素進行評分，最后算出企業的總加權分數。通過 EFE 矩陣，企業可以把自己所面臨的機會與威脅匯總出來描述出企業的全部吸引力。基於 EFE 矩陣分析企業外部環境的過程如下：

一是列出在外部分析過程中確認的關鍵因素。因素總數在 10~20 個之間；因素包括影響企業和所在產業的各種機會與威脅；首先列舉機會，然後列舉威脅；盡量具體，可能時採用百分比、比率和對比數字。

二是賦予每個因素以權重。數值由 0.0（不重要）到 1.0（非常重要）；權重反應該因素對於企業在產業中取得成功的影響的相對大小；機會往往比威脅得到更高的權重，但當威脅因素特別嚴重時也可得到高權重。確定權重的方法：對成功的和不成功的競爭者進行比較，以及通過集體討論而達成共識；所有因素的權重總和必須等於 1.0。

三是按照企業現行戰略對關鍵因素的有效反應程度為各關鍵因素進行評分，分值範圍 1~4。4 代表反應很好，3 代表反應超過平均水平，2 代表反應為平均水平，1 代表反應很差。評分反應了企業現行戰略的有效性，因此它是以公司為基準的；步驟 2 的權重是以行業為基準的。

四是用每個因素的權重乘以它的評分，即得到每個因素的加權分數。

五是將所有因素的加權分數相加，以得到企業的總加權分數。無論 EFE 矩陣包含多少因素，總加權分數的範圍都是從最低的 1 到最高的 4，平均分為 2.5。高於 2.5 則說明企業對外部影響因素能做出反應。EFE 矩陣應包含 10~20 個關鍵因素，因素數量不影響總加權分數的範圍，因為權重總和永遠等於 1。

2.2　內部微觀環境分析

內部微觀環境是企業內部與戰略有重要關聯的因素，是企業經營的基礎，是制定戰略的出發點、依據和條件，是競爭取勝的根本。資源與核心能力是企業的內部環境

因素,共同構成了企業競爭優勢的基礎。企業內部環境分析的目的在於掌握企業歷史和目前的狀況,明確企業所具有的優勢和劣勢。該分析有助於企業制定有針對性的戰略,有效地利用自身資源,發揮企業的優勢;同時避免企業的劣勢,或採取積極的態度改進企業劣勢。

2.2.1 資源分析

企業資源分為有形資源、無形資源和人力資源。有形資源一般是指在企業財務報表上能夠查到的比較容易確認和評估的一類資產,包括企業財力資源、物力資源、市場資源和環境資源等資源;企業無形資源是指企業不能從市場上直接獲得,不能用貨幣直接度量,也不能直接轉化為貨幣的那一類經營資產,包括技術資源、信譽資源、文化資源和商標等;企業人力資源是指組織成員向組織提供的技能、知識以及推理和決策能力,又稱人力資本。企業能投入到經營活動中的資源是有限的。企業資源分析要從全局來分析、把握企業各種資源的數量、質量、配置等情況的現狀、未來需求以及與理想的差距。企業資源的現狀和變化趨勢是企業制定總體戰略和進行經營領域選擇時最根本的制約條件。企業有效創造競爭力源泉,在很大程度上取決於所擁有的資源。企業在進行資源分析的時候,還需要特別注意企業的無形資源,如技術資源、信譽資源、文化資源和商標等;另外,企業在進行資源分析的時候,除了要對各種資源要素進行分析外,還應考察各種資源的組合與配置情況,各種資源與目標的差距和利用潛力等內容。

2.2.2 核心能力分析

目前,越來越多的企業把擁有核心能力作為影響企業長期競爭優勢的關鍵因素。核心能力的概念是 1990 年美國學者普拉哈拉德和英國學者哈默在《哈佛商業評論》上發表的《公司核心能力》一文中提出的,他們認為核心能力是「組織中的累積性學識,特別是關於如何協調不同的生產技能和有機結合多種技術流派的學識」。企業核心能力是一個重複和多元的系統,是企業最核心的能力,具有價值優越性、異質性、難以模仿性、難以替代性等特徵,主要包括以下幾個方面的能力:一是研究開發能力,該能力是為增加知識總量以及用這些知識去創造新的應用而進行的系統性創造活動,包括基礎研究、應用研究和技術開發三項;二是創新能力,該能力表現為創新主體在所從事的領域中善於敏銳地觀察原有事物的缺陷,準確地捕捉新事物的萌芽,提出大膽新穎的推測和設想,進行認真周密的論證,拿出切實可行的方案,並付諸實施;三是組織協調能力,該能力涉及企業的組織結構、戰略目標、運行機制、企業文化等多個方面,突出表現在企業有堅強的團隊精神和強大的凝聚力,即個人服從組織,局部服從全局,齊心協力,積極主動,密切配合爭取成功的精神。

企業核心能力分析是從企業組織的本質和目標出發,從不同角度對核心能力進行層次分解,將核心能力落腳到企業各個管理職能領域和經營管理業務活動中。企業核心能力分析過程如下:

第一,要建立企業核心能力的識別體系與企業績效的評價指標,涉及相互關聯的

兩方面指標體系內容的建立。一是有關企業核心能力的評價指標體系。如何識別、評價企業的核心能力，需要有一套全面、科學的指標。沒有這套指標的建立，就不能判斷企業核心能力的差異，使基於核心能力制定的經營戰略無法操作。二是指標對企業績效的衡量。這套指標用於測度運用核心能力理論制定和選擇企業戰略行為的結果。現在企業戰略管理中逐漸重視關於可持續競爭優勢的衡量、知識管理的衡量、無形資產的測量等，基本上反應了這種研究和發展趨勢。

第二，單純從戰略管理領域角度看，需要構建一個關於企業核心能力的類似於波特建立的「五種力量分析模式」那樣的操作性強的戰略分析框架，使得對企業核心能力的分析有一套科學的程序。

第三，需要探討產業特性與企業核心能力的關係，分析企業所處的產業差異對企業核心能力所具有的重大影響，分析產業規模、產品特點、技術進步、市場結構、競爭程度、進入和退出壁壘等對企業核心能力培養和形成進而對企業戰略的制定的影響，尋求規律性的東西，指導企業根據所處的產業特性辨識和培育核心競爭力，尋求經營戰略的正確基點。

第四，從企業核心能力角度解釋現代企業的戰略行為。現代企業的戰略選擇，如跨國經營戰略、戰略聯盟、兼併戰略、多角化經營戰略、差異化戰略等，可以從企業核心能力角度進行評定。對這些企業日常採用的戰略行為進行分析，一方面可以歸納出這些戰略的適用條件，從而指導企業進行科學的戰略選擇，另一方面也為企業已有的戰略選擇提供了新的評價和判斷方法。

2.2.3 內部環境分析方法

對企業內部因素的優勢和弱勢進行分析評價的結果以矩陣形式表現出來，形成內部因素評價矩陣（Internal Factor Evaluation Matrix，IFE）。基於 IEF 矩陣分析內部環境的過程如下：

一是列出在內部分析過程中確定的關鍵因素。確定 10~20 個內部因素，包括優勢和弱勢兩方面的，首先列出優勢，然後列出弱勢，要盡可能具體，要採用百分比、比率和比較數字。

二是給每個因素以權重，其數值範圍由 0.0（不重要）到 1.0（非常重要）。權重標誌著各因素對於企業在產業中成敗的影響的相對大小。無論關鍵因素是優勢還是弱勢，對企業績效有較大影響的因素就應當得到較高的權重。所有權重之和等於 1.0。

三是為各因素進行評分。1 分代表重要弱勢；2 分代表次要弱勢；3 分代表次要優勢；4 分代表重要優勢。值得注意的是，優勢的評分必須為 3 或 4，弱勢的評分必須為 1 或 2。評分以公司為基準，而權重則以產業為基準。

四是用每個因素的權重乘以它的評分，即得到每個因素的加權分數。

五是將所有因素的加權分數相加，得到企業的總加權分數。

無論 IFE 矩陣包含多少因素，總加權分數的範圍都是從最低的 1 到最高的 4，平均分為 2.5。總加權分數大大低於 2.5 的企業的內部狀況處於弱勢，而分數大大高於 2.5 的企業的內部狀況則處於強勢。IFE 矩陣應包含 10~20 個關鍵因素，因素數量不影

總加權分數的範圍，因為權重總和永遠等於 1。

思考題：

1. 企業外部環境分析方法是什麼？
2. 如何對企業內部環境進行分析？
3. 如何進行核心能力分析？

第 3 章　企業戰略目標

3.1　企業使命

3.1.1　企業使命的內涵

企業使命是指企業戰略管理者確定的企業生產經營的總方向、總目的、總特徵和總體指導思想，是對企業的經營範圍、市場目標等的概括描述，包括企業哲學和企業宗旨，反應了企業管理者的價值觀和企業力求為自己樹立的形象，揭示了本企業與同行其他企業在目標上的差異。企業使命是企業的一種根本的、崇高的責任和任務，是對企業目標的構想。企業使命具有導向性、激勵性、穩定性等特徵。企業使命為企業的發展指明方向，是企業戰略制定的前提以及企業戰略的行動基礎。

3.1.2　企業使命的陳述

有效的使命陳述一般包括如下九個方面：
一是客戶：誰是企業的客戶以及他們在哪裡？
二是產品或服務：企業提供的產品或服務是什麼？
三是市場：企業在哪些地理和市場範圍競爭？
四是生存、增長和盈利：企業是否努力實現業務的增長和良好的財務狀況？
五是員工：企業是否視員工為寶貴的資產？企業應該如何看待員工？
六是觀念：企業用來指引成員的基本價值觀、信念和道德傾向是什麼？
七是技術：企業的生產技術如何？是否是最新的？
八是公眾形象：企業試圖塑造的大眾形象如何？企業是否對社會、社區和環境負責？
九是自我認知：什麼是企業的獨特能力和主要競爭優勢？

3.2　企業願景

3.2.1　企業願景的內涵

願景是對企業未來樂觀而又充滿希望的陳述，是企業戰略家對企業前景和發展方向的一個高度概括的描述。願景體現企業的核心價值觀和戰略使命，並為企業發展提

供動力。個人頭腦裡都有一個希望，這實際上就是願景。看公司的願景，即企業未來發展的藍圖，有這樣幾個方面的考慮：發展的方向、界定業務、執行計劃的能力、顧客的需求。願景有助於企業管理者審視企業發展的方向，明確企業發展的方針。企業中員工共同心願的遠景，能激發出強大的力量，使每個員工都渴望能夠歸屬於一項重要的任務、事業或使命。

3.2.2 建立願景的原則

一是宏偉原則。一個願景要能夠激動人心，就不能是普通的和平凡的，而必須具有傳奇色彩。遠大的願景一旦實現，便意味著組織中個人的一種自我實現。願景規劃的真正意義在於，通過確立一種組織自我實現的願景，將它轉化為組織中每個人自我實現的願景。

二是振奮原則。表達願景的語言必須振奮、熱烈，能夠感染人。共同願景越令人振奮，就越能激勵員工，影響他們的行為。願景規劃給人鼓勵，為人們滿足重要需求、實現夢想增添了希望。

三是清晰原則。願景還必須清晰、逼真、生動。願景是一種生動的景象描述，例如，福特表達了他的願景——「我要為大眾生產一種汽車，它的價格如此之低，不會有人因為薪水不高而無法擁有它，人們可以和家人一起在上帝賜予的廣闊無垠的大自然裡陶醉於快樂的時光」，非常形象生動。

3.3 企業戰略目標

戰略目標是企業使命的具體化，是企業追求的較大目標。戰略目標指明公司的未來業務和公司前進的目的地，可為公司提出一個長期的發展方向，使整個組織的一切行動都有一種目標感。在制定企業戰略之前，首先要明確組織的戰略目標，在此基礎上才能更大程度地實現其目標，最終達到實現企業使命和最大程度實現企業願景的目的。

3.3.1 戰略目標的內涵

企業戰略目標是企業在一定的時期內，為實現其使命所要達到的長期結果，是在一些最重要的領域對企業使命的進一步具體化。它反應了企業在一定時期內經營活動的方向和所要達到的水平，既可以是定性的，也可以是定量的，比如競爭地位、業績水平、發展速度等。與企業使命不同的是，戰略目標要有具體的數量特徵和時間界限，一般為3~5年或更長。正確合理的戰略目標，對企業的經營具有重大的引導作用。企業戰略目標具有宏觀性、長期性、相對穩定性、全面性、可分性、可接受性、可檢驗性、可挑戰性等特徵。

3.3.2 戰略目標的內容

戰略目標是企業使命和願景的具體體現，主要內容包括：在行業中的領先地位、企業規模、競爭能力、技術能力、市場份額、銷售收入和盈利增長率、投資收益率以及企業形象等。戰略目標會因企業使命的不同而不同，決策者應從以下幾個方面考慮企業戰略目標的內容。

一是盈利能力。用利潤、投資收益率、每股平均受益、銷售利潤等來表示。

二是市場。用市場佔有率、銷售額或銷售量來表示。

三是生產率。用投入產出比率或單位產品成本來表示。

四是產品。用產品線或產品的銷售額和盈利能力、開發新產品的完成期來表示。

五是資金。用資本構成、新增普通股、現金流量、流動資本、回收期來表示。

六是生產。用工作面積、固定費用或生產量來表示。

七是研究與開發。用花費的貨幣量或完成的項目來表示。

八是組織。用將實行變革的項目來表示。

九是人力資源。用缺勤率、遲到率、人員流動率、培訓人數或將實施的培訓計劃數來表示。

十是社會責任。用活動的類型、服務天數或財政資助來表示。

思考題：

1. 企業使命陳述一般包括哪些內容？
2. 企業願景的內涵是什麼？
3. 企業戰略目標內容包括哪些？

第 4 章 公司戰略

4.1 成長型戰略

成長型戰略是指一種使企業在現有的戰略水平上向更高一級目標發展的戰略。它以發展作為自己的核心向導，引導企業不斷開發新產品，開拓新市場，採用新的管理方式、生產方式，擴大企業的產銷規模，增強企業競爭實力。在實踐中，成長型戰略分為集中增長型戰略、一體化戰略、多元化戰略等多種類型。

4.1.1 集中增長型戰略

集中增長型戰略是指企業充分利用現有產品或服務的潛力，強化現有產品或服務競爭地位的戰略。增長型戰略主要包括三種類型：市場滲透戰略、市場開發戰略和產品開發戰略。隨著消費需要的多樣性，業務種類的增多，沒有哪一個企業能成功地解決所有用戶的所有問題，只有為某一特定範圍的市場提供適用的產品的企業才能成為市場上的領先企業。

1. 市場滲透戰略

市場滲透戰略是指企業通過更大的市場營銷努力，提高現有產品或服務現有市場份額的戰略，其主要實現途徑包括提高現有顧客的使用頻率、吸引競爭對手的顧客和潛在用戶購買現有產品，具體措施包括：增加銷售人員、增加廣告開支、採取多樣化的促銷手段或加強公關宣傳。市場滲透戰略主要適用於以下五種情況：一是企業產品或服務在現有市場中還未達到飽和；二是現有用戶對產品的使用率還可以顯著提高；三是整個產業的銷售在增長，但主要競爭者的市場份額在下降；四是歷史上銷售額與營銷費用高度相關；五是規模擴大能夠帶來明顯的競爭優勢。

2. 市場開發戰略

市場開發戰略是指將現有產品或服務打入新市場的戰略。市場開發戰略的成本和風險也相對較低。實施市場開發戰略的主要途徑包括開闢其他區域市場和其他細分市場。市場開發戰略主要適用於以下幾種情況：一是存在未開發或未飽和的市場；二是可得到新的、可靠的、經濟的和高質量的銷售渠道；三是企業在現有經營領域十分成功；四是企業擁有擴大經營所需的資金和人力資源；五是企業存在過剩的生產能力；六是企業的主業屬於正在迅速全球化的產業。

3. 產品開發戰略

產品開發戰略是通過改進或改變產品或服務以增加產品銷售量的戰略。產品開發

戰略的實施途徑包括開發新的產品性能、型號、規格和質量差異。實施產品開發戰略通常需要大量的研究和開發費用。產品開發戰略適用於以下幾種情況：一是企業產品具有較高的市場信譽度和顧客滿意度；二是企業所在產業屬於適宜創新的高速發展的高新技術產業；三是企業所在產業正處於高速增長階段；四是企業具有較強的研究和開發能力；五是主要競爭對手以類似價格提供更高質量的產品。

4.1.2　一體化戰略

一體化戰略是將獨立的若干部分加在一起或者結合在一起成為一個整體的戰略，其基本形式有縱向一體化和橫向一體化。縱向一體化，即向產業鏈的上下游發展，可分為向產品的深度或業務的下游發展的前向一體化和向上游方向發展的后向一體化；橫向一體化，即通過聯合或合併獲得同行競爭企業的所有權或控制權。

1. 縱向一體化戰略

縱向一體化是指生產或經營過程相互銜接、緊密聯繫的企業之間實現一體化，按物質流動的方向又可以劃分為前向一體化和后向一體化。

（1）前向一體化戰略

前向一體化是指企業獲得對分銷商的所有權或控制力的戰略。推動前向一體化戰略的有效形式是特許經營。有效的前向一體化戰略應當遵循以下基本準則：一是企業當前的分銷商要價太高，或者不大可靠，或者不能及時滿足企業分銷產品的要求；二是企業可以利用的合格分銷商非常有限，以至於進行前向一體化的企業能夠獲得競爭優勢；三是企業當前參與競爭的產業增長迅速，或者可以預期獲得快速增長；四是企業擁有開展新的獨自銷售自身產品所需要的資金和人力資源；五是獲得生產高穩定性的優勢；六是企業當前的分銷商或零售商獲利豐厚。

（2）后向一體化戰略

后向一體化是指企業獲得對供應商的所有權或控制力的戰略。有效的后向一體化戰略應當遵循以下基本準則：一是企業當前的供應商要價太高，或者不可靠，或不能滿足企業對零件、部件、組件或原材料等的需求；二是供應商數量少而企業的競爭者數量卻很多；三是企業參與競爭的產業正在高速增長；四是企業擁有開展獨自從事生產自身需要的原材料這一新業務所需要的資金和人力資源；五是獲得保持價格穩定的優勢；六是企業當前的供應商利潤空間很大；七是企業需要盡快獲取所需資源。

（3）縱向一體化戰略的風險

一是不熟悉新業務領域所帶來的風險；

二是縱向一體化，尤其是后向一體化，一般涉及的投資數額較大且資產專用性較強，加大了企業在該產業的退出成本。

2. 橫向一體化戰略

橫向一體化是指與處於相同行業、生產同類產品或工藝相近的企業實現聯合，形成一個統一的經濟組織，從而達到降低交易費用及其他成本、提高經濟效益的目的。實質是資本在同一產業和部門內的集中，目的是擴大規模、降低產品成本、鞏固市場地位。橫向一體化應當遵循以下基本準則：一是企業可以在特定的地區或領域獲得壟

斷，同時又不會被指控為對於削弱競爭有「實質性的影響」；二是企業在一個呈增長態勢的產業中競爭；三是可以由此借助規模經濟效應的提高為企業帶來較大的競爭優勢；四是企業擁有成功管理業務規模得到擴大的企業所需要的資金和人力資源；五是競爭者因缺乏管理人才，或者因為需要獲得其他企業擁有的某些特殊資源而陷入經營困境之中。

4.1.3 多元化戰略

多元化戰略是指企業同時經營兩種以上基本經濟用途不同的產品或服務的一種發展戰略。最早研究多元化主題的是美國學者安索夫（H. I. Ansoff）。他於 1957 年在《哈佛商業評論》上發表的《多元化戰略》一文中強調多元化是「用新的產品去開發新的市場」。多元化的實質是拓展進入新的領域，強調培植新的競爭優勢和壯大現有領域。

1. 相關多元化戰略

根據現有業務與新業務之間「關聯內容」的不同，相關多元化又可以分為同心多元化與水平多元化兩種類型。

（1）同心多元化。企業利用原有的技術、特長、經驗等發展新產品，增加產品的種類，從同一圓心向外擴大業務經營範圍。同心多元化的特點是原產品與新產品的基本用途不同，但有著較強的技術關聯性。

（2）水平多元化。企業利用現有市場，採用不同的技術來發展新產品，增加產品種類。水平多元化的特點是現有產品與新產品的基本用途不同，但存在較強的市場關聯性可以利用原來的分銷渠道銷售新產品。

2. 不相關多元化戰略

不相關多元化戰略是指企業通過收購、兼併其他行業的業務，或者在其他行業投資，把業務領域拓展到其他行業中去，新產品、新業務與企業的現有業務、技術、市場毫無關係，增加新的與原有業務不相關的產品或服務的經營戰略。也就是說企業既不以原有技術也不以現有市場為依託，向技術和市場完全不同的產品或勞務項目發展。這種戰略是實力雄厚的大企業集團採用的一種戰略。企業在選擇不相關多元化戰略時，要謹慎行事，切忌盲目。許多事實說明，如果多元化戰略決策不當或實施不力，不僅會導致新業務的失敗，還可能影響已有業務的發展甚至殃及整個企業的前途。

4.2 穩定型戰略

4.2.1 穩定型戰略的內涵

穩定型戰略是指企業遵循與過去相同的戰略目標，保持一貫的成長速度，同時不改變基本的產品或經營範圍，是對產品、市場等方面採取以守為攻，以安全經營為宗旨，不冒較大風險的一種戰略。實行穩定型戰略的前提條件是企業過去的戰略是成功

的。對於大多數企業來說，穩定型戰略也許是最有效的戰略。

4.2.2 穩定型戰略的類型

（1）無變化戰略。無變化戰略似乎是一種沒有戰略的戰略。採用它的企業可能是基於以下兩個原因：一是企業過去的經營相當成功，並且企業內外環境沒有發生重大的變化；二是企業並不存在重大的經營隱患，因而企業戰略管理者沒有必要進行戰略調整，或者害怕戰略調整會給企業帶來利益分配和資源分配的困難。採用無變化戰略的企業除了每年按通貨膨脹率調整其目標以外，其他都暫時保持不變。

（2）維持利潤戰略。這是一種以犧牲企業未來發展來維持目前利潤的戰略。維持利潤戰略注重短期效果而忽略長期利益，其根本意圖是渡過暫時性的難關，因而往往在經濟形勢不太景氣時被採用，以維持過去的經營狀況和效益，實現穩定發展。

（3）暫停戰略。在一段較長時間的快速發展后，企業有可能會遇到一些問題使得效率下降，這時就可採用暫停戰略，即在一段時期內降低企業的目標和發展速度。例如在採用併購發展的企業中，往往會在新收購的企業尚未與原來的企業很好地融合在一起時，先採用一段時間的暫停戰略，以便有充分的時間來重新實現資源的優化配置。

（4）謹慎實施戰略。如果企業外部環境中的某一重要因素難以預測或變化趨勢不明顯，企業的某一戰略決策就要有意識地降低實施進度，步步為營，這就是所謂謹慎實施戰略。比如，某些受國家政策影響比較嚴重的行業中的企業，在面臨國家的一項可能的法規公布之前，就很有必要採用謹慎實施戰略，一步步穩固地向前發展。

4.3 緊縮型戰略

4.3.1 緊縮型戰略的內涵

緊縮型戰略是指企業從目前的戰略經營領域和基礎水平收縮和撤退。與穩定戰略和增長戰略相比，緊縮型戰略是一種消極的發展戰略，也可以說緊縮型戰略是一種以退為進的戰略。一般而言，企業實施緊縮型戰略只是短期的，其根本目的是使企業捱過風暴後轉向其他的戰略選擇。有時，只有採取收縮和撤退的措施，才能抵禦競爭對手的進攻，避開環境的威脅和迅速地實行自身資源的最優配置。

4.3.2 緊縮型戰略的類型

（1）適應性緊縮戰略

企業為適應外界環境而採取的一種戰略，包括經濟衰退、行業進入衰退期、對企業產品或服務的需求減小等。其適用條件：企業已預測到或感知到外界環境對企業經營的威脅，並且企業採用穩定型戰略尚不足以使企業順利對付不利的外界環境。

（2）失敗型緊縮戰略

企業因經營失誤造成企業競爭地位虛弱、經營狀況惡化，只有採用緊縮才能最大

限度地減少損失，保存實力。其適用條件：企業出現重大的內部問題，如產品滯銷、財務狀況惡化等。

（3）調整型緊縮戰略

此策略的動機是為了謀求更好的發展機會，使有限的資源得到更有效的配置。其適用條件是：企業存在一個回報更高的資源配置點。

思考題：

1. 成長型戰略有哪些類型？
2. 穩定型戰略的內涵是什麼？

第 5 章　競爭戰略

5.1　成本領先戰略

5.1.1　成本領先戰略的內涵

　　成本領先戰略也稱低成本戰略，是指用較低的成本贏得競爭優勢的戰略，企業用很低的單位成本價格為敏感用戶生產標準化的產品。當成本領先的企業的價格相當於或低於其競爭廠商時，它的低成本地位就會轉化為高收益。儘管一個成本領先的企業是依賴其成本上的領先地位來取得競爭優勢的，而它要成為經濟效益高於平均水平的超群者，則必須與其競爭廠商相比，在產品別具一格的基礎上取得的價值相等或價值近似的有利地位。成本領先戰略的成功取決於企業日復一日地實施該戰略的技能。

　　從顧客的角度來看，成本領先戰略是努力通過降低顧客成本以提高顧客價值的戰略，它可以使企業獲得兩個優勢。第一，如果行業的企業以類似的價格銷售各自的產品，成本領先因為有低成本優勢，它可以得到比其他企業更高的利潤，從而增加企業價值。第二，如果隨著行業的逐漸成熟，行業內企業展開價格戰的時候，成本領先者可以憑藉其低成本堅持到最後，直到其他企業入不敷出的時候，它仍然還可能獲得利潤，因而具有持久競爭優勢。

5.1.2　成本領先戰略的適用條件

　　實行成本領先戰略的適用條件包括：①現有競爭企業之間的價格競爭非常激烈；②企業所處產業的產品基本上是標準化或者同質化的；③實現產品差異化的途徑很少；④多數顧客使用產品的方式相同；⑤消費者的轉換成本很低；⑥消費者具有較大的降價談判能力。

　　企業實施成本領先戰略，除具備上述外部條件之外，企業本身還必須具備如下技能和資源：①持續的資本投資和獲得資本的途徑；②生產加工工藝技能；③認真地勞動監督；④設計容易製造的產品；⑤低成本的分銷系統；⑥培養技術人員。

5.1.3　實施成本領先戰略應注意的問題

　　第一，成本領先者提供的產品和服務必須是「標準的」，至少不應當被顧客視為是低檔次的，否則成本領先者就很難使自己的價格保持在市場平均價格的水平上。第二，技術的變化可能會使成本領先者賴以形成競爭優勢的經驗曲線效應化為烏有。第三，

成本領先戰略在全球市場應用的時候可能會受到來自其他國家低勞動力成本和匯率變動等其他因素的衝擊。第四，成本領先戰略易遭到競爭者的模仿。第五，成本領先戰略由於關注成本而容易忽視顧客需求的變化。第六，原材料和能源的價格的變化，可能使該戰略遭受嚴重打擊。這些都是企業實施成本領先戰略時應注意的問題。

5.2 差異化戰略

5.2.1 差異化戰略的內涵

差異化戰略，又稱差別化戰略或標新立異戰略，是指企業針對大規模市場，通過提供與競爭者存在差異的產品或服務以獲取優勢的戰略。差異化戰略包括產品差異化戰略、服務差異化戰略、人事差異化戰略、形象差異化戰略。差異化戰略具有如下特點：用特色降低用戶對價格的敏感性，獲取較高的價格；可以迴避與競爭對手的正面競爭，運用自己的特色贏得顧客；有利於建立市場壁壘，顧客的忠誠和形成優勢的成本代價使競爭對手難以模仿。

5.2.2 差異化戰略的適用條件

差異化戰略的適用條件包括：企業具有強大的生產營銷能力，產品設計和加工能力，很強的創新能力和研發能力，具有從其他業務中得到的獨特技能組合，得到銷售渠道的高度合作。在實行差別化戰略時還需要注意研究與產品開發部門和市場營銷部門之間的密切協作，重視主觀評價和激勵而不是定量指標，創造良好的氛圍以吸引高技能工人、科技專家和創造性人才。

5.2.3 實施差異化戰略應注意的問題

首先，是如何維持差異化的形象。在這裡，競爭者模仿是一個重要問題，除非差異化的企業能夠不斷地差異化，否則模仿都將會把差異化戰略企業拉回到成本競爭上來，而這恰恰是差異化戰略的劣勢。因此，差異化戰略必須時刻關注市場的變化、技術的變化和模仿者的競爭，努力建立不可模仿的獨特能力。

其次，要處理好差異化與市場份額之間的矛盾。實現產品差異化有時會與爭取占領更大的市場份額相矛盾。強化差異化與擴大市場份額往往是二者不可兼顧。強調差異化會造成成本的居高不下，如廣泛的研究、產品設計、高質量的材料或周密的顧客服務等，因而實現產品差別化將意味著以喪失領先的成本地位為代價。

5.3 集中化戰略

5.3.1 集中化戰略的內涵

集中化戰略，又稱集中一點戰略，是指集中滿足細分市場目標的戰略，又稱提供滿足小用戶群體需求的產品和服務的戰略。一般選擇對替代品最具抵抗力或競爭對手最弱之處作為目標市場。集中化戰略的優點是：有利於實力小的企業進入市場；有利於避開強大的競爭對手；有利於穩定客戶，企業的收入也相對比較穩定。缺點是：企業規模不易擴大，企業發展速度較慢；不易抵抗強大的競爭對手來細分市場的競爭。集中化戰略是主攻某個特定的顧客群、某產品系列的一個細分區段或某一個地區市場。按照邁克爾·波特的觀點，成本領先戰略和差別化戰略都是雄霸天下之略，而集中化戰略則是穴居一隅之策。其間原因是，對一些企業而言，由於受資源和能力的制約，它既無法成為成本領先者，又無法成為差別化者，而是介於其間。按波特的看法，這種介於兩種基本戰略之間的企業由於上不能差別化，下不能成本領先，因此也就不能獲得這兩種戰略所形成的競爭優勢。波特將其看作是失敗的戰略。波特同時指出，如果這種企業能夠約束自己的經營領域，集中資源和能力於某一部分特殊顧客群，或者是某個較小的地理範圍，或者是僅僅集中於較窄的產品線，那麼，企業也可以在這樣一個較小的目標市場上獲得競爭優勢。換言之，集中化戰略就是對選定的細分市場進行專業化服務的戰略。

5.3.2 集中化戰略的適用條件

企業選擇集中化戰略，必須考慮如下的適用條件：具有完全不同的用戶群；在相同的目標市場群中，其他競爭對手不打算實行重點集中的戰略；企業的資源不允許其追求廣泛的細分市場；行業中各細分部分在規模、成長率、獲得能力方面存在很大的差異。

5.3.3 實施集中化戰略應注意的問題

第一，集中化戰略者由於產量和銷量較小，生產成本通常較高，這將影響企業的獲利能力。因此企業必須在控制成本的基礎上，加強營銷活動。

第二，集中化戰略的利益可能會由於技術的變革或顧客需要的變化而突然消失，因此企業必須密切註視市場信號的變化。

第三，選擇集中化戰略的企業始終面對成本領先者和差別化戰略者的威脅，因此企業在產品和服務的質量與價格上注意保持優勢，注意培養忠誠度。

思考題：

1. 分析三種基本競爭戰略的內涵。
2. 分別闡述成本領先、差異化和集中化戰略的適用條件。

第 6 章　合作戰略

6.1　併購戰略

6.1.1　併購的內涵

併購是指一個企業購買另一個企業的全部或部分資產或產權,從而影響、控制被收購的企業,以爭強企業的競爭優勢,實現企業經營目標的行為。併購的目的在於實現利潤最大化、優勢互補、風險共擔、克服行業壁壘、實行多元化戰略和加強市場力量。

6.1.2　併購的類型

1. 按併購涉及的行業性質劃分

按併購涉及的行業性質可以把併購劃分為橫向併購、縱向併購和混合併購。

(1) 橫向併購。它是指處在同一行業,生產同類產品或採用相近生產工藝的企業之間的併購。實質是資本在同一產業和部門內集中,這種併購有利於迅速擴大生產規模,提高市場份額,增強企業的競爭力。

(2) 縱向併購。它是指生產或經營過程中具有前向或后向關聯的企業之間的併購。其實質是通過處於同一產品不同階段的企業之間的併購實現縱向一體化。這種併購除了可以擴大生產規模,節約管理費用外,還能夠促進生產過程諸環節的密切配合,優化生產流程。

(3) 混合併購。它是指處於不同產業部門、不同市場,且這些產業部門之間的生產技術沒有多大聯繫的企業之間的併購。它可以降低一個企業長期處於一個行業所帶來的風險,並使企業技術、原材料等各種資源得到最大程度的利用。

2. 按是否通過仲介機構劃分

按併購是否通過仲介機構,可以把企業併購分為直接收購和間接收購。

(1) 直接收購。它是指收購企業直接向目標企業提出併購要求,雙方經過磋商,達成協議,從而完成收購活動。如果收購企業對目標企業的部分所有權提出要求,目標企業可能會允許收購企業取得目標企業新發行的股票;如果是全部產權要求,雙方可以通過協商,確定所有權的轉移方式。在直接收購情況下,雙方可以密切配合,因此相對成本較低,成功的可能性較大。

(2) 間接收購。它是指收購企業直接在證券市場上收購目標企業的股票,從而控

制目標企業。由於間接收購方式很容易引起股價的大幅上漲，還可能引起目標企業的強烈反應，因此這種方式會導致收購成本上升，增加收購的難度。

3. 按併購雙方的意願劃分

按企業併購雙方的併購意願，可劃分為善意併購和惡意併購。

（1）善意併購。收購企業提出收購要約后，如果目標企業接受收購條件，這種併購稱為善意併購。在善意併購下，收購價格、方式及條件等可以由雙方高層管理者協商並經董事會批准。由於雙方都有合併的願望，所以這種方式的成功率較高。

（2）惡意併購。如果收購企業提出收購要約后，目標企業不同意，收購企業若在證券市場上強行收購，這種方式稱為惡意收購。在惡意收購下，目標企業通常會採取各種措施對收購進行抵制，證券市場也會迅速對此做出反應，通常是目標企業的股價迅速上升。因此，除非收購企業有雄厚的實力，否則很難成功。

4. 按支付方式劃分

按併購支付方式的不同，可以分為現金收購、股票收購、綜合證券收購。

（1）現金收購。它是指收購企業通過向目標企業的股東支付一定數量的現金而獲得目標企業的所有權。現金收購在西方國家存在資本所得稅的問題，這會增加收購企業的成本，因此在採用這一方式時，必須考慮這項收購是否免稅。另外，現金收購會對收購企業的資產流動性、資產結構、負債等產生不利影響，所以應當綜合考慮。

（2）股票收購。它是指收購企業通過增發股票的方式獲取目標企業的所有權。採用這種方式，收購企業可以把出售股票的收入用於收購目標企業，企業不需要動用內部現金，因此不至於對財務狀況產生影響。但是，企業增發股票，會影響股權結構，原有股東的控制權會受到衝擊。

（3）綜合證券收購。它是指在收購過程中，收購企業支付的不僅僅有現金、股票，而且還有認股權證、可轉換債券等多種形式。這種方式兼具現金收購和股票收購的優點，收購企業既可以避免支付過多的現金，保持良好的財務狀況，又可以防止原有股東控制權的轉移。

5. 按收購資金來源劃分

按收購資金來源渠道的不同，可分為槓桿收購和非槓桿收購。無論以何種形式實現企業收購，收購方總要為取得目標企業的部分或全部所有權而支出大筆的資金。收購方在實施企業收購時，如果其主體資金來源是對外負債，即是在銀行貸款或金融市場借貸的支持下完成的，就將其稱為槓桿收購。相應地，如收購方在實施企業收購時，其主體資金來源是自有資金，則稱為非槓桿收購。

6.1.3 併購的程序

1. 目標企業分析

為了全面瞭解目標企業是否與本企業的整體發展戰略相吻合，目標企業的價值如何，以及其經營中的機會與障礙，在併購之前，必須對其進行全面的分析，從而決定是否進行收購、可接受的收購價格以及收購后如何對其整合。審查過程中，可以先從外部獲得有關目標企業各方面的信息，然后再與目標企業進行接觸，如果能夠得到目

標企業的配合，獲得其詳細資料，則可對其進行周密分析。分析的重點一般包括行業、法律、營運和財務等方面。

2. 目標企業的價格評估

在企業併購實施過程中，併購雙方談判的焦點是目標企業併購價格的確定。而企業併購價格確定的基礎就是併購雙方對目標企業價值的認定。目標公司的價值評估工作十分重複，目前對目標公司的價值評估來用三種方法進行，即淨值法、市場比較法及淨現值法。

淨值法是指以目標公司淨資產的價值作為目標公司的價值，淨值法是估算公司價值的基本依據。這種方法一般在目標公司已不適合繼續經營或併購方主要目的是獲取目標公司資產時使用。

市場比較法是以公司的股價或目前市場上已有成交公司的價值作為標準來估算目標公司的價值。有兩種標準用來估算目標公司的價值；一種是以公開交易公司的股價為標準；另一種是以相似公司過去的收購價格為標準。

淨現值法是預計目標公司未來的現金流量，再以某一折現率將其折現為現值作為目標公司的價值。這一方法適用於希望被併購公司能繼續經營的情況。

3. 併購資金籌措

在企業併購中，併購公司需要支付給目標公司巨額資金，因此籌資成為企業併購中的一個重大問題，目前一般的籌資方式有內部籌資、借款、發行債券、優先股融資、可轉換證券融資和購股權證融資等。

4. 企業併購的風險分析

併購風險與併購收益相伴而生，併購在為企業帶來巨大收益的同時，也增加了各種風險，如果不予以關注和控制，將會增加併購失敗的概率，極大地抵減併購企業的價值。因此，併購企業必須高度重視併購實施過程中的各種風險，盡量避免和減少風險，將風險消除在併購實施的各個環節中，最終實現併購的成功。併購實施過程中的風險是多種多樣的，除政治風險、自然風險外，一般來說，還存在法律風險、市場風險、戰略風險、管理風險、營運風險、財務風險、信息風險和反收購風險等。

5. 併購后的整合

併購企業通過一系列程序取得了目標企業的控制權，只是完成了併購目標的一半，在併購完成之後，併購企業必須要對目標企業進行整合，使其與企業整體戰略協調一致，這是更為重要的併購任務。如果整合不順利，或阻力很大，也可能使整個併購歸於失敗。整合內容包括：戰略整合、業務整合、制度整合、組織人事整合和企業文化整合。因此，企業高層領導者，一定要認識併購后的企業整合的重要意義。

6.2 聯盟戰略

6.2.1 聯盟的內涵

聯盟也稱戰略聯盟,是兩個或兩個以上的企業或跨國公司為了達到共同的戰略目標而採取的相互合作,共擔成本、風險,共享經營手段,甚至利益的聯合行動。戰略聯盟是具有共同利益企業之間以互補性資源為紐帶,以契約形式為聯結,組成的緊密或松散型的戰略共同體。企業戰略聯盟的目的在於實現產品交換、共同學習和獲得市場力量。

6.2.2 聯盟的類型

按照聯盟成員之間的依賴程度劃分,可以分為股權式聯盟和契約式聯盟。

1. 股權式聯盟

股權式聯盟分為兩種:一種是對等佔有型戰略聯盟,另一種是相互持股型戰略聯盟。對等佔有型戰略聯盟是指雙方母公司各擁有50%的股權,建立合資企業。相互持股型戰略聯盟是指各成員為鞏固良好的合作關係,長期地相互持有對方少量的股份。

2. 契約式聯盟

(1) 技術交流協議。聯盟成員間相互交流技術資料,通過知識的學習來增強企業競爭實力。

(2) 合作研究開發協議。聯盟成員分享各成員間的科研成果,共同使用科研設施和生產設備,在聯盟內注入各種資源,共同開發新產品。

(3) 生產營銷協議。聯盟成員共同生產和銷售某一產品。

(4) 產業協調協議。聯盟成員建立全面協作與分工的產業聯盟體系,一般多見於高技術企業中。

股權式聯盟依雙方出資多少有主次之分,且對各方的資本、技術水平、市場規模、人員配備等有明確規定,股權多少決定著發言權的大小;契約式聯盟中,各方一般處於平等和相互依賴的地位,在經營中各方保持其獨立性。

6.2.3 聯盟的管理

1. 聯盟的人力資源管理

一是尋找正確的領導者。聯盟的成功在很大程度上依賴於管理合作企業的主管人的性格和領導品質。合作企業中存在固有的衝突,關鍵是企業經理層如何學會平衡這些衝突。對企業領導者而言,平衡合作企業的利益與母公司的目標是一個相當困難的問題。高層的工作通常沒有清楚的界線,因此有更大的解釋自由和回旋餘地,這使高層管理者的角色、責任、決策過程更加重複。例如,在合作企業的董事會上,聯盟的健康與繁榮是第一任務,但在單獨一方的公司戰略會議上,情況並不一定是這樣。高

級企業經理們必須能處理這兩種壓力。

二是建立一個團結的經理隊伍。以團隊戰略來實施管理的總經理的能力，取決於能否為管理班子招募到合適的經理人員。不是每一位經理都適合於同來自不同國家文化和公司文化的合作夥伴緊密合作的。一方面，公司需要挑選有能力去推進合作企業業務的經理；另一方面，這些經理必須有必要的外交手腕來有效處理不同聯盟夥伴間微妙的關係和互動性。在尋找有才能的聯盟經理時，一些跨國公司應集中注意尋找以下人員：通曉文化的技術人員、具有上進心的經理、善於聽取意見的人、符合合作企業條件的經理以及受雙方尊重的聯絡人員。

三是合作企業的職工安排。一般來說，合作企業的員工來自三個地方：合作總部、外部和子公司。企業可從總部抽調員工作為聯盟的職員；也可在當地子公司的員工中挑選到聯盟公司的員工，這樣可節省總部人事變動的費用。使用子公司的員工，公司可以在其全球戰略中關鍵的三方——母公司總部、當地子公司的業務點及其聯盟中創造連續的交流和合作。

2. 聯盟的信任管理

在聯盟夥伴之間的合作過程中，由於聯盟內部的管理權關係模糊不清，合作夥伴關係的雙重性以及相互關係格局的重複多變，聯盟成員之間很難建立持久的信任關係。為此必須通過在聯盟成員之間構建信譽機制，使合作夥伴間保持穩固而持久的信任關係，從而提高聯盟的績效並推動聯盟關係的發展。

聯盟方如果為了眼前的短期利益或局部利益而採取機會主義行為時，不僅會招致對方的報復，最終還將會失去合作夥伴對自己的信賴；甚至在同行業中有損自身的聲譽，為其未來的發展蒙上一層「陰影」，這對於企業來說是得不償失的。

3. 聯盟的文化協同

聯盟成員之間只有設定共同的價值觀、工作作風和文化觀念才能順利推進合作進程。聯盟產生分歧的主要原因是文化的差異，所以任何公司都需要花更多的時間去瞭解其他聯盟成員的組織結構、文化傳統和個人動機等。

一是要塑造共同的價值觀。聯盟產生分歧的重要原因常常是文化的差異，企業文化差異主要是指企業在長期經營過程中，往往容易形成獨特的「企業個性」，不同企業有著不同的價值觀和行為方式。而一旦結成聯盟，由於合作夥伴分屬不同的企業文化，在合作中難免發生管理方式甚至價值觀的碰撞，致使聯盟效率低下。杜邦與菲利浦在光盤生產上的合作並沒有取得成功，從而未能形成足夠合力與日本企業展開競爭，其主要原因就是文化上的衝突導致合作進程非常緩慢。因而聯盟夥伴在合作過程中，應努力塑造共同的價值觀和經營理念，並逐步統一雙方不同的管理模式和行為方式。

二是要樹立雙贏的合作觀念。互惠互利的信念是聯盟夥伴真誠合作的基礎，只有通過合作雙贏才能保證企業聯盟關係的持續發展。在通常的競爭關係中，總是零和博弈，一方所得到的正是另一方所失去的，反之亦然。而企業之間通過組建戰略聯盟，只要合作成功，各方都是贏家，聯盟成員間是一種正和博弈關係。因此必須轉變慣常的思維方式，樹立雙贏的合作觀念，保持雙方持久的合作熱情，才能最終提高聯盟的績效。

三是要進行經常性的溝通和交流。聯盟內的人員來自不同企業，有著不同的文化和習慣。能否使其保持良好的協作關係，並充分發揮其創造力，是提高聯盟效率的關鍵。即聯盟既要保持原先組織的創造性，但同時又要強調協調一致的組織性。為了順利實現聯盟的目標，必須創造條件使聯盟各方克服語言、習慣、價值觀、思維方式等方面的障礙。如法國艾爾卡和日本 NEC 在生產衛星電視天線時由於語言不通，雙方都誤以為對方負責生產相應的部件，等到產品模型做好時才發現這一疏漏，幸虧及時補救，才避免重大損失。由此可見重視語言文化和行為習慣溝通的必要性和重要性。所以，應鼓勵人員間進行廣泛、頻繁的交流和溝通，花更多的時間去瞭解其他聯盟成員的組織結構、文化傳統及員工的行為方式等。

四是要強調團隊文化。企業聯盟實際上是一個合作團隊，合作是參與方共同的義務，因而要求形成目標一致的團隊文化，這種文化不是以犧牲合作夥伴利益來服從整體目標，而是應用系統工程全面地考慮局部目標與整體目標的關係，並在項目實施中通過隨時協調、溝通，達到局部目標與整體目標的一致。為此應在聯盟過程中充分溝通信息、加強協調，促進團隊文化的形成。

五是要建立和諧的人際關係。和諧的人際關係往往有助於形成良好的合作氛圍。在企業聯盟的管理過程中，來自不同企業的管理人員之間通過建立良好的人際關係，可增強彼此在合作過程中的信任感。管理人員之間的個人情誼和相互信任能使他們在工作中協調一致，減少矛盾和摩擦。這種私人關係網可以在公司之間形成一種非正式的管理網路，它能有效地解決聯盟雙方在合作過程中所產生的種種問題。因為合作各方不可能制定一個完備的合作協議，在協議執行過程中，總會面臨許多不確定性和利益衝突，而和諧的人際關係常常可以在相互溝通中化干戈為玉帛。

思考題：

1. 併購戰略的含義是什麼？類型有哪些？
2. 聯盟戰略的類型包括哪些？
3. 如何加強聯盟管理？

第 7 章　戰略選擇

7.1　基於 SWOT 分析法的戰略選擇

7.1.1　SWOT 分析法簡介

　　SWOT 分析法是競爭情報分析常用的方法之一。所謂 SWOT（態勢）分析，就是將與研究對象密切相關的各種主要內部優勢因素（Strengths）、弱點因素（Weaknesses）、機會因素（Opportunities）和威脅因素（Threats），通過調查羅列出來，並依照一定的次序按矩陣形式排列起來，然后運用系統分析的思想，把各種因素相互匹配起來加以分析，從中得出一系列相應的結論（如對策等）。

　　SWOT 分析法是競爭情報分析的基礎和總綱。不管是對企業本身或是對競爭對手的分析，SWOT 分析法都能較客觀地展現一種現實的競爭態勢；在此基礎上，指導企業競爭戰略的制定、執行和檢驗；且對總的態勢有所瞭解后，才有利於運用各種其他分析方法對競爭對手和企業本身進行更好的分析與規劃。

　　SWOT 分析法是一種能夠較客觀而準確地分析和研究一個企業（單位）現實情況的方法。利用這種方法，企業可以從中找出對自己有利的、值得發揚的因素，以及對自己不利的、應該去避開的東西，發現存在的問題，找出解決辦法，並明確以后的發展方向。根據這個分析，企業可以將問題按輕重緩急分類，明確哪些是目前急需解決的問題，哪些是可以稍微拖后一點兒的事情，哪些屬於戰略目標上的障礙，哪些屬於戰術上的問題。該方法很有針對性，有利於領導者和管理者在企業（單位）的發展上做出較正確的決策和規劃。企業進行 SWOT 分析時，主要從環境分析、SWOT 矩陣構造、戰略制定與選擇等方面開展。

7.1.2　環境分析

　　運用各種調查研究方法，分析出公司所處的各種環境因素，即外部環境因素和內部能力因素。外部環境因素包括機會因素和威脅因素，它們是外部環境對公司的發展有直接影響的有利和不利因素，屬於客觀因素，一般歸屬為經濟的、政治的、社會的、人口的、產品和服務的、技術的、市場的、競爭的等不同範疇；內部環境因素包括優勢因素和弱點因素，它們是公司在其發展中自身存在的積極和消極因素，屬主動因素，一般歸類為管理的、組織的、經營的、財務的、銷售的、人力資源的等不同範疇。在調查分析這些因素時，不久要考慮到公司的歷史與現狀，而且更要考慮公司的未來

發展。

7.1.3 SWOT 矩陣的構造

將調查得出的各種因素根據輕重緩急或影響程度等排序方式，構造 SWOT 矩陣，如表 7-1 所示。在此過程中，將那些對公司發展有直接的、重要的、迫切的、久遠的影響的因素優先排列出來，而將那些間接的、次要的、少許的、不急的、短暫的影響因素排列在后面。

表 7-1　　　　　　　　　　　　SWOT 矩陣表

	優勢（Strength）	劣勢（Weakness）
內部環境	產權和技術 產品 良好的財務 高素質的管理人員 公認的行業領先者 ……	設備老化 產品範圍太長 營銷能力較弱 成本高 企業形象一般 ……
	機會（Opportunity）	威脅（Threat）
外部環境	縱向一體化 市場增長迅速 能爭取到新的用戶群 有可能進入新的市場領域 可以增加互補產品 ……	競爭壓力增大 政府政策不利 用戶需求正在轉移 新一代產品已經上市 ……

7.1.4 戰略選擇

在完成環境因素分析和 SWOT 矩陣的構造後，便可以制訂出相應的行動計劃。制訂計劃的基本思路是：發揮優勢因素，克服弱點因素，利用機會因素，化解威脅因素；考慮過去，立足當前，著眼未來。運用系統分析的綜合分析方法，將排列與考慮的各種環境因素相互匹配起來加以組合，得出一系列公司未來發展的可選戰略，如圖 7-1 所示。

最小與最小組合（WT 戰略），即著重考慮弱點因素和威脅因素，目的是努力使這些因素都趨於最小。

最小與最大組合（WO 戰略），即著重考慮弱點因素和機會因素，目的是努力使弱點趨於最小，使機會趨於最大。

最大與最小組合（ST 戰略），即著重考慮優勢因素和威脅因素，目的是努力使優勢因素趨於最大，使威脅因素趨於最小。

最大與最大組合（SO 戰略），即著重考慮優勢因素和機會因素，目的在於努力使這兩種因素都趨於最大。

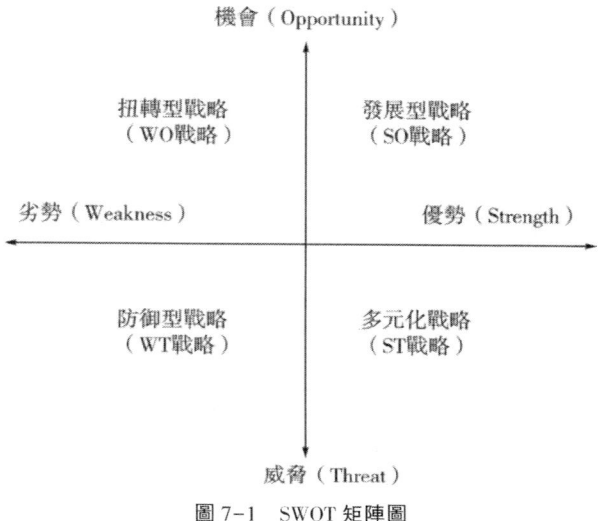

```
                    機會（Opportunity）

       扭轉型戰略              發展型戰略
       （WO戰略）              （SO戰略）


劣勢（Weakness）                    優勢（Strength）


       防禦型戰略              多元化戰略
       （WT戰略）              （ST戰略）


                    威脅（Threat）
```

圖 7-1　SWOT 矩陣圖

可見，WT 戰略最為悲觀，是處在最困難的情況下不得不採取的戰略選擇；WO 戰略和 ST 戰略苦樂參半，是處在一般情況下採取的戰略選擇；SO 戰略最理想，是處在最為順暢的情況下十分樂於採取的戰略選擇。

由於具體情況所包含的各種因素及其分析結果所形成的對策都與時間範疇有著直接的關係，所以企業在進行 SWOT 分析時，可以先劃分出一定的時間段分別進行 SWOT 分析，最后對各個階段的分析結果進行綜合匯總，並進行整個時間段的 SWOT 矩陣分析。這樣，有助於分析的結果更加精確。

7.2　基於 SPACE 矩陣分析法的戰略選擇

7.2.1　SPACE 矩陣分析法簡介

戰略地位與行動評價矩陣（簡稱 SPACE 矩陣）主要用於分析企業外部環境及企業應該採用的戰略組合。

SPACE 矩陣的四個象限分別表示企業採取的進取、保守、防禦和競爭四種戰略模式。矩陣的兩個數軸分別代表了企業的兩個內部因素——財務優勢（FS）和競爭優勢（CA）；兩個外部因素——環境穩定性（ES）和產業優勢（IS）。這四個因素對於企業的總體戰略地位是最為重要的，如圖 7-2 所示。

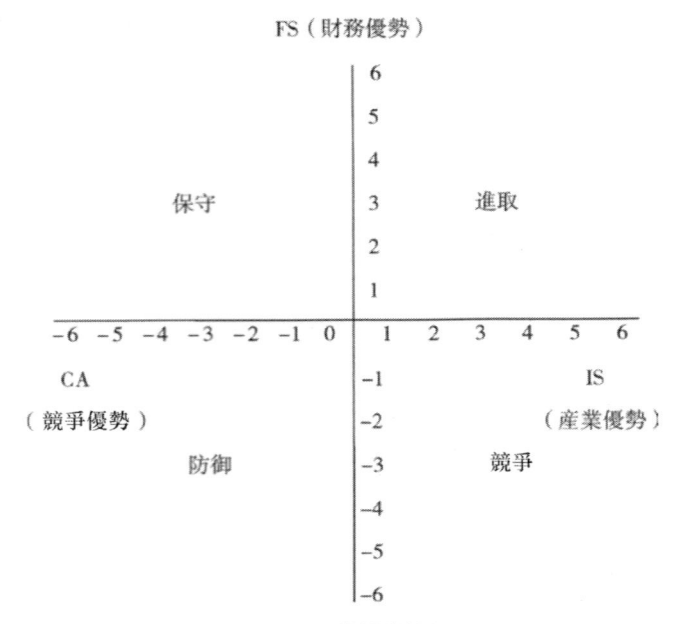

```
                    FS（財務優勢）
                         │
                       6 │
                       5 │
                       4 │
          保守         3 │         進取
                       2 │
                       1 │
   ─────────────────────┼─────────────────────
   -6 -5 -4 -3 -2 -1   0 │ 1  2  3  4  5  6
          CA          -1 │         IS
       （競爭優勢）    -2 │      （產業優勢）
                      -3 │
          防禦            │         競爭
                      -4 │
                      -5 │
                      -6 │
                    ES（環境穩定性）
```

圖 7-2 戰略地位與行動評價矩陣

矩陣的軸線可以細分包含多種不同的變量，具體如表 7-2 所示：

表 7-2　　　　　　　戰略地位與行動評價矩陣變量表

財務優勢（FS）	環境穩定性（ES）
——投資收益 ——槓桿比率 ——償債能力 ——流動資金 ——退出市場的方便性 ——業務風險	——技術變化 ——通貨膨脹 ——需求變化性 ——競爭產品的價格範圍 ——市場進入壁壘 ——競爭壓力 ——價格需求彈性
競爭優勢（CA）	產業優勢（IS）
——市場份額 ——產品質量 ——產品生命週期 ——客戶忠誠度 ——競爭能力利用率 ——專有技術知識 ——對供應商和經銷商的控制	——增長潛力 ——盈利能力 ——財務穩定性 ——專有技術知識 ——資源利用 ——資本密集性 ——進入市場的便利性 ——生產效率和生產能力利用率

7.2.2　SPACE 矩陣的構造

（1）選擇構成財務優勢（FS）、競爭優勢（CA）、環境穩定性（ES）和產業優勢（IS）的一組變量。

（2）對構成 FS 和 IS 的各變量給予從+1（最差）到+6（最好）的評分值。而對構成 ES 和 CA 的軸的各變量給予從-1（最好）到-6（最差）的評分值。

（3）將各數軸所有變量的評分值相加，再分別除以各數軸變量總數，從而得出 FS、CA、IS 和 ES 各自的平均分數。

（4）將 CA 和 IS 平均分數相加，並在 X 軸上標示出來；將 FS 和 ES 的平均分數相加，並在 Y 軸上標示出來。

（5）從 SPACE 矩陣原點到 X 軸、Y 軸數值的交叉點畫一條向量，這一向量所在的象限就表明了企業可以採取的戰略類型：進取、競爭、防禦或保守。

7.2.3　戰略選擇

向量出現在 SPACE 矩陣的進取象限時，企業正處於一種絕佳的地位，可以利用自己的內部優勢和外部機會選擇自己的戰略模式，如市場滲透、市場開發、產品開發、后向一體化、前向一體化、橫向一體化、多元化經營等。

向量出現在保守象限意味著企業應該固守基本競爭優勢而不要過分冒險，企業更適宜採取市場滲透、市場開發、產品開發和集中多元化經營等保守型戰略。

當向量出現在防禦象限時，意味著企業應該集中精力克服內部弱點並迴避外部威脅，防禦型戰略包括緊縮、剝離、結業清算和集中多元化經營等。

當向量出現在競爭象限時，表明企業應該採取競爭性戰略，包括后向一體化戰略、前向一體化戰略、市場滲透戰略、市場開發戰略、產品開發戰略及組建合資企業等。

思考題：

1. 如何構造 SWOT 矩陣？
2. 如何構造 SPACE 矩陣？

第 8 章　戰略實施

8.1　戰略實施概述

8.1.1　戰略實施的內涵

　　戰略實施是為實現企業戰略目標而對戰略規劃的執行，是要將戰略落到實處，將戰略付諸行動，把公司戰略、競爭戰略和職能戰略中所確定的事項從總體上做出安排。戰略實施是戰略制定的后續工作，即企業選定了戰略以後，必須將戰略的構想轉化成戰略的行動。也就是說，戰略實施是將選擇好的戰略方案轉化成戰略行動的過程。戰略實施通常要經歷戰略發動、戰略計劃、戰略運作、戰略控制與評估等四個階段。

　　戰略實施要依靠三方面的工作：一是戰略導向管理整合，也就是以戰略為出發點，對現行管理機制進行調整，使管理機制與戰略相協調，使管理機制成為戰略實現機制；二是戰略導向人力資源整合，也就是以戰略為出發點，對現行人力資源隊伍進行調整，使人力資源與戰略相適應；三是戰略預算，就是將戰略目標、戰略項目及相應的資源配置用數量化指標表示出來，並協調平衡。總之，戰略實施要在戰略導向上做好管理機制整合、人力資源整合、投資項目和預算的整合，要相互配合，相互協同，不能各自為政。

8.1.2　戰略實施的原則

　　（1）統一性原則

　　統一性原則就是統一指揮和統一領導。企業高層管理者通常是戰略的制定者，他們對戰略有著深刻的理解和認識且掌握著大量的信息。當戰略實施中出現問題時，他們會從企業整體利益出發去解決問題，避免各個部門因片面的追求本部門的利益而給企業整體利益帶來損害。另外，統一性原則使上下級的行動保持協調一致，有效地應對由於環境不確定性所帶來的問題。此外，統一性原則使各個部門責任更加明確，保證戰略計劃有效地執行。

　　（2）權變原則

　　企業經營戰略的制定是基於一定的環境條件假設的，在戰略實施中，事情的發展與原先的假設有所偏離是不可避免的，戰略實施過程本身就是解決問題的過程，但如果企業內外環境發生重大的變化，以至於原定的戰略的實現不可行時，顯然需要把原定的戰略進行重大的調整，這就是戰略實施的權變問題。其關鍵就在於如何掌握環境

變化的程度。如果環境發生並不重要的變化就修改了原定的戰略，就容易造成人心浮動，帶來消極后果。企業缺少堅韌毅力，最終只會一事無成。但如果環境確實已經發生了很大的變化，仍然堅持實施既定的戰略，將最終導致企業破產，因此關鍵在於如何衡量企業環境的變化。

（3）有效溝通性原則

所謂有效的溝通，是指信息發出方對信息進行有效的編碼，通過一定的媒介把信息傳遞給信息的接收者，使得發出方的信息與接收方信息達到完全一致。溝通是上下級和同級之間聯繫的橋樑。上級對戰略計劃的有效傳達，在戰略實施過程中至關重要。同時，下級對環境因素的變動和戰略執行的情況要及時向上級反饋。

8.2　組織結構、文化與戰略的關係

8.2.1　組織結構與戰略的關係

組織結構是組織為實現共同目標而進行的各種分工和協調的系統。組織結構的功能在於分工和協調，是保證戰略實施的必要手段。戰略與組織結構是相互聯繫、彼此影響的。戰略與組織結構匹配度越高，則戰略實施的效率就越高並且更加有效。組織結構既服務於戰略的實施也制約著戰略的實施。

（1）組織結構服從於戰略

在探索戰略與結構的關係方面，錢德勒在其經典著作《戰略和結構》中，首次提出組織結構服從戰略的理論。戰略的變化必然要求組織結構做出相應的變化。錢德勒（A. D. Chandler）在研究美國杜邦、通用汽車和標準石油等公司的戰略與組織結構的演變過程中，發現組織結構隨著戰略變化而變化。他認為，新的戰略實施會給企業管理帶來一些新問題，如導致組織績效水平的下降。要提高組織績效，就必須建立新的相適應的組織結構，促使戰略目標實現，如圖 8-1 所示：

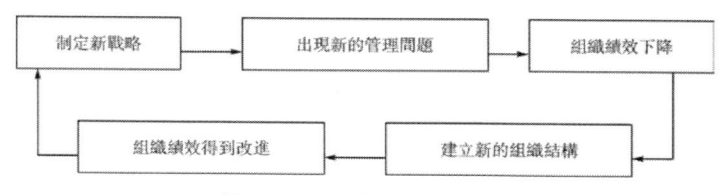

圖 8-1　組織機構服務於戰略

（2）組織結構制約著戰略

學術界普遍認為戰略的變化將導致結構的變化，結構的重新設計又能促使戰略的有效實施。有些學者則認為組織結構不僅隨著戰略的變化而變化，同時也會影響戰略。在實踐中，組織結構的變化會受到組織內外部環境的制約，並不是無限地隨著戰略的變化而變化。在戰略隨環境變化的同時，組織結構也對戰略起到一定的制約作用。

在經濟發展時，企業不可錯過時機，要制定出與發展相適應的競爭戰略與發展戰

略。戰略制定出來以后，要正確認識組織結構有一定反應滯后性的特性，不可操之過急。但是，結構反應滯后時間過長將會影響戰略實施的效果，企業應努力縮短結構反應滯后的時間，使結構配合戰略的實施。

8.2.2 企業文化與戰略的關係

在企業戰略管理中，企業文化與企業戰略的關係主要表現在以下三個方面：

（1）優秀的企業文化是企業戰略獲得成功的重要條件。

優秀的企業文化能夠突出企業的特色，形成企業成員共同的價值觀念，而且企業文化具有鮮明的個性，有利於企業制定出與眾不同的、克敵制勝的戰略。

（2）企業文化是戰略實施的重要手段。

企業戰略制定以后，需要全體成員積極有效地貫徹實施，正視企業文化的導向、約束、凝聚、激勵及輻射等作用，激發員工的熱情，統一企業成員的意志及慾望，為實現企業的目標而努力奮鬥。

（3）企業文化與企業戰略必須相互適應和相互協調。

企業戰略制定以后需要與之相配合的企業文化的支持，如果企業原有的文化與新的戰略存在很大的一致性，那麼新戰略實施就會很順利。如果原有的企業文化與新制定的戰略有衝突，則新戰略的實施就會遇到困難，這時需要變革企業文化使之適應新戰略的需要。但是，一個企業的文化一旦形成以后，要對企業文化進行變革難度很大，也就是說企業文化具有較大的剛性，而且它還具有一定的持續性，在企業發展過程中會逐漸得以強化。因此，從戰略實施的角度來看，企業文化要為企業戰略實施服務，又會制約企業戰略的實施。當企業制定了新的戰略要求企業文化與之相配合時，企業的原有文化變革速度非常慢，很難馬上對新戰略做出反應，這時企業原有的文化就有可能成為實施新戰略的阻力。因此，在戰略管理的過程中，企業內部新舊文化的更替和協調是保證戰略順利實施的重要條件。

8.3 戰略實施模式

戰略實施的模式包括指揮型、變革型、合作型、文化型和增長型五種，各具特色，企業要選擇最適合自身發展的模式。

指揮型戰略實施模式是集權型的戰略實施模式，即所有戰略規劃方面的問題，全部由總裁或董事會來決定，其他任何人不得越權。

變革型戰略實施模式就是通過一系列的變革來實施戰略，如建立新的組織機構、新的信息系統，變更人事，甚至是兼併或合併經營範圍等，並採用激勵手段和控制系統以促進戰略實施。

合作型戰略實施模式充分發揮集體的智慧，所有高層管理人員從戰略實施一開始就承擔有關的戰略責任，對戰略的實施做出各自的貢獻。

文化型戰略實施模式運用企業文化的手段，不斷向企業全體成員灌輸戰略思想，

建立共同的價值觀和行為準則，使所有成員在共同的文化基礎上參與戰略的實施活動。

增長型戰略實施模式通過鼓勵員工的首創精神，調動員工的工作積極性和主動性，以企業效益的增長為員工自身的奮鬥目標。

8.4 戰略實施過程

8.4.1 發動階段

戰略實施是一個自上而下的動態管理過程，即戰略規劃及目標是在企業高層管理者達成一致后，再向中層和基層傳達並實施的，因此戰略實施的首要之事就是戰略實施的發動。戰略實施發動以將企業戰略願景變為員工的實際行動為基礎，宣貫新的願景、新的戰略、新的思想、新的理念，使員工認識到實施戰略的必要性和迫切性，調動員工實現企業戰略的熱情和積極性。

8.4.2 計劃階段

制訂戰略實施計劃是為了有計劃性、有針對性、有步驟性、有目的性地實施戰略規劃。戰略實施計劃可以從很多維度來制訂，如時間維度、組織維度和業務維度等。每個維度的計劃都要涉及戰略計劃的全部內容。選取越多的維度，戰略實施計劃的制訂就越為全面，員工對於戰略實施計劃的理解就越深入，戰略實施的運作就越容易。

8.4.3 運作階段

戰略實施的運作階段是在戰略實施發動的基礎上，按照戰略實施計劃的要求和內容一步一步實現戰略規劃的階段。可以說，戰略實施的運作階段是戰略實施的核心階段，是戰略實施得以體現其本質內涵的階段。在這一階段，企業表現的好壞直接影響其戰略實施考核的結果。因此在戰略運作階段要嚴格遵從戰略實施的原則，按照最適合企業發展的戰略實施模式來按步驟完成戰略實施計劃。

思考題：

1. 組織結構與戰略的關係有哪些？
2. 企業文化與戰略如何匹配？
3. 戰略實施過程包括幾個階段？

第 9 章 戰略控制

9.1 戰略控制的內涵

　　戰略控制是指在企業戰略的實施過程中，檢查企業為達到目標所進行的各項活動的進展情況，評價實施企業戰略后的企業績效，把它與既定的戰略目標與績效標準相比較，發現戰略差距，分析產生偏差的原因，糾正偏差，使企業戰略的實施更好地與企業當前所處的內外環境、企業目標協調一致，使企業戰略得以實現。

　　企業戰略實施的控制是企業戰略管理的重要環節，控制能力和效率的高低決定了戰略行為能力的高低。控制能力強、效率高，則企業高層管理人員可以做出較為大膽的、風險較大的戰略決策。而且戰略實施的控制和評價可為戰略決策提供重要的反饋，幫助戰略決策者明確哪些是符合實際的、正確的，有助於提高戰略決策的適應性和水平。同時，戰略實施的控制可以促進企業文化等企業基礎建設，為戰略決策奠定良好的基礎。

9.2 戰略控制的特徵

9.2.1 適宜性

　　判斷企業戰略是否適宜，首先要判斷這個戰略是否具有實現公司既定的財務和其他目標的良好的前景。因此，適宜的戰略應處於公司希望經營的領域，必須具有與公司的哲學相協調的文化，如果可能的話，必須建立在公司優勢的基礎上，或者以某種人們可能確認的方式彌補公司現有的缺陷。

9.2.2 可行性

　　可行性是指公司一旦選定了戰略，就必須認真考慮企業能否成功的實施，公司是否有足夠的財力、人力或者其他資源、技能、技術、訣竅和組織優勢，換言之，就是企業是否有有效實施戰略的核心能力。如果在可行性上存在疑問，就需要將戰略研究的範圍擴大，並將能夠提供所缺乏的資源或能力的其他公司或者金融機構合併等方式包括在內，通過聯合發展達到可行的目的。特別是管理層必須確定實施戰略要採取的初始步驟。

9.2.3 可接受性

可接受性強調的問題是：與公司利害攸關的人員，是否對推薦的戰略非常滿意，並且給與支持。一般來說，公司越大，對公司有利害關係的人員就越多。要保證得到所有的利害相關者的支持是不可能的，但是，所推薦的戰略必須經過最主要的利害相關者的同意，而在戰略被採納之前，必須充分考慮其他利害相關者的反對意見。

9.2.4 多樣性和不確定性

戰略具有不確定性。公司的戰略只是一個方向，其目的是某一點，但其過程可能是完全沒有規律的，因此這時的戰略就具有多樣性。同時，雖然經營戰略是明確的、穩定的且是具有權威的，但在實施過程中由於環境變化，企業必須適時對戰略進行調整和修正，因而也必須因時因地地提出具體控制措施，因為戰略具有多樣性和不確定性。

9.2.5 彈性和伸縮性

戰略控制中如果過度控制，頻繁干預，則容易引起消極反應。因而針對各種矛盾和問題，戰略控制有時需要認真處理、嚴格控制，有時則需要適度的、彈性的控制。只要能保持與戰略目標的一致性，就可以有較大的回旋的餘地。所以戰略控制中只要能保持正確的戰略方向，企業應盡可能地減少干預實施過程，盡可能多地授權下屬在自己的範圍內解決問題，對小範圍、低層次的問題不要在大範圍、高層次上解決，這樣才能夠取得有效的控制。

9.3 戰略控制的類型

基於控制時間，戰略控制通常分為事前控制、事中控制和事后控制三種類型。

(1) 事前控制

事前控制是指在戰略行動成果尚未實現之前，對戰略行動的結果趨勢進行預測，並將預測結果與預期結果進行比較和評價，如果發現可能出現戰略偏差，則提前採取預防性的糾偏措施，使戰略實施始終沿著正確的軌道推進，從而保證戰略目標的實現。由於通過預測發現戰略行動的結果可能會偏離既定的標準，因此，管理者必須對預測因素進行分析與研究。一般有三種類型的預測因素：一是投入因素，即戰略實施投入因素的種類、數量和質量將影響產出的結果；二是早期成果因素，即依據早期的成果，可預見未來的結果；三是外部環境和內部條件的變化。事前控制對戰略實施中的趨勢進行預測，對其后續行動起調節作用，能防患於未然，是一種卓有成效的戰略控制方法。

(2) 事中控制

事中控制是指在戰略實施控制中，要對戰略進行檢查，對照既定的標準判斷是否

適宜；如果發現不符合標準的行動就隨時採取措施進行糾偏。這種方式一般適用於實施過程標準化、規範化的戰略項目。事中控制的具體操作有多種形式：一是直接領導，即管理者對戰略活動進行直接指揮和指導，發現差錯及時糾正，使其行為符合既定標準；二是自我調節，即執行者通過非正式、平等的溝通，按照既定標準自行調節自己的行為，以便和協作者有效配合；三是共同願景，即組織成員對目標、戰略宗旨認識一致，在戰略行動中表現出一定的方向性、使命感，從而達到和諧一致、實現目標。

(3) 事後控制

事後控制是指在戰略結果形成後，將戰略行動的結果與預期結果進行比較與評價，然後根據戰略偏差情況及具體原因，對後續戰略行動進行調整修正。這種控制方式的重點是要明確戰略控制的程序和標準，把日常的控制工作交由職能部門人員去做，即在戰略計劃部分實施之後，將實施結果與原計劃的標準相比較，由企業職能部門及各事業部門定期地將戰略實施結果向高層領導匯報，由領導者決定是否有必要採取糾正措施。事後控制的具體操作主要有兩種方式：一是聯繫行為，即對員工的戰略行動的評價與控制直接同他們的工作行為聯繫起來，員工較易接受，並能明確戰略行動的努力方向，使個人行為導向和企業經營戰略導向接軌；同時，通過行動評價的反饋可以修正戰略實施行動，使之更加符合戰略的要求；通過行動評價，實行合理的分配，從而強化員工的戰略意識。二是目標導向，即讓員工參與戰略行動目標的制定和工作業績的評價，使他們既可看到個人行為對實現企業戰略目標的作用和意義，又可從工作業績的評價中看到成績與不足，從中得到肯定和鼓勵，為戰略推進增添動力。

9.4　戰略控制的層次

戰略控制的層次是指由於制定戰略控制的人員在企業中處於不同位置而產生的戰略控制分級，分為組織控制、內部控制和戰略控制三種形式。每種形式都需要完成企業的使命，實現企業的目標。

(1) 組織控制。在大型企業裡，戰略管理的控制可以通過組織系統層層加以控制。企業董事會的成員應定期審核企業正在執行的戰略，測試它的可行性，重新考慮或修正重大的戰略問題。企業的總經理和其他高層管理人員則要設計戰略控制的標準，也可以指定計劃人員組成戰略控制小組來執行一定的控制任務。

(2) 內部控制。內部控制是指在具體的職能領域裡和生產作業層次上的控制。生產作業的管理人員根據企業高層管理人員制定的標準，採取具體的內部行動。內部控制多是戰術性控制。

(3) 戰略控制。戰略控制是指企業對已經發生或即將發生戰略問題的部門，以及對重要戰略項目和活動所進行的控制。這種控制比內部控制更為直接和具體。例如，在研究開發、新產品和新市場、兼併和合併等領域裡，戰略控制發揮著重要的作用。

9.5 戰略控制的過程

戰略控制的過程可以分為五個步驟，即確定目標、制定戰略評價標準、衡量戰略實施效果、評價戰略實效差異、採取糾正措施（如圖9-1所示）。

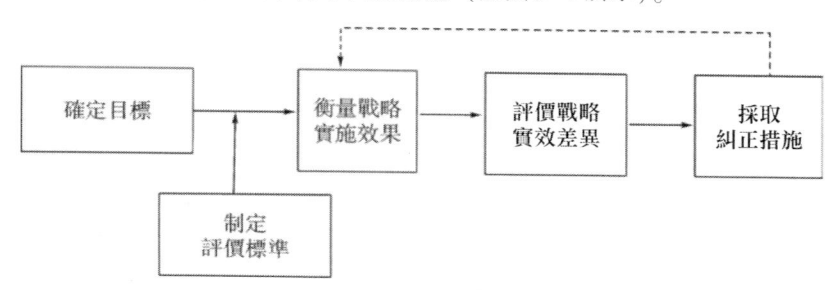

圖 9-1 戰略控制過程

（1）確定目標。明確企業的戰略總目標及具體的階段目標，並將其分解到下層，以便協調和檢查。

（2）制定戰略評價標準。評價範圍應包括各級公司及部門，衡量標準包括定性的和定量的。戰略標準是進行戰略控制的首要條件。評價標準可採用定量和定性相結合的方式。無論是定量還是定性指標，都必須與企業的發展過程做縱向比較，還必須與行業內平均水平及業績優異者進行橫向比較。

（3）衡量戰略實施效果。標準是衡量戰略績效的工具，衡量績效的關鍵是及時獲取有關工作成果的真實信息。工作成果是戰略在執行過程中實際達到目標水平的綜合反應。通過信息系統把各種戰略目標執行的信號匯集起來，這些信號必須與戰略目標相對應。要獲取實際的準確成果，必須建立管理信息系統，並採用科學的控制方法和控制系統。建立報告和聯繫等控制系統，這是戰略控制的中樞神經，是收集信息並發布指令所必需的，對企業戰略的實施是必不可少的。具體可通過口頭匯報、書面匯報、直接觀察等方式取得信息，以此衡量實際戰略業績。

（4）評價戰略實效差異。評價戰略實施績效是將實際的成果與預定的目標或標準進行比較，即對收集到的信息資料與既定的行業衡量標準和戰略目標進行比較和評價，找出成效與標準之間的差距及產生的原因。通過比較會出現三種情況：一種是超過目標和標準，即出現正偏差，在沒有做特定的要求的情況下，出現正偏差是一種好的結果；第二種是正好相等，沒有偏差，這也是好的結果；第三種是實際成果低於目標，出現負偏差，這是不好的結果，應該及時採取措施糾偏。

（5）採取糾正措施。如實施結果達不到預定的目標與要求，則應採取相應的措施進行糾正。糾正的方法包括：加大戰略實施的投入力度，調整組織結構和人事，強化企業文化建設，協調與外部的關係。如果上述手段收效甚微，則要重新審查戰略本身是否適合，是否需要進行戰略調整。

9.6 戰略控制的工具

績效的測量與評價是戰略控制的基礎。如何從戰略角度對組織績效做全面評估，一直是困擾管理者的難題。許多企業有這樣的經歷：費心盡力制定出來的戰略，長期得不到有效實施，變成案頭的一堆廢紙。為什麼制定好的戰略被束之高閣了？一方面，一些企業認為戰略是一個虛的東西，另一方面，一些企業不知道如何實施戰略。但是戰略實施真的有那麼困難嗎？平衡計分卡的出現，使這個難題在一定程度上得到瞭解決，為企業的戰略決策者提供了一個極佳的工具。

平衡計分卡（The Balanced Card，BSC）是20世紀90年代初由哈佛商學院的羅伯特·卡普蘭（Robert Kaplan）和諾朗諾頓研究所（Nolan Norton Institute）所長、美國復興全球戰略集團創始人兼總裁戴維·諾頓（David Norton）提出的一種績效評價體系。平衡計分卡被《哈佛商業評論》評為75年來最具影響力的管理工具之一，它打破了傳統的單一使用財務指標衡量業績的方法。

卡普蘭和諾頓認為傳統的財務會計模式只能衡量過去發生的事情，却無法評估組織前瞻性的投資。正是基於這樣的認識，平衡計分卡從四個角度審視自身業績：學習與成長、內部流程、顧客、財務。如圖9-2所示：

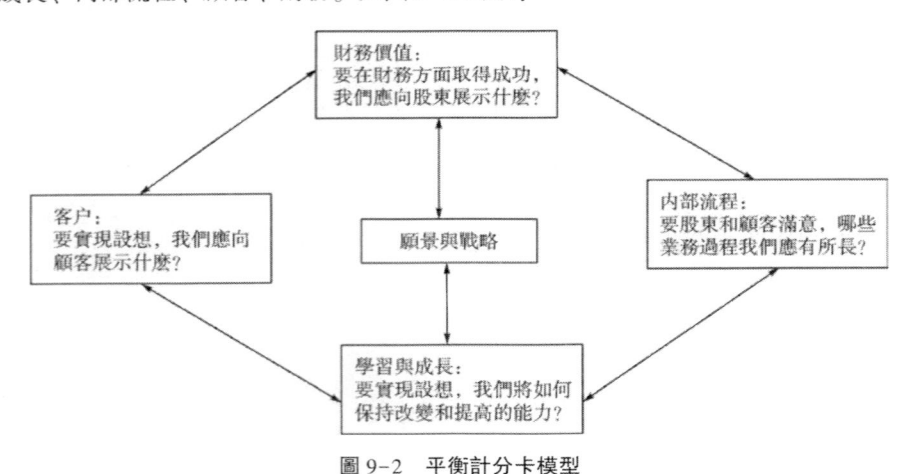

圖 9-2　平衡計分卡模型

在平衡計分卡的評估體系中，財務績效只是其中的一個部分，顧客、流程、學習與成長這些重要的戰略要素在此得到了充分重視。平衡計分卡的核心思想就是通過財務、客戶、內部流程及學習與成長四個方面的指標之間相互驅動的因果關係展現組織的戰略軌跡，實現績效考核——績效改進及戰略實施——戰略修正的戰略目標過程。

平衡計分卡之所以稱之為「平衡」計分卡，是因為平衡計分卡反應了財務、非財務衡量方法之間的平衡；長期目標與短期目標之間的平衡；外部和內部的平衡；結果和過程的平衡；管理業績和經營業績的平衡等多個方面的平衡關係。在實踐中，平衡

計分卡的操作流程如下：

（1）以組織的共同願景與戰略為內核，運用綜合與平衡的哲學思想，依據組織結構，將公司的願景與戰略轉化為下屬各責任部門（如各事業部）在財務、顧客、內部流程、學習與成長四個方面的具體目標（即成功的因素），並設置相應的四張計分卡。

（2）各責任部門分別在財務、顧客、流程、學習與成長四個方面設計對應的績效評價指標體系，這些指標不僅與公司的戰略目標高度相關，同時兼顧和平衡公司長期和短期目標、內部與外部利益，綜合反應戰略管理績效的財務與非財務信息。

（3）由各主管部門與責任部門共同商定各項指標的具體評分規則。一般是將各項指標的預算值與實際值進行比較，對應不同範圍的差異率，設定不同的評分值。以綜合評分的形式，定期考核各責任部門在財務、顧客、內部流程、學習與成長四個方面的戰略執行情況，及時反饋，適時調整戰略偏差，或修正原定目標和評價指標，確保公司戰略得以順利與正確地實行。借著對四項指標的衡量，組織得以用明確和嚴謹的手法來詮釋戰略。這種方法，不僅保留了傳統上對過去的財務指標的衡量，還兼顧了對促成財務目標的其他績效指標的衡量；在支持組織追求業績之余，也監督組織的行為，兼顧學習與成長，使組織得以把產出（outcome）和績效驅動因素（performance driver）串聯起來。

應用「平衡計分卡」在具體實踐中應該注意以下幾個關鍵點：
（1）對未來而不是過去進行管理；
（2）聚焦於因果關係，建立連接戰略的系統；
（3）對建立的平衡計分卡制訂具體行動計劃，保證戰略的實施；
（4）針對實際、簡單靈活，保證可操作性。

思考題：

1. 戰略控制有幾種類型？
2. 戰略控制的層次有哪些？
3. 平衡計分卡的作用及操作流程是什麼？

第二部分
企業案例篇

第10章　汽車企業案例

案例1　眾泰汽車成功秘訣

任何企業家都希望實現高增長，這表明領導才能得到市場認可。眾泰汽車董事長吳建中做到了。2015年上半年，眾泰汽車累計銷售101,018輛，創歷史新高，同比增長43.86%，遠高於自主品牌7%的平均增長率。

在市場低迷時，眾泰汽車卻取得超高增速，這份成績令人羨慕。面對這樣的成績，吳建中的臉上掛滿了喜悅，在接受採訪的過程中，記者卻也感受到吳建中的一絲憂慮。

一、推行「一機兩翼」戰略

2014年，眾泰汽車與時俱進地提出了「一機兩翼」平臺化發展戰略；「一機」即眾泰汽車的核心競爭力也即產品力，「兩翼」則是指建立高標準化的供應商和務實高效的營銷平臺。在「一機兩翼」戰略的推動下，眾泰汽車與上汽、寶鋼、博世、三菱、現代、蓮花、江森、德賽西威、偉巴斯特、ABB、PPG等知名品牌建立戰略合作關係，並積極推進「機器換人」戰略，引入機器人生產線，通過車間的全自動化讓生產的各個環節精準到位，保障產品品質。如今，眾泰T600、Z300、Z500等戰略車型均為眾泰汽車樹立了品質派的正面形象，眾泰汽車的千輛故障率更是達到了合資車的水平。

隨著「一機兩翼」平臺化戰略的實施，眾泰汽車已實現了產品力的全面提升；截至2014年年底，眾泰汽車已陸續推出了A00級平臺眾泰Z100、雲100、眾泰E20，A級車平臺眾泰Z300，B級車平臺眾泰T600、Z500等各平臺車型，基本完成了產品矩陣序列的佈局。2014年眾泰汽車在中國品牌遭遇十二連降的背景下，以23.8%的高增長逆襲，為中國品牌打了一場漂亮的翻身仗，成績的取得主要得益於「一機兩翼」戰略的實施。

截至2014年年底，眾泰已有500家一級經銷商，1,000家二級經銷商，此外，眾泰還積極地開拓國外市場，目前在全球範圍內80多個國家和地區都有眾泰經銷商的身影。不僅如此，眾泰A級SUV經銷商招募也已經全面展開，按照眾泰汽車標準分不同等級，並進行統一化管理。

二、穩步增長有「秘訣」

每個成功的企業都有「秘訣」，有些成功者不願意說，但吳建中是個心直口快的人，他向記者分享了心得。

吳建中說：「眾泰汽車的高增長，主要得益於集團『一機兩翼』平臺化競爭戰略的穩步推進，一手抓供應商平臺、一手抓營銷平臺，有了堅實的兩翼，眾泰汽車才能飛起來，飛得更快、更高。」

在「一機兩翼」戰略指導下，眾泰汽車先後推出 Z300 新視界版、T600 旗艦版、新能源純電動雲 100、品質派性能中級車 Z500、T600, 2.0T 等，滿足三四線城市細分市場需求。目前，眾泰汽車已形成了由 SUV 引領，轎車和新能源車同步發展的眾泰汽車「三大戰隊」。

吳建中說：「我們針對經銷商還積極構建『五星服務』評級體系，通過優質的服務提高消費者對眾泰汽車的品牌印象和口碑。我認為產品力、品牌力、營銷力、渠道力、服務力的全面提升，才是眾泰汽車取得當下成績的基礎，無疑也是奠定未來市場根基的關鍵。」

三、不懼合資品牌價格下探

近段時間，合資品牌不斷推出新車型，縱覽這些上市車型不難發現一個共同現象，價格普遍調低，形成了明顯的價格下探趨勢。面對合資品牌價格下探，吳建中並不懼怕。

吳建中說：「合資品牌為什麼要價格下探？這說明自主品牌已經取得了相當大的進步，消費者對自主品牌越來越認可了。合資品牌價格下探鞭策著自主品牌向高品質、高水準的方向發展。」

自主品牌經過多年發展，已擁有一定的用戶基礎，形成了一定的品牌忠誠度，這是自主品牌產品力向上突圍的表現。吳建中說：「自主品牌的優勢是有產品創新主動權，近年來 SUV 的自主突破就是自主品牌產品調整能力強於合資品牌的體現。」

記者採訪過許多消費者，他們普遍認為在同一價位上，自主品牌能為用戶提供更多的產品附加值，如眾泰大邁 X5 具有大空間、高配置、強勁動力等多重優勢。

在很長一段時間內，無論是進口車還是合資品牌都格外重視北上廣等市場，對三四線城市消費者的重視相對不足。眾泰汽車很早就注意到三四級市場的消費潛力，並且扎根於此，不斷深耕，建立了完備的銷售與服務體系。

吳建中說：「網路建設規模將對市場銷量起到關鍵作用，眾泰汽車已經搭建了完善的市場網路，具有『區位優勢』。現在許多合資或者進口品牌也在渠道下沉。市場外圍環境總是變化的，有些趨勢可以預測，有些則不能。」

不可否認，三四線市場的消費習慣與大城市有很大的區別，合資或進口品牌要摸索出規律還需要花相當長時間。有一位業內專家告訴記者，即使合資或進口品牌調查清楚三四線市場的消費習慣，它們自身的局限性也會對營銷帶來束縛，反而是自主品牌更容易施展拳腳。

四、公布產品規劃，全面發力市場

2015 年前 9 個月，眾泰汽車累計銷售新車約 14 萬輛，完成 2015 年全年銷量目標 20 萬輛的七成，這在國內汽車市場整體走低的背景下，可謂表現優異。而這樣的成績，

與眾泰汽車密集的產品發布密不可分。

眾泰集團總裁金浙勇介紹，2015年眾泰汽車相繼發布Z700、T600, 2015款、大邁X5、S21和新能源E30、E200等6款新車。「未來，眾泰汽車還將推出T700、B12、E01、E02、Z500純電動汽車和大邁X7等車型，全面發力汽車市場。而眾泰S系列后續也將保持年度推出2款新產品或升級車型上市。」

對此，眾泰汽車工程研究院院長劉慧軍也透露，2016年第三季度將推出S系列第二款車，該車將是一款定位中型SUV市場的5座車型。隨著產品規劃的公布，眾泰汽車對於終端銷售也寄予了更高的希望，金浙勇表示：「按照規劃，眾泰將在2016年實現年銷30萬輛目標，並於2018年完成年銷50萬輛的目標。」

五、鎖定年輕消費群體

有調查顯示，目前「80后」「90后」消費者的購車量占整個購車總量的比例已經達到50%，未來幾年，這一比例還將超過60%，年輕消費人群已經成為汽車市場的消費主力。為此，根據市場需求變化，眾泰汽車推出年輕專屬車系——眾泰S系列。

眾泰集團品牌總監徐洪飛介紹，眾泰S系列首款車型採用了系列「S」+類別「R」+數字「7」的命名方式。據眾泰S事業部總經理谷明霞介紹，眾泰SR7長寬高分別為4,510、1,835和1,610毫米，軸距2,680毫米，搭載1.5T渦輪增壓發動機，匹配CVT或五速手動變速器，其最大功率為110千瓦，扭矩為198牛·米。此外，該車還搭載電子手剎、電動全景天窗、12英吋超大中控液晶屏、先進車載互聯繫統、自動空調、智能遙控鑰匙等科技配置，並配備了ESC電子車身穩定系統、HAC坡道輔助系統、胎壓監測系統等安全配置。

值得一提的事，為體現其年輕理念，眾泰SR7還將提供定制服務，不僅可提供多種不同顏色選擇，同時消費者可自由選擇內飾配色、座位顏色、輪轂等各類配件。

六、實施「口碑+體驗式」的創新品牌營銷模式

1. 觸「電」營銷提升品牌知名度

2014年，眾泰汽車繼2010年以億元中標央視一套黃金廣告資源后，再次斥巨資開啟了與央視主流媒體的合作。2015年7月，眾泰Z300、T600等車型相繼亮相央視一套及十三套的《焦點訪談》和《天氣預報》等特A級黃金時段。高密度、多頻次的廣告投放，進一步鞏固提升了眾泰汽車品牌影響力，通過大平臺、大投入，努力實現從「製造眾泰」邁向「品牌眾泰」，從「中國眾泰」邁向「世界眾泰」的跨越。

2015年一季度，眾泰汽車巨資贊助江蘇衛視王牌節目《超級戰隊》，直接將主打產品搬上舞臺，而在多項比賽中，眾泰汽車的各種特性、優勢無縫對接植入到競技項目中，不僅證明了中國品牌的造車水準和品質，更在世界吉尼斯紀錄上留下了「中國眾泰」的光輝印跡，使品牌影響力得到全面提升。

2. 公益事業品牌為美譽度提升助力

眾泰汽車一直把支持慈善公益事業當作應盡的社會責任，將服務社會公益事業、關注社會困難群體作為一項重要工作內容，將「回報社會」寫入企業宗旨。多年來，

吳建中始終不曾忘記一個企業家應該擔負的社會責任，在時間軸的每一個重要節點下，都留下了眾泰汽車播撒的愛心。

2014年，眾泰汽車積極回應浙江省政府「五水共治」號召，帶頭捐款百萬元，帶動社會共同參與「五水共治」；同時，在整車流程中高度重視環保用水和高效用水。吳建中鼓勵廣大眾泰員工，積極謀求實現高效和環保用水的企業健康發展之道，為美麗浙江貢獻一份企業人的清潔大愛。「飲水思源，不忘初心」，2015年，眾泰汽車加大公益慈善事業的開展力度，成立眾泰汽車公益事業品牌，從節能環保、關愛環衛工人和留守兒童、愛心助教、成立社會公益基金等方面開展相關活動，將公益慈善事業作為眾泰汽車的重要事業，努力打造眾泰汽車公益品牌形象，傳遞愛心，永無止境！

3. 口碑營銷增強忠誠度

品牌，需要積澱，需要傳播，更需要鞏固。眾泰汽車在十年品牌的越至道路上，以「一機兩翼」平臺化戰略為引導，2014年，眾泰汽車不斷優化銷售服務網路，針對所有授權經銷商和服務商制定、建設並完善「五星服務體系」的售後標準。在產品熱銷的同時，塑造良好的眾泰汽車服務形象和服務品牌，提升眾泰汽車品牌的美譽度，得到了消費者廣泛讚譽，打造中國品牌，贏得一路好朋友。

通過健全服務流程、開展星級評定、持續進行技能培訓、完善管理機制、實施「雙向外出」服務等措施來打造五星級標準，提供「私人管家和定制式」貼心服務。

4. 體驗式營銷助推產品銷量

眾行中國，一路一帶。2014年至2015年，眾泰T600開啓了以「眾行中國」為主題的「再走絲綢之路」「高原行」「問茶之道」三次長途路測體驗，開創了汽車品牌體驗營銷的創新模式，不僅成為眾泰T600品質檢測的一種拉練，更是通過「一路一帶」，將車隊一路的行進與不同區域的營銷工作進行帶動。而眾泰T600在翻山越嶺、長途奔襲中所體現出的卓越性能，也通過媒體和社會輿論的持續發酵，在消費人群中口口相傳。

資料來源：http://www.cnautonews.com/xw/gdft/201509/t20150914_423816.htm
http://info.xcar.com.cn/201504/news_1788586_1.html

思考題：

1. 你認為眾泰「口碑+體驗式」品牌營銷模式成功之處在哪裡？
2. 眾泰汽車實施「一機兩翼」戰略的啟示有哪些？

案例2　吉利品牌戰略轉型

整個2014上半年，吉利汽車都處於主要產品升級週期及持續進行的營銷系統改革之關鍵節點。7月底，吉利汽車研發的新帝豪上市，被市場人士視為重振吉利汽車銷售的「殺手鐧」。新帝豪不僅承擔著提高吉利汽車銷量的重任，還承擔著更重要的任務——品牌整合。

一、品牌迴歸統一

早在 2014 年 4 月，吉利便發布了新的品牌構架：取消現有的吉利帝豪、吉利英倫和吉利全球鷹三個子品牌，將它們劃入不同的產品線，所有新產品以吉利品牌系列面市，並懸掛統一的新標示。

這意味著在三個子品牌消失后，吉利會將已經打造許久的「GEELY」品牌作為未來公司的母品牌，並採用全新的品牌 LOGO。三個原有的品牌名稱則轉變為產品序列名稱，重新佈局品牌戰略，新帝豪便是新品牌戰略中的第一款產品。

車企過去往往會把體系下面的名字多線發展，即便奔馳這樣的品牌，也在重新梳理自己的品牌體系和車型。在吉利汽車最新的理解裡，品牌不在多少，而在於強不強，讓消費者記住最重要。吉利從過去比較分散的品牌戰略轉變成一個拳頭打出去，更能集中優勢資源打造一個品牌。這種聚焦不僅僅在傳播層面，在產品層面也可以真正做到打磨好單品，然后通過整合的渠道推送。

三個品牌的合併就像是此前張開的手掌變成握緊拳頭出擊，從前三個品牌三條戰線的人員可以集中起來完成一件事，這對於企業的營銷成本也是一種節約。

二、吉利汽車新品牌構架

1. 新 LOGO

新標示以帝豪 LOGO 為基礎，融入了原有吉利 LOGO 的藍色，所有新車包括改款車都將使用全新 LOGO。

2. 產品佈局

吉利汽車將依託 KC、FE 以及和沃爾沃聯合開發的中級車模塊化架構為基礎，開發和升級「KC、帝豪、遠景、金剛、熊貓」等幾大系列產品（分別對應從中型到微型車），根據市場需求，不同系列將擁有不同產品類型。而現有的吉利老平臺都將逐步被淘汰，被新平臺所取代。

3. 銷售渠道整合

目前吉利汽車正在針對具體經銷商的情況進行能力的優化，目標是建立一張最優質的經銷商網路。在渠道規模上，通過對原有三個品牌網點的整合，吉利將會建立起 600 家全新的吉利品牌店面。

三、吉利汽車市場戰略回顧

從以價格為主導、以產品為主導到以品牌為核心。

1. 入市：造老百姓買得起的好車

吉利汽車於 1997 年進入轎車製造領域，以「造老百姓買得起的好車」為品牌主張。

發展初期的主要特點：價格主導——吉利汽車進入汽車行業時，城市化進程加快，經濟型轎車市場需求旺盛，價格居高不下。吉利汽車以成本導向為主要競爭策略，獲取消費者認可，獲得了發展機會。

2. 轉型：注重產品品質

2007年5月，吉利汽車開始戰略轉型，從價格取勝戰略轉向技術領先戰略，以海外收購和國際車展的宣傳促進新品牌形象傳播。

此時品牌發展的主要特點：產品主導——改變品牌主張，提升產品價格，垂直替換產品。

3. 品牌規劃：多品牌戰略

吉利汽車的多品牌戰略始於2008年，吉利全球鷹、吉利帝豪、吉利英倫三大子品牌分別於2008年11月、2009年7月和2010年11月發布，銷售公司隨即成立品牌營銷事業部，分別負責三大子品牌的規劃與銷售工作。

帝豪、全球鷹和英倫三個不同品牌的訴求、目標細分市場、覆蓋的目標消費者都有所不同。吉利全球鷹定位為個性化產品，主打時尚、激情設計風格；吉利帝豪則追求豪華、穩健的設計思路；吉利英倫則定位為經典、英倫風，不同品牌的渠道終端相互獨立。

4. 新帝豪破解多品牌困局

吉利汽車通過多品牌來占領不同的細分市場，擴大市場佔有率。多品牌戰略儘管可以幫助企業最大限度地佔有市場，但也可能分散企業的資源，增大企業的經營風險。

首先，多品牌戰略需要長期的巨大資金投入，其中包括技術研發、不同生產平臺、不同品牌傳播的投入等，需要企業付出更多的管理成本。其次，多品牌戰略不利於集中精力創大品牌：各個品牌面對的都是單個細分市場，意味著很難擁有一款自己的高端車型，因此就很難真正提升自己的品牌，不利於品牌的集中創立。

作為吉利汽車品牌策略迴歸統一的代表作，2014年7月26日，新帝豪在濟南正式上市，共推出兩廂、三廂兩種版本，2015款車型，售價6.98萬~10.08萬元。作為吉利旗下的主力車型，可以說老款的帝豪EC7是吉利旗下的一款明星車型，銷量一直處於自主品牌緊湊型轎車的前列。此次上市的新帝豪不僅承接了吉利原有的三大子品牌中知名度最高的「帝豪」名稱，也被賦予了衝刺銷量的艱鉅任務。

帝豪曾以五年60萬輛、單月銷量破兩萬的業績促進了吉利的規模提升，如今作為肩負吉利戰略轉型重任的子品牌，新帝豪要重回兩萬輛俱樂部，破解自主品牌汽車面臨的困局。

資料來源：http://www.vmarketing.cn/index.php？mod=news&ac=content&id=8412

思考題：

1. 吉利是如何實施品牌戰略的？
2. 吉利品牌戰略存在哪些問題？

案例3　豐田的本土化戰略

一、中長期戰略出爐，豐田中國推進本土化經營

2012年3月，豐田中國發布了「雲動計劃」，這是豐田中國首次根據中國市場特點自主制定的中長期發展規劃。根據這一計劃，豐田中國將圍繞「環保技術、福祉車、商品、服務、事業、社會貢獻活動」等六個關鍵點，加速在中國的事業步伐。同時，其還發布了代表油電混合動力技術潮流的「雙擎」概念，這是豐田在豐田章男「中國最重要」的戰略決策上，邁出本土化的重要一步，其本土化經營的決心可見一斑。

1. 三步走戰略，節能新能源車上位

當前，節能減排是中國汽車工業最為迫切的需求，而混合動力是目前最具備量產條件的新能源技術，節能減排效果明顯。豐田不僅是首個在中國市場推出混合動力量產車型的企業，也是中國市場混合動力車型最為豐富的企業之一。

「雲動計劃」在公布中長期事業發展規劃時，明確將新能源車發展列為重點。目標是在2012年實現年銷量超過100萬的同時，為節能新能源車的普及打下基礎，並計劃在2015年實現搭載國產混合動力總成的混合動力車在一汽豐田、廣汽豐田批量化國產。並最終確定以節能新能源車為主體的事業發展戰略，實現節能新能源車型在豐田整體銷售中占據20%的份額，與之相輔相成的是，豐田旗下將有更多的節能汽車進入中國。

2. 力推混動車，核心技術本土化

混合動力雖然是一項對環境有益的技術，但由於成本過高，汽車企業對此積極性普遍不足。一直以來，豐田始終是中國混合動力市場的主要推動者。2012年2月22日第三代普銳斯在中國市場親民上市，就被市場看作豐田中國力圖拉動混合動力消費的努力。此次賦予混合動力以「雙擎」這一極具中國特色的名字，表明豐田中國將加大引導消費者的宣傳工作。在豐田中國的規劃中，未來節能新能源車型將達到其總銷量的20%，這將極大地減少對環境的污染，而這一針對中國市場的類似戰略在其他跨國車企那裡還未看到。

除了積極推動混合動力發展外，混合動力技術的本土化也被豐田中國提到了非常重要的位置。2011年10月落戶江蘇常熟的豐田汽車研發中心（中國）有限公司（TMEC），是豐田全球研發體系中最大規模的研發基地，它就承擔著此項任務。

3. 多元化新車，重視中國用戶需求

在新車型的推出方面，豐田中國也一改以往的穩健低調，表現出更加重視中國用戶多元化需求的特點。無論是之前上市的第七代凱美瑞、雷克薩斯CT200h、第三代普銳斯，還是即將上市的86跑車，都體現出豐田重視中國消費者、從中國消費者需求出發的本土化改變。另外，針對中國即將進入老齡化社會的發展趨勢以及殘障人士等行動不便的消費群體，豐田中國還將積極認真地推動福祉車在中國的發展。

二、「朗世」亮相：一汽豐田本土化新戰略

經歷過 2012 年持續的「本土化」表態後，豐田對中國市場的新姿態首先在合資公司一汽豐田的 2013 年規劃中體現。

3 月 12 日，一汽豐田在上海發布了合資自主品牌戰略，宣布合資自主品牌命名為「朗世」，並將在下個月的上海車展亮相首款車型——EV 純電動概念車型。

與此同時，豐田 2013 年的戰略車型，也是其在華首款跑車豐田 86 也在當日宣布由一汽豐田正式引入上市。

醞釀多年的一汽豐田合資自主品牌的發布，只是豐田擬定的加深本土化戰略的一部分。作為一汽豐田車型本土化改造的開發平臺，一汽豐田再次強調，由一汽和豐田合資的一汽豐田技術開發有限公司已在 2011 年年底成立。

此外，作為三大日系車企中最后在華發布合資自主品牌的成員，豐田在華的另一家合資公司廣汽豐田 2012 年年內發布合資自主品牌。

跑車 86 的引入也被認為是豐田實踐在華「年輕化」的重要努力。在豐田的本土化戰略中，「年輕化」被列為首要關鍵詞。同時，由豐田汽車公司社長豐田章男一手推進的這款「秋明山戰車」在 29 年後的重生，也與其兩年來不斷強調的重塑品牌形象的「Re BORN」（重生）口號相符。

以豐田章男剛宣布的涉及中國管理層在內的大規模人事洗牌為背景，一汽豐田新車型和新品牌的發布，也使得豐田在華本土化戰略的主觀誠意和客觀效果正式進入開考狀態。

「經過多年的合作，一汽豐田發展合資自主品牌的時機已經成熟」，一汽豐田常務副總經理田聰明稱，合資自主品牌「朗世」的英文為「RANZ」，寓意「開啓明朗樂觀的人生旅程及創造人性化的汽車世界」。

對於「橫置菱形，內為鏤空 N 字形」的 LOGO，一汽豐田的官方解釋則充滿了協作意味：「N 代表了 New 和 Natural，預示著一汽集團與豐田公司全新的合作領域、滿載希望的未來，以及綠色、環保的研發方向。」

一汽豐田強調，一汽豐田技術研發中心已在 2011 年 11 月升級為一汽豐田技術開發有限公司，由一汽集團與豐田公司合資成立。成立於 2008 年 8 月的技術研發中心最大的成績是在 2010 年對花冠進行了本土化改進，使其月銷量從 4,000 輛躍升為 10,000 輛。

新合資公司將遷出一汽豐田的天津廠區，坐落在天津經濟技術開發區，建成後將初步形成產品設計開發、普通汽車試驗、新能源汽車試驗的能力。其目標被定位為三個層面，首先是滿足中國消費者的多元化需求。其次，培育在中國本土研發整車及零部件的能力；同時，推動合資自主品牌的研發水平，最終目標是形成整車開發能力。

不過一汽豐田公關總監馬春平表示，該公司目前仍將主要承擔一汽豐田引入車型的本土化改造工作。

三、豐田應將在華本土化策略推向縱深

2013 年 3 月 6 日，豐田汽車總部高層經歷了一輪大的人事變動，3 名執行副董事和現任董事長張富士夫退休，內山田竹志被任命為新董事長。豐田總部的人事變動也波及中國市場。次日，豐田中國宣布從 4 月 1 日起對在華高管進行調整，其中豐田中國本部長大西弘致將接替北田真治，出任豐田中國總經理；廣汽豐田總經理一職將由豐田常務小林一弘接替小椋邦彥；一汽豐田總經理柴川早人升任常務。

除了一汽豐田總經理「升職加薪」外，另兩位總經理被撤換。這個新的人事任命到底要向外界傳遞什麼？豐田章男在接受日本媒體採訪時說，過去 4 年充滿了各種挑戰，「對於豐田來說，現在已經是時候將目光投向未來。」

這個「未來」的關鍵正是中國市場。雖然豐田章男先生宣稱「中國市場最重要」，且誠意十足，但就目前的態勢看，豐田在中國市場所要做出的調整還遠遠沒有到位。

業內的評價是，除了日產之外，其他幾家日系車企在中國市場發展的真正阻力，不是不確定的政治因素，也不是簡單的產品力和銷售力，而是本土化策略依然停留在表面。

通用和大眾在華的「全價值鏈」本土化已經收穫了成功。日產和現代起亞在經過多年的磨合後，一切以合資公司利益最大化成為企業發展的最高標準，從而形成了強大的合力，助推企業快速成長。

這其中，東風日產被業界公認是中外雙方融合度最高的車企，企業制定的「基本法」實現了最大的開放度，對外呈現出源源不竭的活力，對內真正激發出了每一個員工的潛力。儘管豐田也開始在中國設立研發中心，並在豐田中國高管中出現了中方面孔，但就在華合資板塊的營運機制看，還是相對封閉和保守的。

無論是廣汽豐田還是一汽豐田，每一個重要崗位都設置中外雙重管理制度，在中方更擅長的人才使用、渠道拓展，甚至銷售政策上都必須經日方管理人員同意方能實施。近些年，由於豐田在華業績不佳，日方管理人員加速收權，雙方的不信任感開始惡化，甚至一度有劍拔弩張的軼聞在業界流轉。由此，給企業帶來嚴重的資源能耗，決策力和執行力都大打折扣。

所謂的本土化，不僅僅是在產品設計上迎合中國消費者的審美偏好，也不僅僅是加強中國市場的資源供給，更重要的是實現更多管理人員的本地化，在開放與融合中學會在什麼地方收權，在什麼地方授權，最大程度地尊重中方合作夥伴的意願，實現合資公司的利益最大化。唯有此，豐田在中國市場才能真正展示出應有的實力。

早幾年，在大眾尚處於弱勢，豐田車型供不應求的時候，豐田中國一位資深高管在飯桌上戲言，他退休後準備寫一本書，題目是豐田是如何倒掉的。他說，豐田的大企業病已經到了非常嚴重的程度，沉痾難起。今天，在豐田頻繁的人事調整背後，到底是人盡其用，還是新一輪派系鬥爭，我們不得而知。筆者所獲悉的是，在豐田合資企業內部的日方管理人員中，誰是誰線上的人已經成為公開的秘密，日方管理人員尚且不能形成合力，企業的決策力真要畫一個大大的問號。

值得注意的是，豐田此次高層人事調整還將首次聘任前美國通用汽車副總裁馬克·赫

根等3人擔任獨立外部董事。有消息稱，這是豐田76年來首次向外部董事敞開大門。豐田章男說：「我們堅信從外界汲取更多意見至關重要。」

對於中國市場而言，豐田章男真正要做的工作是，將本土化策略向縱深推進，而不是僅僅停留在表面上。

資料來源：http://auto.sohu.com/20120322/n338503479.shtml
http://auto.china.com/dongtai/yejie/11012724/20130318/17732015.html
http://auto.sohu.com/20130321/n369694843.shtml
http://news.xinhuanet.com/fortune/2013-03/14/c_124455993.htm

思考題：
1. 本土化戰略的優缺點是什麼？
2. 豐田在中國實行本土化戰略具體表現在哪些方面？

案例4　長城汽車堅持SUV戰略

2016年第一季度，長城汽車總計銷售205,723輛新車，同比增長了6.9%。其中哈弗SUV車型占據了主導地位，銷量較去年同期上漲9.6%至192,357輛，依舊保持增速，單一車型哈弗H6占據了60%的銷量份額，起到了決定性作用。對此，長城汽車董事長魏建軍在接受採訪時表示，哈弗H6要打造明星車型系列，並針對不同的細分市場，保持絕對的領先地位。

與此同時，長城依舊聚焦SUV戰略，暫時不會考慮推出轎車產品。對此，長城汽車董事長魏建軍表示：「大家都在質疑，長城放棄轎車，聚焦到SUV上，是不是有很大風險？假如我們有更多的品類，比如轎車、SUV、MPV、商務車，那在競爭中將不占據任何優勢。我們把全身心的精力、資源孤注一擲，用專注、專業、專家的態度，聚焦SUV戰略。」

一、關於品牌價值：品牌價值和高中低端品牌應該區別開來，產品創造不了利潤的情況下，品牌就沒有價值

魏建軍：我認為品牌價值和高中低端品牌應該區別開來。在去年，英國品牌價值諮詢公司Brand Finance Plc根據對品牌價值和品牌內容的考量發布《2015年汽車品牌百強榜》。長城汽車再次入圍榜單，品牌價值上升15%，占據第33位，品牌等級從A+上升到AA，我一看我們后邊的很多都是賓利之類的大品牌。評比機構怎麼來的這個數字？為什麼要把長城弄到那麼靠前？后來我們才知道，如果一個品牌承載的產品在創造不了利潤的情況下，品牌就沒有價值，它只能說是高端品牌，但高端品牌並不代表價值，而大眾產品並不代表沒價值。

所以假如這次哈弗H6組合拳我們打出去，也是有預測、預算，直接考慮我們這種降價活動可能會帶來什麼樣的損失，會帶來什麼樣的市場佔有率，從我們的戰略上來進行評估，應該說我們要是認為能掙到錢的話，要有很好的營利的話，它的價值是不

會變的。我們也看到我們的手機行業，小米賣得很便宜，實際上它營利也不錯。

就如手機、PC還有家電一樣，汽車未來的競爭，就沒有內資和外資之分，我看有很多報導對內資產生了壓力，實際上我的看法，同樣會給外資帶來巨大的壓力。所以現在我們有跟外資競爭的資本了，我們經過多年的累積、聚焦培育我們企業的成熟度。也可以這樣講，因為我們是從2003年開始，十多年的時間我們打造了我們的市場，實際上現在，以前我們叫產業鏈，當然時髦的話也叫生態鏈。所以我認為，我們完全有能力與外資展開競爭。我們的降價這種組合拳的出擊，也證明了我們自主品牌的能力。

二、關於中國品牌走出去：自己家門口都打不贏的戰役，在別人家門口早就叫外資打垮了

魏建軍：中國品牌走出去還需要時間，但是我想告訴大家，就是因為我們家門口有這麼多的外資，你要不讓外資感覺到非常難受，早就叫外資打垮了，你也走不出去。

我認為全球化是一個比較大的難題，光喊口號不行，最重要的是有實際行動。實際上長城在海外市場隨著哈弗品牌在國內地位的鞏固，它不斷地在消費者當中得到認可。目前海外營運我們更多的是夯實基礎，打造品牌價值，並結合當前國際形勢，順勢而為。有些報導說長城退出俄羅斯，實際上是以哈弗品牌進行替換，未來哈弗在俄羅斯地區將更有戰略性，俄羅斯工廠仍在建設中。

在代理商方面，哈弗注重顧客感受，打造哈弗品牌價值，對經銷商選擇、門店建設方面都有嚴格的管理體制。在俄羅斯、澳洲、南非、海灣等地區，我們有自己的哈弗子公司，並在當地打造標杆店、旗艦店，我們自己去營運；在南美，我們要求代理商必須是大經銷商，有自己的門店，以此來保證顧客的消費體驗。

再一個就是佈局我們的研發、海外技術中心。兩個目的，一個目的就是有些前沿的技術，一些概念性的工作，在海外能完成一些部分；再一個就是更加瞭解海外市場。包括歐洲，外國布的點目的都是不一樣的。美國我們主要是吸納人才技術，歐洲、日本也是。

三、關於哈弗H6：我們要打造一個Coupe版的H6明星，哈弗H6多代並存，保證絕對市場地位

魏建軍：哈弗H6有四五年的上市時間，總是站在銷量第一這個位置上。我們要推出一個新一代產品，打造一個Coupe版的H6明星。昨天上午剛公布了哈弗H6 Coupe（1.5T），定價是122,800~142,800元。我們用一個更高性價比的外觀，具有轎車轎跑車風格的哈弗H6 Coupe外形，更符合年輕人新生代的這種造型，開創一個新的細分市場。雖然是SUV但也不完全相同。哈弗H6 Coupe要比H6在底盤上做了一些升級，比如軸距加長、電動轉向等，讓這款車更加智能，功能方面也提升很多。我們是想打造另一個像哈弗H6 Coupe的明星車型，它在技術含量、做工、配置、用材，包括性能方面，像NVH、像駕駛的性能，高速的指向的精準性都有了質的變化。這個車的性價比都不錯，我們對它有很大期待。

哈弗H6 Coupe的上市，是在我們的產品規劃當中的，這款車還有柴油機版本，共

有2.0L汽油、2.0L柴油、手動擋、自動擋、1.5T的手動擋、自動擋，這樣一個規劃。這個車從質量、性能這方面，遠遠超過外資的水平，它才賣16萬元多，就是2.0T，最高是17萬元多，主賣的是16萬元多。這個價位，而且是緊湊級的車，脫離了消費者對哈弗認可的價格。所以在推出高動力版本後，我們過年之後開發完成了1.5T低動力版本。

我們的H6還是要保證絕對市場地位，升級版是3月份價格下調，運動版也跟著下來，這樣的話就是我們的哈弗H6 Coupe佔據了運動版的價位。H6運動版和升級版價格下探之後，我們會把市場面擴大。

四、關於長城汽車服務：中國當下就缺的是信譽，就是誠信，長城的服務理念就是誠信

魏建軍：長城汽車每天都要匯報關於產品售后服務、銷售環節、售后環境3個環節的內容，而所謂的CRM系統，也是我們自己在做。現在很多機構的評價，多少會被經銷商買通，給自己投票，這非常難控制，所以我們自己去做這個工作。在長城，有專門的負責人，我們認為這些人的工作質量比外面很多機構都要高，而且我們的調查樣本比這些機構多，整個管理都是我們自己在做。2015年的獎項，我們獲得了一個哈弗H6保值能力第一，一個售后滿意度第一，一個經銷商滿意度第一。

王鳳英：實際上我們這幾年在為客戶提供服務上做了很多工作，現在我們主要的想法就是推出哈弗的精細服務工程，這個工程以日式服務為藍本來進行哈弗的服務標準的創新，也推動了幾屆決勝終端來推行這一工作。目前，我們看到最主要的成果，就是哈弗在誠信方面的表現是明顯高於其他品牌的。我們對經銷商管控建立了非常規範的誠信經營體系，從表現來看，經銷商在誠信經營、誠信服務上的表現可以說得到了顧客很高的滿意度，這是我們認為非常顯著的成果。

另外，在經銷商為顧客提供更專業服務、更高質量、更高水平的服務上，我們認為也已經有了很顯著的成果，這在客戶滿意度測量和調查當中，有連續關於經銷商對客戶提供專業服務，服務提升的連續指標也是非常明顯的，三年之內上升了大約20%的專業水平滿意度指標的維度指數。哈弗接下來將推出更加有品位的服務，讓顧客更加驚喜的服務，我們在這方面會做比較多的工作，我們感覺經銷商現在心態都很積極，回應度也非常高。我們認為在經銷商的服務理念上最大的收穫是在服務理念上做到了非常大的改變，或者說我們認為哈弗這個品牌的服務理念實現了我們最初設想的理念創新，我覺得在這點上理念和服務水平、誠心經營的規範性上是顯著的，這是高於其他品牌的。

魏建軍：實際上汽車服務承載的核心價值就是信譽，就是誠信。去日本購物的消費者，都是初次去的，經常去日本的都是願意在那個環境裡邊體驗，因為你到那就沒有說不放心的時候。中國當下就缺的是信譽，就是誠信，長城的服務理念目標是誠信，所以你的核心價值就是我們怎麼著對客戶負責，一定要給他驚喜滿意。

五、關於聚焦哈弗：孤註一擲，把所有精力集中在一個方向，一定會占絕對優勢！

魏建軍：在五六年前，長城汽車率先進入 SUV 這個品類市場，大家都在質疑，長城放棄轎車，聚焦到 SUV 上，是不是有很大風險？剛才大家說到 SUV 市場從藍海變成紅海，假如我們有更多的品類，比如轎車、SUV、MPV、商務車，那我們在紅海這一輪競爭當中會什麼都留不下。我們把全身心的精力、資源孤註一擲，用專注、專業、專家的態度，用聚焦戰略和聚焦理論，來指導我們的發展。

我認為在未來的競爭當中，我們一定會佔有絕對性的優勢。目前一些報導哈弗 H6 升級版的動作，說價格戰的行為，實際上這不需要驚訝，肯定要經過這樣一個過程。

現在，我們經過聚焦、大力的投入、全方位的專注 SUV 這一品類，我們產品的性能、外觀設計、舒適型、安全性、可靠性，包括節能環保，都不輸給外資，可以說外資裡面大部分 SUV 也是良莠不齊。我們也拿到了不少數據，除了外觀、舒適、NVH、燃油經濟性，這些消費者能直接感受到的，其他最重要的數據就是耐久可靠性，就長城汽車現在的可靠性 PPM 值，我們與外資而且是著名外資車企都是持平的，而一般的外資比我們要差很多。

長城做事肯定是比較穩健的，不是那種惡性競爭，一定是在保證持續增長，而且是獲得比較好收益的情況下做出的決策。可能大家認為紅海來得早一點，我認為長城汽車目前這種質量，代表自主品牌與外資競爭，已經具備了這個能力，如果市場進一步下探，長城汽車還將繼續挑戰，我們有這方面的能力。

大家看到這兩年上市了很多 SUV，但不是推出一款車就代表完成了 SUV 的戰略，SUV 需要一個高質量的生態鏈支撐。曾經有媒體人表揚長城在營銷網路方面的執行力，這是經銷商對長城的滿意度評價，屬於長城對經銷商管控能力方面。實際上，我們在自主配套方面，也比外資或一些內資有著顯著的優勢，應該說，長城汽車在整個生態質量方面都要好很多，我認為市場對於這方面會重視。做家電的時候有很多家電，做電腦的時候有很多電腦，做手機的時候也有很多，這都是很正常的事。手機過幾年是不是 iphone 還在？這個我認為中國人不見得在這方面輸給誰，這是很難預料的。

資料來源：http://info.xcar.com.cn/201604/news_1926095_1.html? zoneclick = 101229

思考題：

1. 如何理解品牌戰略？
2. 長城汽車如何實施品牌戰略？

案例 5 上海汽車邁向全球化

上海汽車集團股份有限公司（以下簡稱「上汽集團」）是中國歷史最悠久、規模最大的汽車生產廠商之一。該集團在中國共有 50 家工廠，生產小轎車、拖拉機、摩托車、卡車、巴士以及汽車零件等（批發與零售），其業務還涉及汽車租賃與融資租賃。上汽集團曾與通用汽車、德國大眾公司成功合作，為不斷成長的中國汽車市場生產通

用汽車和大眾汽車；其在20世紀90年代與21世紀初的銷售主要來自這些合資企業。事實上，在中國任何大城市都可以發現通用汽車（如通用別克車）以及大眾汽車很受歡迎，然而，有些分析認為通用與大眾可能太多依賴上汽集團。

上汽集團還持有韓國汽車製造商雙龍公司約51%的股份，並擁有Rover25和Rover75車型K系列引擎的知識產權。上汽集團從2007年開始生產Rover7（根據中國市場重新設計）。

上汽集團從合作經歷中收穫頗豐，並擁有許可轉讓的技術，因而決定生產和促銷自有品牌的汽車。中國政府也在強調中國公司發展部分自有品牌的重要性，因為外國品牌占據了大部分中國市場。另外，企業要成為能成功地在全球市場競爭的公司需要擁有自有品牌。在這方面，中國企業的高層管理者喜歡用「自主品牌」這個詞來表示自己擁有的品牌。「自主」的意思實際上就是做自己的主人。2007年，上汽集團開始在中國市場上出售自有品牌的汽車榮威（Roewe）。

上汽集團目前是中國排名第三位的汽車公司，它的目標是進入汽車行業的全球前十。為此它樹立的目標是在美國汽車市場上進行有效競爭，因為美國市場是世界上最大的汽車市場。上汽集團聘用了通用中國公司前任主席菲利普·墨菲來領導它的上海分公司。

這個目標對上汽集團來說是一個巨大的挑戰，因為所有知名汽車製造商都在美國市場展開競爭。現代集團試圖加強其在美國市場競爭力的時候也面臨這樣的挑戰，儘管與競爭對手相比現代在相應款型汽車上具有更好的質量和更低的價格，但它並沒有在美國奪取到其所期望的市場份額。雖然現在在美國市場的相對排名比2005年略有提高，它的市場份額仍只維持在不到3%。

中國的汽車製造商總體上極少出口，出口到美國的就更是寥寥無幾。雖然美國汽車製造商所占的市場份額在過去幾年中有所降低，但市場份額大多數被日本汽車製造商奪取，特別是豐田汽車公司。中國汽車出口量在2007年預期達到500,000輛，但主要目標是南美、東南亞和東歐市場。當然，分析師預測中國汽車製造商將會在包括美國在內的國際市場上獲得成功，上汽集團很可能是其中的先驅之一。

資料來源：王方華，呂巍. 戰略管理 [M]. 2版. 北京：機械工業出版社，2012.

思考題：
1. 企業全球化發展將面臨哪些挑戰？
2. 上汽集團全球化發展應高度關注哪些問題？

案例6　奇瑞的戰略轉型

曾經做過10年自主老大的奇瑞，自從走下「神壇」之后，可以說是歷盡坎坷，一直在尋求著突破之道。而奇瑞汽車的逆襲，也表明自主陣營正在逐漸走出困境。

統計數據顯示，2014年奇瑞集團汽車累計銷量達494,824輛，其中，狹義乘用車銷量為460,504輛，在國內乘用車企業中排在第13位，在自主品牌企業中位列第三位，

較 2013 年的排名上升了一位。

在 2014 年總銷量（乘用車）中，奇瑞的國內銷量為 357,585 輛，同比增長 15.9%，高於 2014 年國內乘用車整體 9.89%的增長率。與此同時，在自主份額遭遇十二連降的境況下，只有長安汽車和奇瑞汽車等少數車企逆勢增長，奇瑞更是從 2014 年 3 月份開始，實現連續 9 個月的同比和環比的正增長，這也使得奇瑞去年的增速，大大高於自主品牌乘用車 4.1%的同比增長率。

這樣的表現對於奇瑞來說，尤為不易。要知道，曾經做過 10 年自主品牌老大的奇瑞，自從走下「神壇」之后，可以說是歷盡坎坷，一直在尋求突破之道。而從 2013 年實施迴歸「一個奇瑞」品牌戰略以來，奇瑞更是進入了轉型陣痛期，尹同躍當時放言：「寧可銷量排名跌出前十，也要完成奇瑞的戰略轉型。」悲壯之中也表明，奇瑞人已經做好了淪於寂寞后再圖雄起的思想準備。

在此之後，奇瑞的 iAuto 核心技術平臺亮相，四大產品體系架構和命名公布，營銷體系整合，奇瑞開始了一系列的改變。與此同步進行的是產品譜系的變革，從 2013 年 7 月首款正向研發體系下的戰略車型艾瑞澤 7 上市，到新體系下首款 SUV 車型瑞虎 5 上市，再到 2014 年 11 月艾瑞澤 3 發布，產品陣營漸成規模。

具體到車型銷量方面，借勢 SUV 市場持續不退的極高熱度，以及旗下產品在設計、配置、性能等方面的優勢，瑞虎 3 和瑞虎 5 兩款 SUV 取得了很好的市場表現，成為奇瑞汽車銷量最重要的來源。其中，連續月銷破萬的瑞虎 3，去年累計銷量達到 107,319 輛，同比增長高達 37.2%。值得一提的是，瑞虎 3 不但入駐全部 SUV 銷量排行榜 TOP10 榜單，而且其去年全年的累計銷量，在小型 SUV 細分市場高居頭牌。

基於全新設計研發體系打造的瑞虎 5，市場業績同樣出色。就在去年 12 月，瑞虎 5 的月銷量突破萬輛大關，12,460 輛的銷量，環比增長 39.1%，在全部 SUV 車型銷量排行中位居第 13 名。2014 年，瑞虎 5 的累計銷量已達 95,750 輛，成為奇瑞汽車銷量構成中新的增長點。

與 SUV 產品的高速增長有所區別的是，奇瑞的轎車產品仍處於品牌調整后的爬坡期。其中，旨在提升品牌形象的艾瑞澤 7，雖然銷量絕對數不是很高，但全年銷量出現了 95.4%的增長率，還是有著可提升的空間。而去年底推出的艾瑞澤 3，12 月的銷量環比上升了 212.5%，這在很大程度上說明，艾瑞澤 3 的產品力，以及經過節能補貼後不足 5 萬元的「夠真 夠朋友」的價格，所形成的頗具競爭力的性價比優勢，正在逐步得到消費市場更大範圍的認可。

作為微車市場的老將，同時也是奇瑞「一個品牌」構架中的重要組成，QQ 去年拿到了超過 6 萬輛的定單，在細分市場中也算得上是一個不錯的表現。不過，隨著國內汽車消費的升級，微型車市場整體呈現萎縮狀態，奇瑞 QQ 的銷量出現下滑並不意外。好在微車市場的消費群體在流向小型車市場之後，奇瑞 E3 倒是成了受益者之一。去年，奇瑞 E3 全年銷量達到了 67,143 輛，出現了驚人的 130.5%的增長率。當然，這固然與整體市場形勢的變化有關，但也與奇瑞 E3 在設計、配置以及性價比等方面的表現，得到市場的肯定有著直接的關係。

奇瑞汽車在 2014 年的逆襲，應該是其戰略轉型起效的一種必然反應，也在很大程

度上表明了自主品牌陣營正在逐漸走出困境。在這個過程中，奇瑞汽車除了收穫銷量的增長外，在產品品質以及結構優化，渠道整合力以及營銷創新，售後服務水平等各個層面上，也都獲得了顯著改善和提升，可以說目前的奇瑞已經踏上了后轉型期的上升通道。而諸如長安汽車、吉利汽車、比亞迪汽車和長城汽車等主流自主車企，也在各方面有著令人欣喜的進步與提升。

產品方面，在汽車之家前不久發布的《2014年整車質量報告》中，奇瑞戰略轉型后新體系下的艾瑞澤、瑞虎系列產品的質量，名列自主品牌榜首。其中瑞虎3的質量成績位列細分市場自主品牌第1名，全品牌（含合資）小型SUV第2名；瑞虎5的質量成績位列自主品牌緊湊型SUV產品第1名，全品牌第4名；艾瑞澤7的質量成績位列自主緊湊型車型第1名。這樣的表現，也足以令不少的合資品牌產品汗顏。事實上，不只奇瑞汽車在產品力方面有著明顯的提升，其他一些自主車企的表現也可圈可點。比如長安汽車，作為目前自主品牌的領軍者，多年以來注重自主研發，構建了「五國九地」的研發格局。這種研發格局為其產品形象的改變以及競爭能力的提高，打下了堅實的基礎。長安汽車旗下的逸動、CS35、CS75等主力車型，也都成為整個車市令人關注的明星車型。

在營銷層面，自主車企整體上，也已經或正在脫離著之前為追求銷量而簡單粗暴的手法，與真正意義上的營銷的距離正在縮短。比如長安汽車搞得有聲有色的「逸動城市任務」，比亞迪汽車對於科技形象的強化，以及長城汽車對SUV市場的深度開發等，都取得了較好的效果。至於奇瑞，轉型后，堅持「一切以用戶需求為核心」，目前已經形成一套環節完整的銷售管理體系，奇瑞汽車的用戶滿意度因此得以顯著提升。在最新的 J. D. Power 銷售滿意度（SSI）排名中，奇瑞連續第三年居中國自主品牌第1名，全行業第9名。售後服務滿意度（CSI）同樣位於自主品牌第1名，行業第6名。

應該說，奇瑞汽車過去一年的表現，代表了自主品牌整體向好的趨勢，雖然相對於合資品牌來說，自主品牌的整體競爭力、市場份額還有待於通過多方面的努力，加以進一步的強化，但畢竟已經看到了令人可喜的提高。比如奇瑞的單車售出均價，就已經從2013年的5萬元，提升到2014年超過8萬元的水平；消費群體在穩固三四線城市的基礎上，不斷向一二線城市擴展，並且「80后」「90后」購車人群比重增加。這些數據，說明包括奇瑞在內的自主品牌，不僅在整體銷量上有所提升，產品結構、營銷質量也在同步得到優化和提高，而這也讓人們對自主品牌的未來，充滿了更大的期待。

資料來源：http://www.autohome.com.cn/dealer/201503/25757664.html

思考題：

1. 奇瑞汽車戰略轉型成功的關鍵是什麼？
2. 奇瑞汽車戰略轉型的啟示有哪些？

案例7　比亞迪的發展戰略

比亞迪股份有限公司創立於 1995 年，是一家擁有 IT 和汽車兩大產業群的高新技術民營企業，業務遍及美國、歐洲、日本、韓國、印度等地。2002 年 7 月 31 日，比亞迪在中國香港主板發行上市（股票代碼：1211. HK）。

2003 年，比亞迪從電池產業開始投身汽車產業，並以連續 5 年超百分之百的速度快速成長，快速成長為新銳民族自主汽車品牌，在整車製造、模具研發、車型開發等方面達到國際領先水平。2010 年，美國《商業周刊》評選出全球「最具創新力企業 50 強」，比亞迪名列世界第八位，中國第一位；全球「科技 100 強」中比亞迪名列第一位。它還被評為國家高新技術企業，獲得專利授權 2,362 件。這一系列的數字都代表著比亞迪在短短十年間取得的成就，而這些都源自比亞迪老總王傳福的變革理念。

一、從「電池大亨」進軍汽車產業

比亞迪創立之初是一個做電池的廠家，專門製造鋰離子電池和鎳電池，主要客戶為諾基亞、摩托羅拉、三星等國際通信業頂端客戶群體。王傳福表示：「當時鋰離子電池市場是供不應求的，我們僅靠鋰離子電池一項創新，每年就能給公司帶來近 10 億元的純利潤。」他一直奉行「技術是比亞迪迅速發展壯大的根本」這條準則。比亞迪認識到技術的獲得不僅靠自己的研發，還要站在巨人的肩膀上，在不侵犯別人知識產權的前提下奉行拿來主義——吸收、改良、創新。到 1997 年，比亞迪已經從一個名不見經傳的小企業，成長為一個年銷售近億元的中型企業。3 年間，比亞迪每年都能達到百分之百的增長率。

1997 年，金融風暴席捲了東南亞，全球電池產品價格暴跌 20%～40%，日系廠商處於虧損邊緣，但比亞迪的低成本優勢越發地凸現。飛利浦、松下、索尼甚至通用也先后向比亞迪發出了大額訂單。在鎳鎘電池市場，比亞迪只用了 3 年時間，便搶占了全球近 40% 的市場份額，比亞迪當之無愧成為鎳鎘電池領頭羊。2003 年比亞迪的鎳鎘電池產量達到世界第一。

就在同年，全無汽車生產經驗的比亞迪以 2.96 億元收購秦川汽車 77% 的股權，成立了比亞迪汽車有限公司，隨后又在西安高新技術產業開發區徵地 100 萬平方米，修建新廠房，建造西安生產基地。比亞迪正式宣布從「電池大王」進軍汽車產業。可以說，比亞迪已經有能力在電池行業立足了，但是為什麼還要選擇進入汽車產業？這就是王傳福的冒險精神和變革精神，然而隨后的事實證明，他的這一決定和當初做鎳鎘電池一樣，是完全正確的。

二、金融危機中的產品創新和擴張戰略

2008 年金融海嘯席捲全球，美國三大汽車巨頭深陷危機泥潭，車市面臨結構調整、產業升級。然而比亞迪 2009 年上半年的統計數據顯示，比亞迪完成汽車銷售量

176,795輛，同比增長176%。這些成績都得益於比亞迪多年的經營累積、研發累積和逆市的擴張戰略。

在技術和產品方面，比亞迪一直堅持「技術為王、創新為本」的理念，對研發大力投入。2008年9月，在三年沒有新產品上市的微型轎車市場，比亞迪率先打破沉默，推出了比亞迪F0，這對於受到金融危機摧殘的汽車產業來講實屬冒險。F0以時尚、精品、低價著稱。從月度銷量要突破8,000輛到一年內不降價；從制定比QQ還低的最低價格到公開宣稱單車利潤只有1,000元，比亞迪F0高調出場讓微型轎車的領頭羊奇瑞QQ、長安奔奔、長城精靈等措手不及，都大幅度降價來搶占市場。同時F0的上市也預示著自主品牌結構裂變、與合資品牌再次決鬥的起點。面對兩三年沒有微型轎車新品上市的尷尬局面，比亞迪成為「急先鋒」，拉開了自主品牌結構性變革的序幕。

在戰略方面，比亞迪在2008—2009年採取了擴展戰略，進行了連續的收購。2008年10月，比亞迪以將近2億元收購了寧波中緯6英吋半導體公司，成立「比亞迪半導體有限公司」，其目的就是打造電子產業平臺。2009年7月，斥資6,000萬元收購了湖南美的三湘客車，而且在西安建設了一個新工廠，用以生產汽車和相關零部件。通過這兩個動作，比亞迪產能達到120萬輛。

三、汽車產業變革的先驅

比亞迪董事長王傳福在2008年中國汽車產業發展國際論壇上發言表示：汽車產業將迎來新的革命，新能源汽車特別是電動車是一個變革，新能源汽車的變革應該體現在以下幾個方面：能量轉換系統的變革、傳統動力系統的變革、電動汽車輔助零部件的變革，還有電動汽車加速變革、汽車智能化的變革。

2008年12月，首款不依賴專業充電站的新能源汽車——比亞迪F0DM雙模電動車正式上市。該車的上市，將是對傳統燃油汽車的根本顛覆。F0MD雙模電動車搭載了全球首創的DM雙模混合動力系統，其用電動成本約為使用燃油的1/4。比亞迪F0DM雙模電動車的上市，是中國力量第一次在世界汽車技術領域扮演領跑角色，這也意味著比亞迪正大力發展新能源汽車，爭做汽車產業變革的先驅。

2009年6月，比亞迪又推出了一款純電動車——E6，這款電動車使用了很多智能手段，包括煞車系統、車載電話以及各種智能控制。E6的推出又讓比亞迪走在了汽車產業變革的前列。業內人士普遍認為，未來10~20年是全球節能和新能源汽車產業格局形成的關鍵時期。而比亞迪的上述動作使得中國汽車產業逐漸縮小了與汽車發達國家的差距，並最終在新能源汽車的研發與產業化上走在了世界的前列。

資料來源：黃旭. 戰略管理——思維與要徑 [M]. 北京：機械工業出版社，2013.

思考題：
1. 比亞迪進行戰略變革的驅動因素是什麼？
2. 如何促進比亞迪成功進行戰略變革？

案例 8　上海大眾營銷戰略

　　上海大眾汽車有限公司成立於 1985 年 3 月，是中國改革開放后最早的轎車合資企業，中德雙方投資比例各為 50%。上海大眾總部位於上海安亭國際汽車城，已形成了上海安亭和南京兩大生產基地，包括四個整車生產廠、一個發動機廠、一個技術開發中心和一個模具中心的佈局，是國內規模最大的現代化轎車生產商之一。

　　上海大眾致力於提供適應中國顧客需求並符合國際標準的汽車，以安全、優質、節能、環保的產品和卓越的服務，提高消費者的生活品質，本著回報社會、造福社會的理念，廣泛地參與社會公共事務、科學、教育、文化、衛生及各種社會公益事業。基於大眾、斯柯達兩大品牌，公司目前擁有十大系列產品，覆蓋 A0 級、A 級、B 級、SUV 等不同細分市場。2009 年，上海大眾實現全年零售 72.9 萬輛、批售 72.8 萬輛的業績，成為 2009 年度中國轎車銷量冠軍。

　　上海大眾擁有功能完善、具備國際領先水平的技術開發中心及國內第一家為轎車的開發試驗而建造的專業試驗場，隨著 PASSAT 新領馭和 LAVIDA（朗逸）等車型的推出，上海大眾的自主開發水平正逐步顯現，相關開發工作正逐步納入大眾汽車集團全球開發體系。

　　隨著人們生活水平的不斷提高，體育等休閒娛樂活動日漸成為人們生活不可或缺的組成部分，因此，將體育活動中所體現的文化融入企業的產品和品牌，實現體育文化、品牌文化和營銷文化三者之間的融合，以引起消費者共鳴，越來越成為企業獲取競爭優勢的一大法寶。2010 年 6 月的南非無疑是全世界的焦點。對於世界杯這樣的體育盛事，熱血沸騰的不但有媒體和球迷，更有無數規模與實力不一的企業。他們懷揣同樣的夢想，希望能搭上世界杯的順風車。相關統計資料顯示，一個企業想在世界範圍內提高自己的品牌認知度，每提高 1%，就需要 2,000 萬美元的廣告費，但借助大型的體育比賽，這種認知度可提高 10%。然而，真正借一場大型賽事而一舉揚名的企業卻為數不多，其成功概率可以參考奧運會。據悉，贊助亞特蘭大奧運會的企業中，大約只有 25% 的企業得到回報，有些企業只得到一些短期效益，有些企業甚至敗走麥城，成功的汽車企業更是屈指可數。作為 2008 年北京奧運合作夥伴之一的上海大眾汽車有限公司則是一個經典案例。

一、借奧運華麗轉身

　　不知是巧合，還是共識，上海大眾汽車「追求卓越，永爭第一」的企業文化理念，從一開始就與「更高、更快、更強」的奧運精神不謀而合。當「共享奧運情，一路卓越心」的主題有機地把奧運精神、企業理念和消費者願景三者整合在一起以後，一個「為大眾提供卓越品質與服務」的汽車企業形象肅然而立。北京奧運會讓上海大眾汽車完成了從「產品生產型」企業到「營銷服務型」企業的華麗轉身，從而加強了與顧客的關係，增加了顧客對企業的信任。奧運結束后，權威網路統計數據顯示，大眾汽車

口碑加權指數是 73.99，在眾多合作企業中排在了第六位，由此可以看出，大眾汽車通過奧營運銷贏得了口碑。

二、領跑者+集大成者+長跑者

事實上，若細探上海大眾汽車的體育營銷歷程，不難發現「奧運權益」只是上海大眾汽車多年來實施體育營銷戰略的一部分。像多數汽車企業一樣，上海大眾最關注的賽事主要有三大類：一是競技性體育大賽，比如全運會、洲際杯、世界杯、奧運會等，以全面提升企業品牌的社會地位；二是汽車競技類賽事，如 F1 大賽、拉力賽、房車賽等，以展示品牌的技術實力；三是高檔休閒運動賽事，如高爾夫、網球等，以體現品牌的文化內涵。

早在 20 世紀 90 年代，上海大眾汽車就開啓了中國企業體育營銷的先河，它斥資聘請了德國人施拉普納擔任中國足球隊的首位洋教練，向國人灌輸「豹子精神」的拼搏理念，並在此后多年始終支持中國國家足球隊的建設。

營銷專家李錦魁表示，體育營銷活動一定要有先見之明，必須連續做、長期做，才能成為品牌的有效資產，一次兩次的贊助或者冠名無法取得預期效果。而如何契合品牌特質進行體育營銷活動，這是廠家在贊助、參與體育賽事前需要解決的一大問題。當賽車運動在中國還處於搖籃期時，上海大眾就冠名成立了中國最早的廠商車隊——上海大眾 333 車隊，利用賽車運動這一平臺，將活力四射、積極向上的品牌內涵傳遞給更多消費者。以 POLO 和 Fabia（晶銳）為例，通過在房車賽、拉力賽上贏得的不凡成績，其積極進取、勇往直前、性能卓越的品牌形象很快得以深入人心。

三、演繹體育文化和品牌理念

如果企業能夠尋找到品牌與體育文化的結合點，將體育所蘊含的文化因素與品牌核心理念聯繫在一起，從品牌內涵中尋找與體育運動相通的地方，那麼，就可以說是找到了操作體育營銷的關鍵。「點對點」的營銷活動，可以達到事半功倍的品牌推廣效果。如帕薩特高爾夫精英賽，就是通過高爾夫運動高雅、濃鬱的文化氣息和富有挑戰性的特點，來詮釋帕薩特「成就明天」的品牌內涵，讓每一位用戶馬上就能聯想到與眾不同的尊貴感受。

上海大眾斯柯達品牌進入中國，秉承了品牌與自行車的百年淵源，在 2007 年成為了「中國國家自行車隊主贊助商」和「中國自行車運動協會戰略合作夥伴」，並連續多年為亞洲頂級的「環青海湖國際公路自行車賽」提供贊助。通過自行車運動這個平臺，自然地把科技、人文、環保、速度與斯柯達「睿智、魅力、奉獻」的品牌理念融為一體，迅速擴大了品牌的知名度和美譽度。

只有當體育活動中體現的文化融入企業的產品和品牌，實現體育文化、品牌文化與營銷文化三者的融合，才能引起消費者的共鳴，在公眾心目中形成偏好，才能成為企業的一種長期的競爭優勢。因此，促進相關的品牌文化和內涵的結合，已成為廠商贊助體育賽事的基礎，更是企業品牌成功推廣的一大關鍵。

資料來源：http://auto.sina.com.cn/news/2010-06-11/1647612803.shtml

思考題：
1. 上海大眾採用「體育營銷」戰略的理由是什麼？
2. 「體育營銷」戰略成功的關鍵是什麼？

案例 9　江淮汽車發展戰略

　　江淮汽車公司近日發布公告稱，公司制定了全新的新能源汽車業務發展戰略。根據這一戰略的部署，到 2025 年，新能源汽車總產銷量將占江淮汽車總產銷量的 30% 以上，形成節能汽車、新能源汽車、智能網聯汽車共同發展的新格局。

　　江淮汽車一直是中國新能源汽車產業的先行者和深耕者，早在 2001 年就啟動了新能源汽車產業化的探索，目前已經迭代開發出五代純電動轎車產品。代表國內電動轎車最高研發水準的第五代純電動轎車——IEV5，自今年一季度投放市場以來就一直呈現供不應求的熱銷狀態。

　　作為國內新能源汽車行業的領軍企業，江淮汽車全新發布的新能源汽車發展戰略，在很大程度體現著未來國內新能源汽車產業的發展趨勢，在汽車行業乃至資本市場上引起了廣泛的關注。

一、為什麼是「30%」
　　——看上去略顯保守的目標背後，體現的是江淮汽車對質量效益型發展導向的堅守

　　在國家大力支持新能源汽車加快發展的背景下，近期，國內各大汽車廠商都提出了雄心勃勃的新能源汽車發展規劃，多數廠商設定的目標都是到 2020 年實現 20 萬～30 萬輛的目標。江淮汽車此次發布的戰略目標是，到 2025 年，在公司總體產銷目標中，新能源汽車占 30% 以上的比重，如果江汽 2025 年產銷 100 萬輛，那麼新能源汽車將達 30 萬輛以上。

　　作為目前在新能源汽車研發和產業化方面處於行業領先地位的企業，為什麼確立了這一略顯保守的發展目標？

　　工業和信息化部工業裝備司在解讀《中國製造 2025》時提出：2020 年，自主品牌純電動和插電式新能源汽車年銷量突破 100 萬輛，在國內市場占 70% 以上；到 2025 年，與國際先進水平同步的新能源汽車年銷量 300 萬輛，在國內市場占 80% 以上。如果這一目標能順利實現，那麼到 2025 年，中國自主品牌新能源汽車的銷量將占總銷量的 10%～15%，屆時江淮汽車在國內新能源汽車上的佔有率將達到 10% 左右。作為單一企業來說，這一佔有率指標已經不算低，並且與中國新能源汽車產業總體的發展進度相適應。

　　「目標的設定一定要務實，特別是對目前仍然處於舉步維艱階段的新能源汽車產業來說。」江淮汽車內部人士坦言，新能源汽車仍處於市場導入期，制定發展目標一定不能有「畫餅充饑」的心態，而應當聚焦有限目標，在技術創新、產品創新、商業模式創新上找出切實可行的路徑，讓新能源汽車這一戰略性業務，能為企業創造實實在在

的口碑和效益，進而逐步成長為為公司搶占未來發展制高點的主導業務。

江淮汽車在新能源業務發展上，已經累積了良好的市場基礎，也積澱了獨特的技術優勢。其自主研發的IEV5純電動轎車自投放市場以來，直接拉動了公司新能源業務的快速成長，6月份江淮電動汽車銷售首度突破1,000臺，達到1,015臺，上半年銷量突破了2,600臺，全年有望超過8,000臺。

正如相關券商研究報告所言，如果生產環節上電池供給瓶頸能在短期內打破，再加上充電設施加速普及，江淮汽車的新能源業務很快就會進入快速放量階段。為什麼這麼說？首先，江淮汽車堅持迭代研發，按照「上市一批、開發一批、儲備一批」的節奏，公司有能力同時向市場投放多款新能源車型，搶占各個細分市場。其次，江淮汽車堅持乘商並舉的新能源發展戰略，這是國內其他汽車廠商無法比擬的競爭優勢。隨著國內城市輕型商用車使用新能源汽車步伐加快，江淮汽車有望在這一市場捷足先登，搶占更大的市場份額。

新能源汽車的放量增長，也為江淮汽車培育了新的盈利增長點。據瞭解，目前國家對新能源汽車的財政補貼到位非常及時，在這一政策支持下，江淮汽車近期修改了會計準則，將新能源汽車政府補貼收入計入車輛銷售的當期損益。這一權責發生制的會計準則，將能夠更加真實地反應江淮汽車的實際盈利情況，也充分化解了當期業績與新能源推廣的矛盾，標誌著江淮汽車新能源汽車由初期小批量推廣試點階段進入商品化、規模化推廣階段，新能源業務由培育性板塊逐漸轉向戰略性板塊。

只有產生效益，新能源業務的發展才是可持續的。顯然，江淮汽車並不高調的新能源戰略目標背後，更深刻地體現了公司對質量效益型發展道路的堅守。

二、為什麼以純電動為基本技術路線？
——與國家新能源汽車戰略取向相符，有利於擴大技術領先優勢

在新能源汽車的技術路線上，行業內一直存在爭議。很多汽車企業從現狀出發，將業務重點偏向於插電式混合動力路線，並將之作為緩解「里程憂慮」的最佳方案。

江淮汽車在公告中明確宣稱，將以持續構築領先的純電驅動技術優勢為基礎，重點發展純電動和插電式混合動力兩大技術平臺。

首先，純電動技術路線，與國家發展新能源汽車的戰略導向和政策取向高度契合。汽車產業本身具有大規模效應與產業關聯帶動作用，是戰略必爭產業。面對日益加大的能源與環境雙重壓力，汽車產業作為能源消耗大戶、環境污染排放的重要來源之一，肩負著節約能源、保護環境等重要責任。基於中國汽車產業發展國情和世界各大國家發展的經驗，國家2012年明確汽車產業傳電驅動戰略導向，也就是確定了電動汽車是中國汽車業轉型的主導方向，以規避傳統燃料汽車與傳統混合動力汽車在技術與產業上的不足。前不久，國務院發布的《中國製造2025》中，更加明確提出「支持電動汽車、燃料電池汽車發展」。江淮汽車堅持走純電動的基本技術路線，並不斷向市場投放純電動產品，對純電動汽車技術水平的整體進步以及市場環境的優化都會發揮積極的推動作用。

其次，江淮汽車已經在純電動技術上累積了核心競爭優勢。早在2002年，江淮汽

車就開始研發鉛酸電池版的電動中巴車，安凱客車隨后也向市場投放了搭載鉛酸電池的第一代純電城市客車。2009 年，江淮汽車明確提出以「純電驅動」為主攻方向，並與國內各大高校建立了產學研聯盟，初步構建起電動車的核心研發團隊。江淮汽車通過廣泛集聚創新資源，迅速在純電動汽車的關鍵技術領域獲得突破，在同悅轎車平臺上研製出第一代純電動轎車，在小批量投放的基礎上，不斷完善技術和產品，探索出「迭代研發」的開發模型。直到第 5 代純電動車採用完全正向開發模式，體現了國內電動轎車研發的最新技術水準。

最後，江淮汽車提出打造純電動和插電式混合動力兩大技術平臺，這也是順應節能減排這一汽車產業轉型升級大趨勢做出的務實選擇。國家已經明確提出要求，「到 2020 年，乘用車（含新能源乘用車）新車整體油耗降至 5L/100km，2025 年，降至 4L/100km 左右；到 2020 年，商用車新車油耗要接近國際先進水平，到 2025 年達到國際先進水平。」為適應這一發展目標，江淮汽車已經明確提出打造以「雙動力總成」為核心、自動變速傳動的新一代「鑽石傳動系」，應用於節油率 30%～100% 的不同車型純電動、插電式和混合動力車型，確保公司走在節能汽車發展的前列，不斷鞏固擴大技術領先優勢。

三、新能源商用車「第一品牌」的底氣何來？
——技術、產品、渠道優勢萬事俱備，把握了搶占市場的先機

江淮汽車在公告中明確宣稱，要著力打造新能源商用車第一品牌。作為國內最具競爭力的商用車製造企業之一，江淮汽車有著獨特的比較優勢和競爭優勢支撐這一目標的實現。

首先，在技術創新上，按照江淮汽車的平臺化研發戰略，3.5 噸以下新能源輕型商用車採用的是目前成熟的純電動車的平臺，而純電動汽車的研發歷經 7～8 年的技術累積，體系逐步成熟，研發力量也在不斷壯大。2010 年，江淮汽車成立新能源汽車研究院，當時僅 60 人，目前達 150 余人，業務涉及系統集成、電池、電控、電驅動、試製驗證、項目管理、供方協同開發等 7 大領域 23 個業務。2014 年，江淮汽車又在其商用車研究院下設立新能源商用車設計部，更好地將新能源汽車的共性技術與商用車獨特的需求結合起來。同時，江淮底盤產品的研發製造一直占據著行業領軍地位，在開發電動商用車底盤上具備領先優勢。

其次，在產品創新上，目前，江淮汽車正在開發多款新能源商用車型，2015 年年底，純電動輕卡在 3.5 噸及以下實現底盤平臺系列化，2016 年年底，輕客實現整車產品電動系列化。在插電式混合動力上，到 2020 年，將實現所有輕型商用車主銷產品全覆蓋。

江淮汽車內部人士介紹，目前新能源商用車市場潛力巨大。以快遞物流為例，目前各大快遞公司的電動三輪車未來都將被電動輕型商用車取代，僅順豐物流一家就有 30 萬輛這樣的電動三輪車。目前，公司既累積了技術創新、產品創新優勢，又具有傳統商用車開闢的渠道優勢，下一步公司將加快向市場導入新能源商用車的各類產品，把技術、產品、渠道優勢轉化為市場優勢，搶占「新能源商用車第一品牌」這一制

高點。

四、領先優勢如何鞏固擴大？
——通過資本運作和產融結合進行產業鏈佈局，掌握關鍵核心技術和資源

江淮汽車公告稱，堅持科學規劃，系統佈局，通過資本運作和產融結合，突出產品實現過程一致性能力建設，強化電池、電機、電控「三大電」及能量回收、遠程監控、電動轉向等「六小電」的核心零部件產業鏈建設。

顯然，公司對於新能源汽車的發展有著一系列系統性、長遠性的佈局，而核心要義就在於，進一步鞏固擴大在新能源汽車關鍵技術領域已經初步確立的領先優勢。

江淮汽車內部人士介紹，公司在新能源汽車上建立了多層次開發模式，研發體系水平顯著提升，研發能力水平進步明顯。江汽股份已掌握 BMS、電機、電機控制技術和電池管理技術，形成電轉向、電制動、電空調、電儀表和遠程服務及能量回收的開發能力。安凱股份已培育電機、整車控制器等主要部件的開發和製造能力，自主研發的新能源 e 控智能系統，共有 9 大功能模塊，以整車控制系統、電機驅動系統和能量管理系統為基礎，集合了操控人性化、安全多層化、功能智慧化三大特點，是新能源客車與車聯網技術結合的成功典範。

據江淮汽車內部人士透露，下一步江淮新能源汽車更大規模的發展需要強化產業鏈佈局，將通過聯合技術攻關、建立產品聯盟、加強資本運作等手段，強化對「三大電」「六小電」等關鍵核心技術與產業鏈資源的掌控。

五、商業模式如何創新？
——以互利共贏、價值共享為準則，為新能源汽車使用者創造更多便利與福利

新能源汽車目前雖然是汽車行業尚未深度開發的「藍海」，但也會很快轉變為競爭激烈的「紅海」。而隨著新能源汽車產業化步伐的加快，目前以政府補貼拉動銷售的局面最終將難以持續，新能源汽車市場最終將由政策拉動轉變為市場競爭驅動的常態。如何更快地將產品順利導入市場，進而分享新能源消費市場快速成長的紅利？商業模式創新是重中之重。

目前，多數企業在進行新能源汽車推廣時，基本均按傳統汽車商業模式開展，客戶需要面對多個主體，整體上不利於新能源汽車推廣。據江淮汽車內部人士透露，目前江淮純電動轎車的用戶群體以私人購買為主。與行業相比，江淮電動出租車營運受限，模式仍不成熟，租賃等模式也尚未涉及，這也為未來創新發展預留了足夠的想像空間。

因此，面對新能源汽車市場化難題，各方需要尋找一個多贏的商業模式。堅持客戶導向，以互利共贏、價值共享為準則，為新能源汽車使用者創造更多的便利和福利，才能真正站穩腳跟並不斷擴大市場份額。

按照江淮汽車此次公告發布的商業模式創新，其首要突破口就在於，打通、整合產業鏈價值體系，實現產品提供向一體化服務營銷的轉變。新能源汽車營銷必須要調動主機廠、充電設施等基礎設施供應商、車聯網服務供應商、金融服務供應商等各種

資源，促使產品製造與服務、金融、信息化等深入融合，滿足用戶在購車用車上的各種需求。同時，將強化互聯網思維，以經銷商、電商為平臺，積極發展「O2O」商業模式，以產品、技術線上諮詢和線下體驗為突破口，優先佈局一線城市、限行限購城市、地方鼓勵消費城市，積極拓展政府與商業營運等公共服務領域，並加快發展私人消費市場。

資料來源：http://newenergy.in-en.com/html/newenergy-2243482.shtml

思考題：

1. 你認為江淮汽車發展新能源汽車能成功嗎？
2. 江淮汽車實施新能源汽車戰略的啟示有哪些？

案例 10　長安汽車發展戰略

　　縱觀長安汽車過去十年的發展歷程：從 2005 年至 2015 年，汽車總銷量從 63 萬輛增長到 277 萬輛，年平均增長率 17.44%；銷售收入從 282 億元增長到 2,445 億元，年平均增長率 25.95%；利潤總額從 7 億元增長到 232 億元，年平均增長率 59.64%。自 2006 年開始，長安汽車將第一款中國品牌乘用車投入市場，十年的戰略佈局，其中國品牌汽車的發展實現了巨大突破，而今長安產銷的中國品牌乘用車在行業中居於領先地位。長安汽車在 2009 年被國家列入中國汽車行業第一陣營企業，2015 年其中國品牌銷量為 154 萬輛，居行業第一。

　　未來十年，長安汽車制定了 2025 十年規劃，共分三個階段目標：第一步，到 2017 年實現產銷規模 333 萬輛，其中中國品牌 179 萬輛，中國品牌要進入全球排名前 13 位；第二步，到 2020 年實現產銷 440 萬輛，其中中國品牌 233 萬輛，中國品牌進入全球排名前 12 位；第三步，到 2025 年實現產銷規模 600 萬輛，其中中國品牌 340 萬輛，中國品牌進入全球排名前 10 位，由此努力實現向世界一流企業的目標邁進。

　　2015 年 12 月 15 日，長安汽車 2015 年第 100 萬輛乘用車在大本營重慶的工廠正式下線。網通社從長安汽車官方獲悉：長安中國品牌乘用車 2015 年累計銷量也即將突破 100 萬，將成為中國汽車歷史上首個產銷「雙百萬」的中國品牌車企。從 2006 年第一款乘用車奔奔上市，長安汽車僅用了 9 年就完成了年產銷 100 萬輛的突破。「長安將堅持把每年銷售收入的 5% 投入用於研發」，長安汽車股份有限公司總裁朱華榮此前表示：未來五年長安還將投入 300 億元用於產品研發。以百萬輛為起點，長安未來將從五大方面入手下好自主乘用車這盤大棋。

　　2015 年 1~11 月，長安品牌乘用車已累計銷售 93 萬輛，同比增長 30.3%。12 月 15 日，長安 2015 年第一百萬輛乘用車正式下線，銷量突破百萬也已無懸念。「對長安汽車來說，我們把 100 萬輛歸為一個新的起點，說明中國品牌只要紮紮實實地做好包括從研發能力、體系提升、服務製造等一系列工作，是有機會在世界汽車工業中立足的。」朱華榮說。

一、新能源提速，推 34 款新車

　　作為中國品牌的銷量冠軍，長安的一舉一動備受關注。談及未來長安汽車發展規劃，朱華榮表示新能源是重中之重。根據「518」新能源發展戰略，未來十年長安汽車將向市場推出 34 款全新新能源產品。其中乘用車佔了 5 款之多；MPV 六款、SUV 兩款、轎車七款。2015 年，長安已推出首款純電動車逸動 EV，2016 年新奔奔純電動版也將投放市場。此外，長安 2016 年年底還將推出首款插電混動產品──逸動 PHEV。

　　長安的目標是 2025 年新能源車銷量累計達 200 萬輛。未來，長安將依託全球研發體系，以重慶、北京研發基地為中心，統籌美國和英國中心研發資源，建立 1,500 餘人的新能源研發團隊，並逐步形成重慶、北京、保定、深圳四大新能源汽車生產基地，

為新能源的生產提供充足的產能支持。

二、強化 SUV 體系，「CS」系列再推 7 款新車

雖然國內新能源車增長勢頭良好，但在未來很長一段時間內，傳統汽車還會是長安的銷售主力。2014 年推出的 CS75 在剛剛過去的 11 月，月銷量已經過 2 萬輛，比上一年同期翻了一倍；CS35 前 11 月也累計銷售 15.7 萬輛。SUV 已經成為長安乘用車銷量重要組成部分。

根據長安汽車規劃，CS 系列除了形成 1、3、5、7、9 陣容外，未來還會推出神祕的偶數系列。除了已經推出的 CS35 以及 CS75，CS 系列還將推出 7 款全新車型。此外，長安還有「CX」系列 SUV，繼 CX20 之後，該系列第二款產品 CX70 將於明年投放市場。CX70 採用 7 座佈局，也是長安推出的首款 7 座 SUV。

三、堅持正向研發，下五年投入 300 億元

目前，長安已經成為自主品牌的領頭羊，但在朱華榮看來，這還遠遠不夠。「只做到國內車企中的一流水準，最終的結局肯定是被淘汰的。」朱華榮表示，長安汽車未來的視野不僅局限於中國市場，而是要放到全球汽車行業競爭格局中去。

作為自主品牌中的「技術派」，長安汽車一直堅持正向研發，截至目前已累計投入 490 億元。朱華榮承諾長安將堅持把每年銷售收入的 5% 投入研發，「長安的做法是，持續地加大自主研發的投入，以科技創新來打造研發的核心能力，這是競爭的關鍵。」未來五年，長安還將投入 300 億元用於自主研發，並將培育一萬人以上的技術人才團隊。

四、開啓智能化戰略，2025 實現全自動駕駛

在長安未來的研發項目中，智能化是重要方向之一。長安目前已經制定了「654」戰略，即搭建 6 大平臺，掌握 5 大核心應用技術，分 4 個階段實現智能化技術的產業化。

其中六大平臺分別為：電子電器平臺、環境感知及執行平臺、中央決策平臺、軟件平臺、測試環境平臺、標準法規平臺；5 大核心技術為自動泊車核心技術、自適應巡航核心技術、智能互聯核心技術、HMI 交互核心技術等。

最終長安汽車將通過四個階段發展實現全自動駕駛。第一階段主要技術包括：全速自適應巡航、半自動泊車和智能終端 3.0，目前已經基本完成。第二階段包括集成式自適應巡航、全自動泊車和智能終端 4.0 等，將於 2018 年完成。第三階段為有限自動駕駛，包括高速公路全自動駕駛、一鍵泊車和智能終端 5.0，計劃於 2020 年實現。到 2025 年，長安汽車將實現真正的自動駕駛。

五、以客戶為中心，打造粉絲文化

長安汽車至今已擁有 1,200 萬用戶。未來長安會由現在的「以產品為中心」轉變為「以客戶為中心」。2015 年 10 月 31 日，2015 長安汽車首屆粉絲盛典在重慶悅來國

際會議中心舉行。會上朱華榮宣布，未來五年長安將投入20億元來打造粉絲營運和客戶服務。「服務是自主品牌的一大優勢，因為我們比跨國公司更瞭解中國用戶的需求。」朱華榮說：「長安汽車開粉絲大會，投20億來打造粉絲群體，提出『愉悅體驗』的客戶經營理念，就是讓客戶在每一個環節裡都有愉悅感，這樣才能夠提升品牌影響力。」

資料來源：http://auto.news18a.com/news/storys_84535.html

思考題：
1. 長安汽車如何推進戰略實施？
2. 長安汽車成功的關鍵是什麼？

第 11 章　白酒企業案例

案例 1　瀘州老窖發展戰略

一、瀘州老窖大單品戰略

通過實施「大單品戰略」，瀘州老窖的銷售形勢已有好轉。在公司日前召開的經銷商會議上，瀘州老窖總經理林鋒透露，2015 年「國窖 1573」銷量實現翻番，窖齡酒銷量也在恢復中，特曲則開啓高速增長；2016 年，全國各區域銷售整體有望實現 59% 的同比增幅。

1. 定向控貨穩定價格

談到瀘州老窖 2016 年的銷售規劃，林鋒提出，將繼續整頓銷售體系，首要工作就是保價格穩定。2016 年將進一步建立健全事前、事中、事後全過程的價格管控體系，確保渠道客戶穩定的利潤。

林鋒告訴中國證券報記者，2016 年將根據市場實際供求情況實施計劃配額制，通過定向控貨的方式確保穩定的價格和渠道利潤，避免壓貨導致庫存積壓情況發生。對銷售團隊的考核調整為以動銷考核為主，銷售團隊的工作重心將是加強市場基礎工作推進，全力協助經銷客戶實現動銷。「希望經銷客戶能夠及時、準確上報動銷和庫存數據，並對銷售團隊虛報數據的行為及時舉報。」

同時，瀘州老窖將全面推進「天眼+地眼」工程建設，分別依託第三方調查機構和一線市場管理人員，構建全國聯網的動態價格物流監控網路體系，第一時間掌握各區域價格和促銷政策異動信息。

目前瀘州老窖一線銷售人員 3,400 人。一位瀘州老窖銷售人員對中國證券報記者透露，受行業整體環境影響，公司銷售一度下滑。2015 年下半年，公司明確了「大單品戰略」，推動以國窖 1573、百年瀘州老窖窖齡酒，瀘州老窖特曲、頭曲、二曲為核心的大單品戰略。「2016 年實現 30 億元的收入應該問題不大。」

2. 經銷商持股

根據業績預告，瀘州老窖 2015 年淨利潤為 13.37 億~14.96 億元，同比增長 52%~70%。林鋒表示，這主要是因為產品實現良性動銷。多位經銷商則表示，瀘州老窖的「大單品戰略」開始奏效。

銷售體系改革方面，逐步調整淡化柒泉模式。公司表示，柒泉模式以區域劃分為基礎，不利於公司大單品戰略，「直+分銷」模式更適合大單品戰略。

林鋒表示，組建的幾個品牌專營公司，目前已初步構建了以股權關係為紐帶的客戶聯盟。據瞭解，國窖品牌專營公司、特曲品牌專營公司都已完成第一輪增資擴股；窖齡品牌專營公司正在逐步進行股東結構優化調整。

業內人士表示，行業呈現出弱復甦態勢，白酒市場從機會型、擴張型、逐漸向競爭型市場轉變。對此，公司董事長劉淼表示，未來五到十年，「白酒企業擴張動能將主要來自於對市場份額的搶奪。通過經銷商持股，實現縮減渠道層級，穩固渠道利潤，提振經銷客戶信心」。

一位來自杭州的經銷商表示，利用股權對經銷商實現利益捆綁，對於瀘州老窖來說節約了銷售支出，增加了現金流入，更容易對終端價格進行管控；對於經銷商來說，有利於提升其積極性。

二、瀘州老窖品牌戰略

據瀘州老窖發布的 2015 年業績預告顯示，瀘州老窖 2015 年實現淨利潤預計在 13.37 億~14.96 億元，較 2014 年增長 52%~70%。事實上，淨利預增要歸功於瀘州老窖積極貫徹落實「大單品」戰略。此前，瀘州老窖的五大單品為：國窖、窖齡、特曲、頭曲、二曲。現如今，瀘州老窖又大力推出唯一戰略小酒品牌，它就是瀘小二！

百年窖池，千里酒香。喝瀘州老窖，是對中國白酒文化的朝聖，也是對身心的洗禮。瀘小二孕育自酒中泰門，酒質沁香流韻；它又是瀘州老窖的創新之舉，精確定位年輕群體的時尚白酒，以「想得開、玩得嗨」為其品牌主張。當今白酒行業正值新舊消費人群的更替時期，思想奔放、崇尚個性的新生代消費群體正逐漸崛起，他們對於白酒有著不同於上一代的訴求。因此，瀘小二恰好在最理想的時間填補了白酒行業的這一缺口，無論是烤花光瓶版、FOR ME 的七彩瓶身，還是 FOR ME 禮盒及定制禮盒，都是針對新生代消費群體而做出的華麗轉變。

從一瓶小酒，到一種快樂的態度；從一次嘗試，到一個時尚的品牌。保持樂觀，無所畏懼，瀘小二專為年輕的你定制！瀘小二又絕不滿足於此，它更是一份禮物，獻給內心永遠年輕的每個人！它是下班后與同事朋友聚餐的最佳選擇，無限暢飲、暢所欲言；它是回家聚會的不二選擇，親情的溝通與無盡的關切都匯聚在酒裡。

依託先天的品牌、資源優勢，瀘小二擁有強大的后盾支撐和廣闊的發展平臺。目前，瀘小二已在全國範圍內形成 3 大基地市場和 7 個衛星城市的市場格局。不僅如此，時尚白酒瀘小二所倡導的青春、快樂、正能量的生活概念，與年輕群體的精神價值形成深度連結，達成情感共鳴。其率先推出的創意混搭飲酒方式，被眾多網友轉載並嘗試，不少網友上傳、分享調酒心得，甚至不少女性消費者也因為瀘小二而逐漸接受白酒混飲的創意。

更新銳的思想，更開闊的視野，更前沿的創意，瀘州老窖瀘小二在去掉「二曲酒」的頭銜、作為獨立品牌營運之后，迎來了更值得期待的發展未來。

三、瀘州老窖業績強勢反彈，步入戰略發展快車道

2016 年年初，瀘州老窖股份公司（以下簡稱瀘州老窖）發布 2015 年業績預告，公

告數據顯示，瀘州老窖2015年實現淨利潤預計在13.37億~14.96億元，同比增長52%~70%。而在糖酒會期間，瀘州老窖再次透露今年一季度業績實現「開門紅」，年報、季報的雙雙增長，標誌著瀘州老窖已經走出低位，迎來業績反彈期。

分析人士指出，自去年7月，瀘州老窖股份公司完成新老交替，由劉淼執掌「帥位」，出任股份公司董事長一職以來，雖然遭遇行業深度洗牌之不利局面，但是以劉淼為代表的行業「少壯派」展現出變革的決心，在與林鋒的合力之下，對瀘州老窖的一系列變革可謂是「大刀闊斧」。

仔細梳理可以發現，瀘州老窖新領導班子上任以后，以壯士斷腕之決心行雷霆改革手段，先後圍繞品牌、產品、渠道、營銷模式等多方面進行梳理，確立五大單品系全價位覆蓋消費者的市場佈局更是體現出新領導班子精準的營銷思路；而更值得一提的是，在中高端產品穩住陣腳之後，新領導班子又對瀘州老窖進行「產品瘦身」這一具有劃時代意義的變革；僅僅半年時間，新領導班子便扭轉不利局面，帶領瀘州老窖走出低谷，年報、季報雙雙「飄紅」，迎來業績強勢反彈期！

在新領導班子的「頂層設計」之下，縱觀瀘州老窖從去年到今年的連番重拳動作，除了彰顯股份公司將酒業「做專做強」的決心，更是其市場業績預期轉好的理論基礎。

首先，大單品戰略市場收效良好，是業績持續向好的基礎。作為瀘州老窖去年核心調整之一，在「國窖」「瀘州老窖」系列兩大品牌基礎上，瀘州老窖堅定地推動以「國窖1573」「百年瀘州老窖窖齡酒」「瀘州老窖特曲、頭曲、二曲」為核心的大單品戰略；同時配合條碼「瘦身」、清理、核心產品控量、挺價等諸多手段，五大單品系市場收效明顯。其中，高端品牌國窖1573實現恢復性增長，渠道順暢、動銷情況良好，尤其是在茅五「漲價」之後，更利於國窖1573的「量價齊升」；而窖齡酒在汪涵、孟非、華少三大代言人的助力之下，經過品牌和價格的重新定位之後，提前完成全面目標，新一年持續增長是大概率事件；而特曲系列在以瀘州老窖特曲作為主體，同時添加瀘州老窖特曲·紀念版、瀘州老窖特曲·晶彩作為特曲系列的「兩翼」，構成「一體兩翼」產品戰略，業內普遍認為，特曲系列在2015年的市場表現及戰略轉變令其2016年更值得期待。

其次，瀘州老窖在產品結構性調整的同時也配套了新的營銷模式——專營模式。對於「專營模式」的優勢，多數業內人士表示，以品牌劃分的專營模式，使得公司費用投入、品牌維護和價格管理更加集中，資源聚焦投入為瀘州老窖的單品戰略落地打下了基礎，更有利於業績的增長。

最後，渠道控價，維護經銷商利益，為市場持續良性發展奠定了基礎。去年以來，瀘州老窖便開始穩定市場價格、保障經銷商利益，同時管控電商渠道產品價格，嚴厲打擊亂價行為，有效地維護了渠道價格體系。

瀘州老窖經歷了近一年行之有效的改革，五大核心單品持續增長，渠道價格體系良好，營銷模式的匹配讓市場更高效。值得注意的是，新領導班子不僅在短時間內帶領瀘州老窖業績強勢反彈，更是在「十三五」開局之年，明確重回中國白酒行業「第一集團軍」這個目標，並在品牌戰略、組織架構、營銷、渠道和服務提升等多個方面深度優化，全力拼搶市場份額。顯然，年報季報的雙雙增長僅僅是瀘州老窖業績強勢

反彈的開始，新的一年將步入戰略發展「快車道」。

四、瀘州老窖 2016 年戰略

2015 年 12 月 16 日，在瀘州老窖投資者交流會上，瀘州老窖高層就投資者提出的關於國窖 1573、產品、渠道、品牌等相關問題做了回答。

1. 公司主要存在的問題和未來大的規劃

從 2015 年 6 月 30 日股東大會召開后，市政府對我們以「集團做大，股份公司做優」為目標做了調整，目前我們品牌很清晰，核心是國窖，下來是窖齡和特曲，再下來是頭曲二曲，除上述產品，其他產品未來都不會帶瀘州老窖字樣，目前市場上還有帶有字樣的產品，是因為社會庫存還沒清理完畢。國窖今年恢復性增長，比我們預期還好，解決了社會庫存和經銷商庫存，目前價格也比較穩定，政策也比較穩定。行業和競爭對手給了我們一些機會，目前國窖量價比較合理。特曲調渠道、調團隊、調庫存，目前銷售數據比較好，增長也好，但表現最好的是 1573。窖齡目前從價格、庫存、模式上已經基本調整到位，目前還處於調整期的是博大體系（頭曲、二曲），前些年受到瀘州老窖四個字的影響，也就是開發品牌過多，對當時頭曲二曲產生很大影響，估計在明年上半年調整到位。今年的銷售結構上，1573 窖齡特曲中高檔占比會達到 50%，公告下來大家可以看。去年頭曲二曲是占到 70% 左右。我們發展還是比較良性。

2. 產品結構方面，窖齡和特曲是未來的側重選擇

規劃整個班子，專業專一專注，我們精力未來會放在白酒，我們會全力以赴做好主業。未來 3~5 年，爭取 1573 恢復到鼎盛時期，也就是極限 3,000 噸的基酒產能，成品酒 5,000~6,000 噸；特曲、窖齡做到 2 萬噸，2020 年以後還會有增量考核，包括養生酒、預調酒、配製酒也會跟上，未來根據消費者需求，在度數上也會做相應調整。

3. 未來 1573 作為高端酒品牌，消費受眾是哪些人群，在新的市場環境下，有什麼新的營銷手段和方式，建立好 1573 的形象？

從頂峰 70 億~80 億滑到 10 個億，有我們自身很大的原因，不是大家對 1573 品牌和品質的不認可，而是對我們當時價格的不認可。消費越來越理性，茅臺達到 1.7 萬~1.9 萬噸的基酒，五糧液接近 1.5 萬噸，我們去年 1,000 噸，按照我們去年的分析，排名第一位應該占到 45%~50% 的份額、第二占到 25%~30% 的份額、第三占到 10%~15% 的份額，雖然去年我們還是排名第三，但是名不副實。

4. 未來通過什麼樣的方式保證 1573 高速增長？

2013—2015 年我的判斷是，茅臺和五糧液沒有損失，其實就是擠掉了 1573 的份額，今年我們的增長是恢復性的，是收復本來就是我們的份額，是我們自己之前的失誤導致我們丟失了份額。我希望我們的競爭夥伴提價，為行業提振士氣。未來 1573 在價格保持穩定的同時，盡量放量，我們今年就是搶量、搶終端。明年我們對酒店終端還要擴大。

資料來源：http://finance.ifeng.com/a/20160325/14289443_0.shtml
http://spirit.tjkx.com/detail/1020196.htm

思考題：
1. 瀘州老窖大單品戰略成功之處是什麼？
2. 瀘州老窖業績強勢反彈的關鍵是什麼？

案例 2　全興酒業戰略選擇

中國的釀酒業是一個古韻悠長的傳統工業，是歷史與現代的完美對接。中國燒酒業有著 600 多年的悠久歷史，是中國傳統文化中的一塊瑰寶。目前，傳統的中國白酒製造企業感受到了現代氣息的強烈的衝擊，面對著不斷變化的消費習慣和日趨激烈的市場競爭，許多生產白酒的知名企業都在選擇自己的戰略導向，本案例希望通過對全興酒業的戰略導向選擇及其所處的特殊時期的介紹和分析，能夠為其他傳統行業企業的戰略導向選擇帶來一些有益的啟示。

一、案例背景

1. 全興酒業公司概述

四川全興酒業成立於 1951 年。1989 年，正式更名為四川成都全興酒廠。1997 年 9 月，重組成立四川成都全興集團有限公司，將全興酒業優質資產全部注入上市公司，並更名為「四川全興股份有限公司」，股票簡稱為「全興股份」（代碼 600779）。

全興酒業公司依照現代企業制度要求，完善法人治理結構，建立了堅實的資本運作平臺和暢通的融資渠道，加大了產品結構調整和主導產品升級換代的步伐，極大地提升了公司的核心競爭能力，為公司的長遠發展奠定了基礎。

公司擁有完整和獨立的生產經營、科技開發及質量監控體系，擁有省級科研技術中心和最先進的科技研發設備、配套的專有技術及一流的技術隊伍；名優品牌商譽突出，主導產品多次榮獲「國家質量金獎」。其中，酒業「全興」品牌榮獲中國馳名商標，「全興大曲」多次獲得「中國名酒」稱號，連獲「最古老的釀酒作坊」「全國重點文物保護單位」「中華歷史文化名酒」以及「莫比國際廣告設計大賽包裝類金獎和最高成就獎」等多項殊榮。

「踏踏實實做人，勤勤懇懇干事」「誠信精明，服務營銷」是全興酒業篤信的文化理念。全興秉承「實力做大，品味做高，企業做強」的經營理念，立足二次創業，構築新的、堅實的發展平臺。產權改制、資源整合、結構優化，整體推進全興品牌的可持續的健康發展戰略；開拓創新，實現全興的全面騰飛。

2. 全興酒業戰略導向選擇進程中的重大事件

1951 年，人民政府組織全興老燒坊等，經公私合營、贖買，成立了國營成都酒廠。產品以全興大曲、成都大曲等為主。

1963 年、1984 年、1989 年，在三屆全國評酒會上榮獲國家金獎，成為現代中國名酒。

1989 年，國營成都酒廠正式更名為四川成都全興酒廠，升級為國家大型骨幹企業。

此時，全興酒廠一方面狠抓科技進步；另一方面狠抓企業管理，各項管理基礎工作均達到了國家標準，質量管理獲部級成果獎。

1997年9月，重組成立四川成都全興集團有限公司，並實現上市，更名為「四川全興股份有限公司」。

1998年8月，水井街酒坊遺址作為迄今為止全國乃至全世界發現的年代最早、保存最完整的白酒釀酒作坊，被考古界、史學界、酒業專家認定為「中國白酒第一坊」，並被國家文物局評選為「1999年中國十大考古新發現」。

2000年，以水井街酒坊中古窖窖泥內的「水井坊一號菌」為代表的古糟菌群，經六百餘年老窖固態發酵、緩火蒸餾、摘頭去尾、取其精華，貫通對古代釀酒秘笈與現代生物技術相結合的研究成果，釀造出彌足珍貴的水井坊酒，並被中國食品工業協會評為中國歷史文化名酒。

2001年，經國務院批准，水井街酒坊遺址列為國家重點文物保護單位。同時被列入國家「原產地域保護產品」名錄，是中國第一個獲得「國際身分證」的濃香型白酒類產品。

2001年9月，經中國證監會證監公司字〔2001〕86號文和財政部財企便函〔2001〕63號文批准，全興公司成功發行4,026萬股新股，實收募集資金淨額391,686,732.30元，投資發展酒業、藥業。

2002年6月，在國家經濟貿易委員會（以下簡稱「國家經貿委」）的支持下，全興集團獲准在四川大型國企中首家進行國有資本大規模退出試點，成功地進行了MBO收購，開創了國有企業管理層股權收購融資項目信託的先河。

2002年，繼「水井坊」之後，全興酒業的「天號陳」和音樂全興大曲成功上市，構成三大品牌交相輝映、鼎足支撐的酒業發展平臺。與四川大學合作，採用「全果發酵」獨特工藝釀造的新型高檔果酒——馨千代青梅酒等產品成功上市，大獲好評。

2005年，水井坊再次使用價格差異策略，推出市場零售價800元左右的水井坊典藏系列。

2006年，全興酒業與世界五百強企業、全球最大的烈酒集團帝亞吉歐合作，產品率先執行雙國際標準。

2011年2月，光明食品集團所屬上海糖酒集團與全興酒業原股東達成戰略合作協議，投資控股全興酒業67%股權，實際上擁有了四川酒業「六朵金花」之一的「全興大曲」品牌。

2012年3月16日，四川全興酒業舉行新品發布會，正式向全國市場推出全新的「全興」中高端「井藏」「青花」系列新品，同時啟動5,000噸釀造項目、2萬噸勾儲及包裝技改項目。

二、案例聚焦

（一）營銷創新——構建全興特有的營銷戰略

1. 足球營銷

1993年10月8日，全興酒廠成立了全興足球俱樂部，它是白酒行業中第一個介入

足球運動的企業。成立全興足球俱樂部之前，企業只有 3,000 多萬元固定資產，成立全興足球俱樂部之后，除 1994 年是投入 100 萬元以外，從 1995 年開始每年的投入成倍增加，最后已經達到兩個億的投入。

這種營銷方式帶給企業的到底是什麼？眾所周知，足球俱樂部本身沒有營利，全興酒廠作為國內第一個投資足球隊的企業，使得這個原本除了四川鮮為人知的國有企業，隨著足球這個載體，其品牌影響也隨著足球隊遠播大江南北，成為了全國知名的企業。「品全興，萬事興」響遍神州大地，從而知名度獲得迅速提高，全興也成為四川酒業的六朵金花之一，市場開始快速擴張。這些都直接促進了全興酒的銷量，最終躋身於中國酒界的「上流社會」。這一時期全興足球營銷的效果是顯而易見的，企業也由 3,000 多萬元的單一酒廠變為如今擁有 30 多億資產的集團，擁有制藥、酒店和房地產等多種產業。

2. 事件營銷

繼足球營銷之後，全興酒業結合時事與社會趨勢，連續三次掀起「事件營銷」高潮，引起社會各界的廣泛關注。三次事件營銷的主題分別是「保護文明，讓文明永續」「讓北京快樂起來」以及「水井坊視線——尋找廣東精神、發現文化廣州」，三個活動從不同的角度彰顯和強化了水井坊「穿越歷史，見證文明」的社會價值和經營哲學，體現出水井坊高度的品牌整合傳播能力。

（1）保護文明，讓文明永續。

2003 年 3 月 20 日，美軍空襲巴格達，伊拉克戰爭爆發，引起全球關注，社會各界嘩然，紛紛表態。面對這場戰爭浩劫，水井坊開中國企業之先河，推出「保護和平，讓文明永續」的公益廣告，刊登於《南方週末》《21 世紀經濟報導》《財富》（中文版）和《三聯生活周刊》等十余家媒體，引起廣泛關注，社會反響強烈。

水井坊借戰爭時事做事件營銷開中國企業之先河，率先在中國提出「保護文明，讓文明永續」這一公益概念。獨到的設計配合獨到的構思，水井坊結合自身「活文物」、中國白酒文明集大成者的特點，以「文明是世界的，世界也應該是文明的」之感慨讓億萬中國人為之震撼，為之警醒、牢記。水井坊如此獨特的視角賦予事件營銷鮮活的創意，實有一鳴驚人之效，成為事件營銷的畫龍點睛之筆。

（2）讓北京快樂起來。

2003 年 6 月，非典結束。6 月 24 日，世界衛生組織正式宣布對北京解除旅遊警告。人們逐漸開始擺脫 SARS 的陰影。歷經磨難之後的北京市民渴望一種精神來鼓舞士氣，重塑城市形象。為此，7 月 5 日，成都水井坊有限公司以及北京多家主流媒體一起，聯合舉辦大型公益活動——「讓北京快樂起來」。

通過舉辦這個活動，展現了中華民族強大的凝聚力以及首都人民「穿越歷史，見證文明，攜手共進，笑對明天」的樂觀精神和自信心。而這其中貫註了水井坊作為「中國白酒第一坊」、中國酒文化的集大成者，對首都的無限熱愛，對首都人民的熱切關心，對中華民族命運的關注，展現了水井坊與時俱進、與民族共進退的民族企業精神和「穿越歷史，見證文明」的品牌精神。

水井坊的這次活動是一個非常人性化的公益活動，是白酒企業探索人性化服務和

品牌塑造的一個試點,也是體現一個企業社會責任感和社會良知的一步;此次活動也不失為水井坊公司又一次典型的事件營銷案例。

(3)水井坊視線——尋找廣東精神、發現文化廣州。

2003年從7月20日至8月17日,廣東省委在九屆二次全會上做出將廣東建設成為「文化大省」的戰略決策。借著建設「文化大省」的東風,水井坊與《南方日報》《廣州日報》通力合作,發起「水井坊視線」的文化事件營銷,連續刊登水井坊特約專刊——「尋找廣東精神、發現文化廣州」。

在「水井坊視線」中,以新穎的視角發現廣東人文精神、發掘廣州都市文化底蘊,讓所有關注廣東的人為之耳目一新:普魯士古老銀幣上的廣州商人,彰顯廣州海上絲綢之路的繁榮;新客家人的勤勞在現代商業經濟中煥發出新的活力……我們看到一個既保留傳統文化又兼收並蓄的現代廣東,在現代廣東的人文精神中,領略水井坊獨特的人文精神。此時,正值廣東建設「文化大省」之際,作為歷史文化名酒,水井坊為廣東的文化發展貢獻一份綿薄之力乃情理所然,「水井坊視線」的事件營銷水到渠成。

水井坊成功了,借助「中國白酒第一坊」這個消費價值支撐點,把個性化的營銷和傳播策略(包括「文化營銷」「事件營銷」和「廣告傳播」)所營建出的高品位消費氛圍(包括「高品位的」「體現身分價值」等)進行組合,進而觸動掩藏在消費者內心深處的「消費激情」。

圍繞「承接歷史與現代,溝通傳統與時尚」這一品牌內涵,結合見證文明與傳統、演繹現代與時尚的傳播方式,為水井坊走進高端消費者奠定了堅實的基礎。

(二)產品創新——開展研製水井坊,拓展高端品牌市場

「十五」規劃期間,國家提出了「以市場為導向,以節糧、滿足消費為目標」,走「優質、低度、多品種、低消耗、少污染、高效益」的道路。國家政策傾向於支持發展高端的名優白酒。同時,由於白酒原材料價格上漲和稅賦過重,因此發展高端白酒成為白酒企業發展的根本途徑。全興系列白酒雖然成為名優白酒,但是僅僅徘徊在中低檔酒的行業,尤其在退出全興足球俱樂部後,趨向於退市的邊緣。

1998年8月8日,全興集團發現了歷史上迄今為止最古老的水井坊街酒坊遺址。水井坊乃是興於元末,歷經明、清、近代,並沿用至今的古老而神奇的釀酒作坊,被專家們譽為「中國白酒第一坊」「中國白酒釀造工藝的一部無字史書」。全興酒業抓住這一契機,成就了它邁向高端的一個轉折。

全興酒業與中科院成都生物研究所及清華大學合作,利用現代先進的微生物技術,從水井坊釀造環境中分離出特殊微生物,激活並繁殖了以「水井坊一號菌」為代表的古糟菌群,以此為起源研製出彌足珍貴的「水井坊」。這些特有的文化和技術使水井坊推出時就成為高端白酒的代表,售價高達600元/瓶。

全興酒業調整產品結構,以水井坊為龍頭,力拓中高檔白酒市場,以超高檔白酒的先行者身分率先在國內上市,以成都為原產地,完成了以粵、京、滬作為輻射點的華南、華北、華東三大核心市場,構架並逐漸完成在全國重點消費城市的網路佈局。優異的品質、精美的包裝、獨特的文化營銷理念,使水井坊在社會各界名流中不斷博得好評和追捧,市場營銷獲得巨大成功。水井坊的出現改變了國內原有的高檔白酒競

爭格局，贏得了市場的充分認可，成為高檔白酒及推進中國酒文化發展的先行者。

水井坊主動承擔了品牌成長階段的責任與風險，精心整合廠商資源，努力將品牌的影響力做深做細，而且對廠商品牌合作模式也進行了改進與優化。值得一提的是，水井坊堅持「先做人，後做酒」的管理方針，「以人為本」，致力於鍛造一支承載水井坊文化理念的、高素質的專業營銷隊伍。

經過幾年的努力，全興把水井坊造就成為一個可以同茅臺、五糧液相媲美的高端品牌，引領中國超高端白酒的潮流。

（三）股權結構變革——成功開創MBO收購先河

2002年，四川省委、省政府以川委發〔2002〕2號下發了《關於加快國有重要骨幹企業建立現代企業制度的意見》，明確國有資本從競爭性領域退出。在國家經貿委的支持下，經四川省委、省政府批准，全興集團獲准在四川大型國企中首家進行國有資本大規模退出試點。全興集團18位高管在成都註冊成立了成都盈盛投資公司，註冊資本為5,780萬元。

2003年1月15日，衡平信託投資有限責任公司與全興集團簽下了「全興集團管理層股權收購融資項目」信託計劃合作協議，全興集團管理層股權收購項目（Management Buy-out，MBO）借助整頓后的成都信託業榮升為信託業整頓后第一只信託產品。2003年1月16日，全興集團管理層股權收購（MBO）亮相，開始向社會公開發行。其融資全部用於全興集團18位高管收購全興集團部分國有股份。此次MBO收購，開創了國有企業管理層股權收購融資項目信託的先河。

實施MBO后，全興集團立即著手整合資產。上市公司全興股份2003年9月19日公告，將公司擁有的與酒業經營相關的全部權益性資產以評估值58,972.40萬元，按1：1等值確定，以現金方式轉讓給全興集團。此次轉讓的資產包括生產經營「全興」「水井坊」「天號陳」「馨千代」品牌的酒類資產。

三、案例評析

從全興酒業的戰略導向選擇來看，其前導未來性的戰略導向選擇與它面臨的外部環境和內部能力是密不可分的。

（一）四川全興酒業戰略導向選擇的理論基礎

企業戰略導向是企業對自身長遠發展的基本態勢的明確，是企業戰略最頂端的構成。但是無論如何企業戰略導向仍然是企業戰略的組成部分之一，仍然遵循企業戰略的本質性特徵，即企業戰略是企業內外部環境作用的體現。企業戰略導向也同樣應當反應這種本質性特徵，也就是說，企業內外部因素是影響戰略導向確定的關鍵。

企業戰略導向的選擇對於組織有著重大的作用，決定組織戰略的方向。只有首先確定組織的戰略導向，才能深入制定組織戰略內容，組織未來的經營管理活動才能據此展開。而要實現對組織戰略導向的確定，則需要理清組織戰略導向的分析依據，這個目標的實現是通過研究戰略導向的分類來開展的。

在對戰略導向選擇的研究方面，研究者通過確定和衡量戰略導向的構念特徵，依據戰略導向構念特徵的差異來分析和確認不同的戰略導向，採取「對比方法」。在眾多

研究中，文卡特拉曼（Venkatraman，1989）專門對戰略導向的構念、維度和測量進行了研究，他提出並檢驗了六個反應戰略導向的維度：擴張性、分析性、防衛性、未來性、前導性和風險性。立足文卡特拉曼對戰略導向維度的分類，后續的研究者們對其戰略導向測量的維度進行了檢驗與修正，提出了對戰略導向的研究應從前導性、風險性、未來性、分析性和防衛性五個維度來展開。張黎明通過對中國東西部企業的對比研究發現，可以將企業的戰略導向合併為前導性、防衛性和風險性三個維度。這使戰略導向的認識和分析進入了一個新的階段，使得對戰略導向的研究跨越了簡單的類型劃分，從而可以和其他相關因素一起進行分析和研究。這對組織戰略的理論研究和實踐制定提供了非常有效的工具。其中，前導性戰略導向是指由於內外部環境的變化提供了新的發展機會時，企業為保持跟隨環境變化的靈活性，傾向於為長遠發展建立領導性的市場地位，立足於長遠的有效性而非短期的效率，持續地尋找新的商業機會。戰略的變化要快於企業外部環境和企業內部能力的變化，這是有能力和意願為未來進行詳細規劃的戰略導向選擇。

經過對理論的總結，我們可以把前導性的戰略導向反應為企業採用創新性的戰略態勢來爭取積極地位的努力，而四川全興酒業的戰略導向正是採取了這樣的選擇。

（二）四川全興酒業戰略導向選擇的外部環境分析

全興酒業面臨的外部環境受到了多方面因素的影響，包括政策限制、經濟發展、文化氛圍以及激烈競爭等。

1. 管制

白酒行業受國家產業政策的影響非常大，因為白酒是高耗糧性的行業，因此，國家對於白酒行業的管理一直高度重視，對白酒行業制定的一些政策性法規較多，都是朝著優質、低度、多品種、低消耗、高效益和無污染的方向發展。近年來，更是加大力度，出抬許多產業政策以實現白酒行業的持續健康發展。同時，白酒從量計徵消費稅的改革也使白酒行業的稅收有所降低，這將更有利於白酒企業的發展。

2. 社會文化

白酒作為體現中國民族特色和飲食文化特色的傳統食品之一，其文化在傳統的中國文化中有著獨特的地位。在幾千年的文明史中，酒幾乎滲透到社會生活中的各個領域。酒文化是酒品牌的重要組成部分之一。

全興作為中國最著名的白酒生產企業之一，有著深厚的文化底蘊，「全興大曲」多次榮獲「中國名酒」稱號；而且「水井街酒坊遺址」是全國重點文物保護單位，素有「中國白酒第一坊」的美譽，並獲得國家質檢總局頒布的「國家原產地域保護產品」稱號，是中國第一個獲得「國際身分證」的濃香型白酒類產品。

3. 經濟

隨著國民經濟的迅猛發展，白酒行業的競爭越來越激烈。但是，國民經濟的高速發展，促使國民的消費能力也隨之迅速增長，幾十元、一百多元的酒已成為家庭待客的主流價位白酒，300～500元的酒在商務宴請時，是餐桌上的必備品。因此，不論是全興的中低端產品，還是高端的水井坊，都隨著國民經濟的發展，有了更為廣闊的市場。

4. 技術

在技術方面，全興公司擁有完整、獨立的生產經營、科技開發、質量監控體系，擁有省級科研技術中心和最先進的科技研發設備、配套的專有技術和一流的技術隊伍；名優品牌商譽突出，主導產品多次榮獲「國家質量金獎」。「水井坊」被列入全國重點文物保護單位，國家原產地域保護產品，堪稱「中國白酒第一坊」。公司利用西部資源優勢和專有技術新開發上市的「馨千代」青梅酒，通過獨特工藝、全果發酵陳釀而成，香雅味醇，深得國內外市場的好評。

5. 競爭

白酒行業是一個競爭非常激烈的行業，企業要爭客戶、爭原材料、爭供應商。同時，隨著人們收入水平的提高和消費理念的成熟，白酒行業的生產集中度迅速提高，茅臺、五糧液、全興等中國名酒企業，由於受到國家政策扶持，加上自身擁有的品牌優勢，發展速度明顯高於其他白酒企業。

對於全興酒業來說，由於它們具有高端和中低端的多種產品，幾乎都能滿足各個層面上客戶的需求，並且由於品牌優勢較大，顧客品牌忠誠度較高。最值得一提的是水井坊，由於其口感獨特，香型和文化內涵別具一格，成為新的暢銷名酒，比較穩定地擁有了一定的高端客戶群。

全興的競爭者非常多，高端產品「水井坊」的競爭者主要有五糧液、國窖 1573 以及貴州茅臺等高端產品。這些競爭者的實力都非常強大，給全興帶來了不小的衝擊力。在中低端市場上，競爭更是激烈。全興酒業主要以「全興大曲」系列為競爭產品，不僅要面對五糧液、瀘州老窖和貴州茅臺等大型白酒企業中低端產品的競爭，還要面對其他中小型酒廠（比如豐谷，小角樓等）的低價等促銷手段的競爭，這使白酒行業的中低端市場競爭異常激烈。

白酒行業對資源的依賴性很高，其資源包括原材料資源、技術資源和文化資源等。對於原材料而言，主要有：水、高粱和小麥等，還包括酒瓶、外箱、禮盒和瓶蓋等包裝材料。特有的水資源、優良的高粱和小麥等以及特殊的防偽包裝，都是白酒企業能較好發展所依賴的原材料資源。

通過以上分析，我們可以看出四川全興目前所處的市場環境較為動盪，呈現出動態性和敵對性都高的特點，特別是管制嚴格，競爭激烈，對資源的依賴性很高。雖然全興以水井坊成功進入高端市場，獲得了國家政策的支持，在高端競爭上也獲得了領導地位，但是越來越多的白酒企業開始注意高端市場，五糧液、茅臺等行業龍頭不惜重金打造超高端品牌。因此，如何保持在高端市場的地位，適應競爭越來越激烈的外部環境，將是全興酒業未來發展的重心所在。

（三）四川全興酒業戰略導向選擇的內部能力分析

企業的內部能力包括其資源能力、通用能力和動態能力。我們經過調研發現，在資源能力方面，幾乎所有的知名企業都沒有根本性的區別，主要是在通用能力和動態能力方面有所不同。

1. 通用能力

在通用能力方面，除前文提到的全興酒業強大而新穎的營銷戰略、市場開發和維

繫能力以及特有的釀造技術，全興酒業在管理上也有著較強的能力，不僅有良好的整合物流系統的能力，在成本控制、財務管理、人力資源管理和營銷規劃等方面，也非常突出，為全興在整個發展過程中起到了良好的推動作用。在經銷商管理上，全興酒業以終端營銷為核心，積極幫助經銷商開拓市場；並且積極構建以「水井坊」品牌文化為核心的企業文化氛圍，使每一個員工和經銷商都以「水井坊」和中國源遠流長的傳統酒文化為榮耀，形成自我歸屬和理想價值取向的一致認同。

2. 動態能力

在動態能力方面，全興的領導團隊在其董事長楊肇基的帶領下，使全興大曲隨著全興足球隊名揚四海，同時還打造了水井坊知名品牌，使全興酒業步入高端白酒的行業，使水井坊成為與五糧液、茅臺等名優白酒抗衡的全國著名白酒。楊肇基及其管理團隊秉承著「實力做大、品位做高、企業做強」的經營管理追求，發揚不斷進取的開拓精神。

全興的創新能力在白酒行業中最為突出。全興酒業是第一個涉足足球事業並成功應用足球營銷使自身成為全國知名品牌的公司，其創新性在業界興起了一股涉足體育產業的風氣。同時，水井坊成功上市，也使全興酒業獨闢蹊徑，結合時事與社會趨勢，連續三次掀起「事件營銷」高潮，引起社會各界的廣泛關注。可見，全興酒業的創新能力確實是其發展的原動力。

另外，在外部能力的借用方面，全興酒業在國家經貿委的支持下，開創了國有企業管理層股權收購融資項目信託的先河。通過實施MBO，全興集團資產得以整合，使全興順利上市獲取資金的同時，也使全興酒業扭虧為盈。

根據以上資料分析，全興酒業在自身能力方面也有著較強的能力，特別是它的營銷能力和動態能力，非常突出，這就使得全興酒業在拓展市場、開闢渠道以及建立營銷網路上都有了很好的能力支撐。

綜上所述，結合動態性和敵對性較高的市場環境和資源能力，動態能力強的企業戰略能力，四川全興選擇了具有開拓性的前導未來性戰略導向，從而給全興酒業帶來了良好的績效。資料顯示，2005年該企業的酒業收入比上年增長9.2%，而高檔酒收入更是比上年增長了11.64%，企業淨利潤也因公司酒業銷售收入增加而有所提高，2005年的淨利潤比2004年增加了10.47%。當然，需要指出的是，該企業的成本上升過快是企業必須重點關注的問題。

資料來源：

1. 揭筱紋. 戰略管理——概論、案例與分析 [M]. 北京：清華大學出版社，2009.
2. http://www.qxjy.com.cn/about.html

思考題：

1. 四川全興的戰略導向選擇合理嗎？
2. 面臨新的市場環境和需求，你認為全興應如何進行戰略調整和戰略選擇？

案例 3　郎酒發展戰略

一、郎酒的戰略定位集合資源與競爭

　　四川郎酒是近幾年來中國名酒企業中成長迅速的明星之一，特別是 2011 年度，郎酒與貴州茅臺、五糧液、江蘇洋河、瀘州老窖躋身中國白酒百億俱樂部，成就中國名酒第五名，四川六朵金花第三名殊榮，確實讓我們對這樣一個后起之秀刮目相看。實際上，郎酒僅僅是第四、第五屆中國名酒，從這個意義上說，名酒基因與獲得名酒次數多少並無多大關係，只要是中國名酒，只要是貴族血統，只要能夠制定清晰的戰略系統，擁有嫻熟的操作思路，其名酒價值就一定能夠被快速釋放出來。

　　1. 制定戰略目標

　　四川郎酒董事長汪俊林有一個比較宏大戰略目標：四川郎酒，要成為中國白酒旗幟之一！而郎酒「十二五」乃至於未來十年戰略目標為：2015 年年末，郎酒實現營收 200 億元，2020 年實現營收 300 億元，從而成長為中國白酒旗幟之一。根據筆者長期的跟蹤研究，郎酒「十二五」實現 200 億元戰略目標還存在著諸多不確定因素。

　　首先是產能因素。必須看到，2011 年四川郎酒的百億業績已經將醬香型白酒產能運用提升到極限，以至於 2012 年，醬香型郎酒出現某種程度的斷貨跡象，郎酒也在一定意義上由於醬香產能不足而放慢了擴張的腳步。「十二五」末，郎酒醬香產能仍然處於戰略儲備期，距離全面產能釋放尚有 2～3 年時間跨度，因此，產能依然是制約郎酒實現「十二五」戰略目標的一個十分重要、十分基礎的要素。

　　其次是軟組織承載力。實現百億、兩百億、三百億營收規模，對軟組織要求更加規範、更加系統，以郎酒現有銷售系統看，它們是典型業務開拓型組織，市場服務與市場維護能力明顯不足。一個旗幟型白酒企業必須擁有追根溯源、快速服務市場的軟組織能力，「十二五」留給郎酒的時間並不是很多，郎酒仍然希望用一種「摧枯拉朽」的粗放手段實現更大規模銷售，難度可想而知。

　　最后是戰略路徑工具選擇。郎酒已明確提出，不做併購，堅守郎酒戰略；不做上市，堅持通過自有資金累積構建酒業版圖。而未來之中國白酒競爭可能完全超乎郎酒想像，資本與產業整合對推動白酒成長至關重要，郎酒能否在這場大戰中獨善其身，值得觀察。我們注意到一個現象，瀘州三溪酒業出現在郎酒市場序列中，並且三溪是以小曲清香為主導的瀘州白酒企業，這是否意味著郎酒已經一只腳跨入了「併購」與「清香」版圖？值得觀察。

　　長遠來看，四川郎酒戰略目標還是具備現實性，從郎酒產能規劃來看，僅僅是醬香型白酒，以紅花郎酒市場價格計算應該可以滿足郎酒集團 450 億元營收需要，加上郎酒兼香、濃香版圖，郎酒成為中國白酒旗幟之一戰略願景值得期待。

　　2. 確立戰略定位

　　郎酒的戰略定位屬於比較銳利性的戰略定位，其資源差異化帶來的天然戰略定位

成就了中國名酒——四川郎酒盛世傳奇。

首先,四川郎酒擁有一個非常明確的、潛在的競爭性戰略定位——中國醬香型白酒第二品牌。一直以來,貴州茅臺近乎壟斷式地經營著醬香型白酒品類,其他醬香型白酒企業完全沒有挑戰茅臺的可能,更不要說跟進。郎酒把握住了這個機遇,憑藉與貴州茅臺的共同但差異化的品牌基因,成功實現了跟進茅臺,並進而挑戰茅臺的戰略目標,成就了牢固中國醬香型白酒亞軍品牌的戰略地位。所謂共同,指的是貴州茅臺與四川郎酒均是醬香型白酒的中國名酒;貴州茅臺與四川郎酒均處於赤水河畔;貴州茅臺與四川郎酒均處於中國白酒金三角核心產區。所謂差異化,指的是四川郎酒將貴州茅臺歸屬於古典的、傳統的醬香型白酒代表,而將自己打扮為現代的醬香典範;四川郎酒以川派醬香領袖與貴州茅臺黔派醬香代表形成戰略上的對決,確實起到了以小博大、以弱對強的戰略效果。

3. 選擇戰略路徑

2012年度,四川郎酒市場性戰略舉措並不很多,但基礎建設與品牌戰略調整却十分迅猛。

從四川郎酒戰略路徑選擇來看,郎酒的戰略目標意圖十分明顯,解決制約郎酒長遠發展的產能問題對於奠定郎酒「十二五」、特別是「十三五」發展具有重要意義。同時,我們發現,郎酒今年的擴張速度明顯放緩,這是否意味著郎酒在進行戰略性調整,以積蓄力量衝刺「十二五」戰略目標,我們拭目以待。

4. 評估戰略效果

郎酒戰略定位、戰略目標與戰略路徑選擇基本上處於高水平和諧共振之中,特別是已經過去的十年,郎酒戰略運用清晰、準確、銳利,推動了郎酒從一個嚴重虧損、瀕臨倒閉的川酒醜小鴨成長為川酒白酒巨人,不能不說,戰略推動起到了關鍵性作用。隨著郎酒規模越來越大,戰略的前瞻性與科學性對於郎酒未來發展更加重要,相信以汪俊林為首的郎酒班子,「醬」心獨運,未雨綢繆,必將為中國名酒譜寫新傳奇。

而且,四川郎酒利用自己邊緣、交叉的產區優勢,既重視醬香型白酒戰略性開發,也重視交叉性兼香獨立性推動,不放棄對濃香型白酒的戰略性覆蓋,開創了中國白酒獨特的「一樹三花」戰略。郎酒的戰略定位集合了資源與競爭兩個特點,顯得靈活而富有創造性。

二、2015年郎酒規劃部署戰略

2015年被確定為郎中國美酒招商網新一輪快速發展的戰略元年,明確了郎中國美酒招商網2015年市場發展的四大主旋律:一是抓機遇,搶市場;二是放活機制,保障資源,鼓勵挑戰;三是聚焦市場,深耕運作,消費至上;四是靈活運作,規範管理,健康發展。

在講到2015年郎酒規劃時,付饒特別提到了機制保障、價格管理、隊伍建設、聚焦發展、品牌化運作等幾個方面。

1. 健全內外部利益保障和激勵機制

在利益保障和激勵機制方面,郎酒對內外都有明確的規劃。在對內方面,鼓勵各

級業務團隊和經銷商大膽創新、主動挑戰、搶抓市場、放開掙錢；對於有發展激情、誠信務實、能幹事、能幹好事的經銷商和業務員團隊給予最務實的支持和空間；公司給予市場投入等各方面充分的資源和機制保障；對於問題市場消化庫存和機會市場發展均給予扶持；鼓勵前置規劃，建立穩定的市場發展和激勵長效機制。在對外方面，建立經銷商綜合評估機制，共商共建機制；穩定價格，保障投入，保障經銷商基本利潤；在公開化、透明化綜合評估基礎上，實行差異化特殊激勵機制，鼓勵經銷商主動建設市場，持續做強做大市場。

2. 強化價格管理

在價格問題上，付餞提到，2015年郎酒會根據目前市場運行價格和操作實際，調整理順部分產品出廠價格，同時強化價格管理，穩定主流市場流通價格，具體措施包括：強化整個市場流通渠道的價格管理和穩定，在價格管理上實施剛性考核，透明化、公開化經銷商的獎懲。對價格管控和竄貨，付餞特別強調，2015年郎酒公司將把價格管理作為最重要的工作進行督察，公司層面不受理任何關於竄貨處罰的減免申請。

3. 堅持聚焦市場，全面導入營銷分離

在市場運作方面，2015年郎酒將繼續聚焦市場全面導入營銷分離模式，徹底推動銷售運作模式的轉型；同時徹底推動銷量增長方式的轉型。

2014年郎酒公司提出聚焦發展的戰略，這也將是成為貫穿2015年郎中國美酒招商網發展的一條主線，所謂聚焦戰略就是要堅持產品聚焦、市場聚焦、人員聚焦、商家聚焦、資源聚焦。同時堅持中長期規劃，持之以恒，做深做透點狀市場，持續培育單個市場持續性、規模化發展。

4. 堅持品牌化運作，創新消費者培育模式

2015年，郎酒將進一步推動組織結構的調整，權力進一步下放到五大事業部，推動五大事業部向公司化方向轉變，而這是為了強化郎酒品牌化運作，將市場營銷工作落地。

首先是堅持五大事業部核心產品集中長期運作，全面停止開發和定制。其次，恢復和加強地面氛圍營造；還有就是強化聚焦區域大型品牌化主題活動的策劃實施。

付餞在發言中特別提到了市場良性健康發展的問題，要求所有的市場投入都必須以培育消費者、擴大消費群體為核心；要尊重市場規律，建立進貨與合理庫存雙向考評規劃和機制；以精幹、高效、優化原則建設銷售隊伍。

在銷售隊伍建設方面，2015年郎酒將繼續堅持精幹、高效、優化原則，保持和穩定現有銷量骨幹隊伍；做實屬地化、長期化的專屬助銷和促銷隊伍；同時強化推進銷售隊伍的轉型。郎酒表示，2015年，集團將傾全公司所有力量確保郎酒穩定有序調整、市場化轉型發展，不遺余力地投入資源支持郎酒在行業調整期抓住機遇，率先「脫穎而出」。

三、郎酒戰略新品「郎哥」正式上市

備受關注的郎酒集團戰略新品「郎哥」12日在四川成都舉行了新品上市發布會，全國各地300餘位經銷商朋友前來參加，這位定位為「消費者的知心哥們」的郎酒，

44.8度的醬香型酒體，有一紅一藍兩款產品，158元、168元的產品定價。

據悉，郎哥的定位是中檔、中度、純糧、醬香白酒。自此，主打中檔醬酒定位的郎酒集團老郎酒事業部產品結構得以完善，高度醬酒以53度老郎酒1956為代表，中度醬酒以44.8度郎哥為代表，定位明確、層次鮮明。並且，郎哥的目標是：2015年，啓動30個地級城市，7,000萬元；2016年，啓動45個地級城市，2個省會，2.5億元；2017年，啓動60個城市，5億元。

四川郎酒集團副總裁，郎酒銷售公司總經理付饒出席會議並發表講話。付饒表示，郎酒集團向來嚴格控制產品線，堅持做減法、不做加法；而郎哥是郎酒集團經過深思熟慮之後，作為承載郎酒醬酒大戰略的尖刀，瞄準中度醬酒的商業機遇，將始終圍繞消費者做工作，謹慎投入市場的。總體來說，郎哥作為郎酒在新消費時代的戰略產品，只許成功，不許失敗。

隨後，郎酒集團老郎酒事業部總經理、郎哥操盤手易明亮全面闡釋了新品郎哥的諸多核心問題。郎哥作為一款貼上「44.8度醬香」「絲滑的舌尖感受」「喝著不皺眉頭」等諸多顛覆標籤的新品，究竟有何玄妙之處？而作為經銷商關心的消費趨勢、利潤、營銷模式以及動銷等核心問題，郎哥又是如何回答的？

一問：新的風口在哪裡？

據資料顯示，郎酒在調整過程中始終堅持「聚焦」原則，過去不惜砍掉新品而保留核心產品的純潔性，便於消費者識別。如今郎哥作為郎酒三年來唯一的戰略新品，宣稱已經抓住白酒下一個風口。

易明亮表示，當下是白酒消費換代的風口；不同的消費時代會有不同時代印跡的酒。

二問：新消費時代的機遇在哪裡？

第一，主流消費群體換代。「70后」「80后」已經成為或者即將成為社會中流砥柱，他們與「50后」「60后」的上一代消費群體不同，他們突出的特點是對商品有辨別能力，因此傳統的「品牌教育消費者」理論已經過時，新的消費需求誕生。

第二，終端變革，倒逼渠道模式創新的趨勢。電商的發展和菸酒店連鎖化趨勢不可逆轉，這加速了產品價格在各個區域及環節的透明。白酒原有的「分級加價」模式失效，靠客情及信任不能完全保住價值分配，這倒逼著廠家制定新規則去適應和解決電商和連鎖的同存模式。

第三，餐飲連鎖化與新派個性餐飲崛起，創新消費體驗和品牌溝通趨勢。新派餐飲的快速崛起所帶來的不僅僅是新的消費場景、新的銷售空間以及新目標消費群體的集中化，更是帶來了新飲用需求和文化傳播需求。

第四，「互聯網+」背景下，提升渠道效率的趨勢。互聯網開創全新時代，在白酒首先作用於品牌溝通和渠道效率創新。白酒渠道發展二十多年，模式創新空間已經很小，未來主要增長將集中在效率創新，包括更新消費者溝通方式、優化流程和強化執行力。

第五，中檔醬香的趨勢與機會。從紅花郎至茅臺，中間的價格帶基本上不可能有全國品牌，而百元以下的醬酒，盈利空間又相對狹小。只有150~250元中檔醬酒價位

段，既能夠有足夠的利潤空間與品牌成長空間，又沒有全國性品牌。

三問：舊消費時代的問題在哪裡？

郎哥提出新消費時代論，並給出了對風口的趨勢的預判和理解；新舊是相對的，那麼所謂的舊消費時代出了什麼問題？

第一，厚重的品牌文化與自由勵志時代的矛盾。以深厚歷史和厚重文化自居的傳統白酒與新生一代消費群體追求自由、個性、「以我為中心」的核心訴求不匹配。

第二，專業、神祕的白酒語言與新消費群體需求知情權的矛盾。「香氣突出、回味悠長、酒體醇厚、優雅細膩」等傳統白酒語言無法讓消費者明白，不理解，沒有溝通。

第三，被動飲酒場合多、主動飲酒場合少。

第四，不穩定的渠道利益鏈。價格動亂、團購失效、價格倒掛、不動銷、經銷商轉型迷茫等問題突出。

第五，產能嚴重過剩。

總的來說，是青黃不接的供給與新時代消費需求的脫節核心問題。

四問：新時代需要什麼樣的白酒？

新消費時代的需求如何滿足？舊消費時代的問題如何解決？郎哥給出了自己的答案：

首先，44.8度的中度醬酒，絲滑的口感，保留了醬酒的突出特點但不刺激，喝著不皺眉。新消費時代生活形態的改變決定了對白酒需求的變化。現在，人們聚在一起喝酒，主要是為了交流，分享信息，溝通情感。這時候，人們需要的白酒就變成了：喝著舒服，有感覺，醉得慢，易醒酒。

其次，青春時尚的元素，自由勵志的品牌訴求，與消費者平等互助的溝通關係。

最後，滿足渠道商穩定長久的利潤需求以及良性的商業生態。

五問：新時代競爭本質是什麼？

對於新消費時代的商業機遇，郎哥給出的回答是「先勝后戰」。對此，易明亮做了進一步闡釋：競爭的本質是實力與技術的比拼，首先比的是基本面上的硬實力，然後才是操作面上的軟實力。

六問：郎哥憑什麼能抓住風口？

第一，硬實力。首先是郎酒品牌背書；其次是產能優勢，3萬噸的年產能和14萬噸醬酒的存儲量，國家級的酒體設計團隊，保證我們產品的品質與獨特性；最后是營銷團隊，通過老郎酒營銷分離體系的運行，目前事業部已經有1,300人的銷售團隊，且這個數仍然在擴大。

第二，軟實力。郎哥將採用「殺雞用牛刀」的競爭策略，聚焦資源優勢確保市場勝出。主要體現在五點：①數倍於對手的市場投入，用牛刀殺雞；②更新武器技術，用坦克加步兵的策略對抗步兵；③不惜一切代價拿下餐飲渠道「制高點」；④順勢而為保持合理的節奏；⑤團隊與后勤（客戶）的和諧保證供應。

七問：渠道難題如何解決？

渠道商面臨的最大問題是價格動亂，利潤不可持續。其根本原因是渠道發生了變化——電子商務帶來的信息透明化，連鎖餐飲及菸酒帶來的採購集中化以及個性化、

新型主題餐飲的崛起，使原有的「加價」操作模式不靈了。現在郎哥給出「六大機制」解決渠道難題：

第一，營銷分離。工作站模式，廠家以專屬團隊配置做市場，商家做服務、配送，導入稽查稽核系統做監督保障。

第二，與經銷商平等穩定的合作關係。承諾代理商地盤不拆分、不裂變。

第三，全年方案確認制。即廠商雙方預先清楚投入，簽字確認之後，不再浪費在溝通成本之上。降低溝通成本，更沒有博弈、較量與平衡。

第四，價格管控上採用環節利潤倒扣制模式，即經銷商進貨價就是出貨價，而經銷商的利潤廠家每月現金結算。用倒扣制解決零售終端和電子商務渠道價格穩定的問題。

第五，預投機制。數倍於對手的市場投入，重點聚焦品牌與消費者投入，除團隊提成外，所有費用由廠家投入。

第六，新型營銷武器。開設了「郎哥美食團」搶占制高點餐飲，開設「郎哥酒友會」「郎哥伴你去旅行」等活動服務消費者，並且針對新型團購佣金體系專門寫了一套軟件來服務。

八問：經銷商能賺多少錢？

明面上，郎哥的合作夥伴的利潤率固定在20%左右。這是個恒定的利潤率，不僅現在是20%，三五年市場起來之後，也不會拆分，不會裂變。

更深層次的利益是經銷商在郎哥整套運作模式下獲得的規範成長。進入郎哥體系，除了可以滿足經銷商穩定賺錢的要求，還可以協作中型經銷商提高通路效率以及協助大經銷商規範化、制度化。這才是郎哥給經銷商最大的利益，享受中國經濟此輪轉型對貿易行業最大的利好，參與未來資本市場的開放。

「郎哥對經銷商意味著提前抓住了五年以後的風口，抓住了調整期轉型的機遇，有助於提升內部管理、增強商業信譽、延展渠道、塑造團隊夢想。」易明亮說道。

九問：如何讓產品實現動銷？

動銷才是硬道理，易明亮表示，要堅持以「團購渠道+餐飲渠道」搶占市場，特別是區域市場的制高點餐飲店必須拿下。

第一，搶占餐飲制高點。郎哥在渠道上的策略是強勢占領餐飲渠道，這包括傳統的B、C類餐飲，以及新派、個性、主題餐飲兩個層面。用「郎哥美食團」搶占餐飲制高點，郎哥美食團將解決跨界整合、品牌宣傳、新消費者培養和吸引等問題。

第二，名菸名酒渠道。

第三，團購渠道。針對新派餐飲，制定了全新的推廣方案，區別於傳統的推廣方式。通過跨界活動贊助、個性化的上市品鑒會等方式繼續開展並配合全新的以互聯網工具為基礎的會員制推廣模式，解決兼職大客戶與小型贈酒的問題，解決團購碎片化問題。

第四，電商渠道。

十問：重點市場在哪裡？

郎哥對於市場佈局的總體策略是分節奏啓動市場。易明亮表示，要穩固大西南，

挺進華東和華南，廣東江蘇是必須拿下的市場。要根據區域市場特點與郎哥全新價值觀的共振程度來展開，比如華東、華南。當前共振程度高的市場先佈局，而共振程度偏低的后佈局。

2015年重點啓動區域：四川、河南、貴州、重慶、江蘇、廣東、安徽。

四、郎酒籌劃大醬香戰略

2016年7月12日下午5點，郎酒集團官方發布信息：「老郎酒事業部整體並入紅花郎事業部。」旨在統籌醬香大戰略，聚焦發展紅花郎。

據消息，目前機構合併以及人員安排正在有序穩妥推進，原紅花郎事業部總經理梅剛擔任銷售公司副總，分管紅花郎事業部；原老郎酒事業部總經理易明亮擔任紅花郎事業部常務副總。

與此同時，郎酒將確保經銷商穩定的經營秩序和經銷利益。

機構調整完成后，郎酒銷售公司將由五大事業部門構成，營運的核心品項分別為全國性品牌紅花郎、小郎酒、區域強勢品牌郎牌特曲、新郎酒和郎牌原漿。

針對郎酒事業部的重大變革，白酒企業資深觀察家、四川省產業經濟發展促進會副秘書長徐雅玲認為：

早在2009年郎酒集團就曾經提出過上市規劃，但由於股權等眾多因素未能成功。此次紅花郎和老郎酒事業部合併，極有可能就是為了整合優勢資產、重啓上市。

首先，這兩大事業部是郎酒集團各事業部中財務狀況最好、團隊運作經驗最成熟、市場基礎最好的，屬於郎酒集團最優質資產。在難以整體上市的情況下，以優質資產單獨上市不失為一種折中的辦法。

其次，茅臺股票超過300元大關，且終端零售價極有可能超過千元大關。借勢茅臺帶動下的高端酒回暖和醬酒新紅利週期，此時必將是郎酒發力的又一契機。需要指出的是，紅花郎和老郎酒都是在茅臺賣得最好的時候迅速發展起來的。

最后，從股市而言，當下白酒股整體處於低價位，但今年一季報和各大酒企已陸續召開的半年營銷工作會議數據顯示，白酒股觸底反彈或將來臨。借此低價位實現郎酒上市，不失為一個最佳時機。

（1）從上市的角度來講，老郎酒與紅花郎兩大事業部的合併，可能出現一個大醬香事業部，或者大醬香公司。從概念上講，這比以前兩個事業部相加的情況更容易得到資本市場的青睞。

（2）從醬酒市場格局來看，茅臺現在情況比較穩定；53度飛天茅臺依然一枝獨秀，下面的系列酒至今沒有得到很好的發展。郎酒在今天合併兩大醬酒事業部，壯大醬香板塊，很可能是為了抓緊市場機遇，持續做大做強53度飛天茅臺以下的醬酒市場。這也可以理解為是在給未來上市打下紮實的市場基礎。

（3）順著合併事業部做大市場份額的思路往下分析，合併的動作必然不會只是對產品的再組合，而應該是兩大事業部的關係從內部競爭轉向了協作壯大。根據目前披露的信息，這樣的協作似乎屬於中央層級的協作，所以應該不會影響到地面部隊的相

對獨立性，不會在執行面影響到對經銷商、對市場的服務，也應該不會影響到消費者對郎酒的喜愛。

（4）順著上市和市場拓展的思路往下推演，未來的郎酒可能不僅會有大醬香板塊，也許還會有大濃香板塊、大兼香板塊。一方面是香型板塊的概念更利於上市，另一方面是從品牌資產管理的角度來看，一個香型板塊的成立，有利於同香型、不同產品的品牌資產的共享，有利於產生 1+1>2 的效果。

如果這些可能都成立，為了把可能變為現實，郎酒應該會有一個內部協調機制的出現。這個機制要是設計得好，做得好，新的紅花郎事業部大有可為。

資料來源：http://www.t9zs.cn/news/detail-20160715-26702.html
http://www.9928.tv/news/dongtai-baijiudongtai/186990.html
http://www.xiangmu.com/info/1313876.html
http://www.9998.tv/news/119056.html

思考題：
1. 郎酒 2016 年的經營戰略是什麼？
2. 郎酒戰略新品「郎哥」成功上市有何啟示？

案例 4　五糧液全面創新升級戰略

過去幾年，白酒行業正經歷巨變。受限制「三公消費」禁酒令、庫存積壓等因素的影響，「發力腰部」成為各大酒企的重要策略。作為行業領頭羊的五糧液，順勢而為，推出了多款大受歡迎的「腰部新品」。五糧液股份公司董事長劉中國曾表示，白酒行業已經開始迴歸理性、迴歸性價比、迴歸平均利潤，未來只有擁有渠道掌控力、有市場開拓能力的經銷商才能獲得超額利潤。五糧液明年的發展戰略是穩住高端白酒基礎價、大力發展中低端白酒。

其實，自 2013 年開始，五糧液就走起了親民路線。2013 年 3 月，五糧液五大戰略品牌新品上市說明會在成都舉行，明確提出要聚焦資源著力打造五糧液、六和液、五糧春、五糧醇、綿柔尖莊五大親民品牌。而事實也證明五糧液推出的這些中價位戰略品牌市場銷量很好，5 月份，親民中低價位酒「綿柔尖莊」上市首月便實現銷售收入 5,000 餘萬元。7 月 23 日，五糧液又在成都舉行了「創新驅動發展」暨五糧液新品上市新聞發布會，正式推出了中價位戰略性親民新品牌五糧特曲、五糧頭曲。此后，又推出了低度酒系列等親民酒，受到市場普遍認可，也讓五糧液的競爭力持續提升。

除了在產品策略方面的創新，五糧液還創新營銷管理方式，全面推進企業轉型升級。在最近舉行的 52 度新品五糧液經銷商營銷工作會議上，五糧液股份公司副總經理朱中玉表示，今年的營銷工作要在新型營銷組織架構下，以創新模式和加強管理為主要抓手，最終實現品牌價值的有效提升和市場份額的穩定增長。

創新，不斷尋求發展，是五糧液始終立於不敗之地的重要因素。在白酒行業持續

調整期，五糧液以創新驅動發展，走上了一條可持續健康發展之路。同時，五糧液也為中國白酒產業集體轉型指明了方向。

資料來源：http://www.bj.xinhuanet.com/hbpd/jy2015/yw2/2016-03/10/c_1118290881.htm

思考題：

新常態下五糧液實施了哪些競爭戰略？

案例5 「金六福」戰略選擇

四年銷售了近二十個億，進入中國白酒行業前五強，至今運行平穩。這是「金六福」繼「小糊塗仙」之後，在競爭殘酷的中國白酒市場上，在眾目睽睽之下，堂而皇之演出的一幕令各路白酒門派和商家們目瞪口呆、大跌眼鏡的精彩大劇。研究「金六福」的運作，其實也會發現，類似這樣以幸福美好、吉祥如意為品牌立意的白酒產品其實並不少，但沒有哪一個品牌像「金六福」這樣做得透澈，做得風光，取得如此令人豔羨的成功。消費者之所以能熱烈地接受「金六福」出售的美好祝福和預期，關鍵在於「金六福」品牌的運作者在「福文化」的發掘、豐富和「以實售虛」方式上的獨特性和不可競爭性。由此，使「金六福」與其他立意相似的品牌產品有了高下之分。

一、充分發掘和豐富產品的「福文化」內涵

以「福文化」將產品定位於市場，並進行深入的發掘和豐富，是「金六福」與其他相類似的白酒品牌的不同之處。在中國源遠流長的倫理文化中，有「五福臨門」的傳統說法和講究。所謂「五福」者，即：壽、富、康、德、和之謂也。金六福公司還加上了一個「孝」字，故稱「六福」，且以「金」字來包裝，曰「金六福」。如此發掘演繹，把一個「福」字竟然打理得異常豐滿立體，金碧輝煌。加之媒體廣告營造了濃鬱的歡樂喜慶氛圍，不能不讓人受到感染而心動，達到預期效果。

二、搶抓機遇，借勢造勢，在高層面的體育營銷上放手一搏

出道不久的金六福公司，以獨到的眼光、少有的魄力、精到的謀劃，用「福文化」把「金六福」白酒品牌與中國最高層面的體育事件緊緊聯結在一起。金六福公司先後取得了「2001—2004年中國奧委會合作夥伴和2004年雅典奧運會中國代表團慶功酒、21屆世界大學生運動會、2002年韓國亞運會中國代表團慶功酒」「中國國家男子足球隊打入第十七屆世界杯決賽階段專用慶功酒」等銜號，並被中國足協授權發行9,999瓶出線慶功珍藏酒。「江山代有才人出」，有了這些引人注目的高端「平臺」支撐，「金六福」在競爭激烈、強手如林的中國白酒市場脫穎而出，在耀眼的、引人矚目的高端展示平臺上吸引了億萬眼球。如果說，以五糧液集團出品為產品質量支撐點，發掘和豐富中國傳統的「福文化」，並以之作為新產品文化附加值定位，只為「金六福」奠定了一個參與市場競爭的較好基礎的話，而高攀上中國申奧和中國足球經過幾十年的苦苦奮鬥，首次在世界杯上出線這兩大頂尖的體育盛事等，則是「金六福」取得市

場成功的至關重大的關鍵因素。介入中國這兩大非同尋常、舉世矚目的頂尖體育盛事，使「金六福」在知名度上獲得了強大的支撐力和影響力。

借力借勢，魚躍龍門，提升了品牌形象高度。如果「金六福」不介入中國申奧和中國國家足球隊出線等重量級的體育盛事，其品牌形象也不過就與五糧液集團旗下魚龍混雜的諸多白酒品牌一樣，形象平平，不會引起特別關注。而介入了這兩大頂尖的體育盛事，便收到「一登龍門，則身價百倍」的效果。既驚人地迅速擴大了品牌的知名度，又使品牌的形象檔次也得到大幅度提升。其緊鑼密鼓操作的，由中國足協授權，五糧液酒廠生產，北京金六福公司面向全球限量發行9,999瓶國足世界杯出線珍藏酒（每瓶20,000元）的成功運作，其意義並不僅僅在於經濟效益，更重要的是品牌檔次的提升。「金六福」的收藏酒，或者說禮品酒能達到20,000元這個高價位水平，與「茅臺」「五糧液」高檔名酒企業同類型的收藏酒差不多已經在一個檔次了。這種高價位的收藏酒能讓市場接受，說明「金六福」在品牌運作、產品附加值的累積、體育營銷大手筆的運作上取得了成功。真是「好風憑藉力，送我上青雲」！「金六福」品牌形象不僅由此而提升到了一個較高的層面，也由此強有力地支撐起「金六福」中檔價位的產品有了穩定和較大的市場佔有率。

三、福文化和重大體育事件大膽而且巧妙的契合

需要指出的是，作為2001—2004年中國奧委會贊助企業和特許企業，作為中國國家足球隊世界杯首次出線唯一慶功酒企業和贊助商等，金六福公司必須要先期投入大額的贊助資金。這些投入，只能靠金六福公司在以後的市場銷售中收回。能否收回，虧損還是賺錢？都存在著不確定性。特別是在中國白酒市場競爭異常殘酷的態勢下，敢於如此投入，儘管金六福公司有通盤的研究和策劃，但巨大的風險，仍然需要企業決策者的膽略和魄力。從操作效果看，金六福公司這一把「豪賭」顯然是成功了，這是一個方面。另外，除開贊助外，研究金六福公司參與中國申奧和中國國家足球隊出線等重大賽事的合作，能取得成功的另一個重要因素，則是其能巧妙地將「福文化」與這些重大體育盛事微妙地契合。而且，還由此高起點地延伸開去，自然地介入了中國人的生活，從而大規模地發掘、啟動了消費市場。從中國奧申委和中國足協的角度來看，選中金六福公司作為贊助企業，應該還不僅僅是因為金六福公司能夠提供額度不小的贊助資金，是否還有「金六福」品牌喜慶吉祥的內涵和濃鬱氛圍的張揚，給予他們的情感影響的因素呢？中國申奧成功，中國足球首次出線，是經歷了那麼多的磨難和挫折后才方使夢圓。特別是中國足球幾十年來首次跌跌撞撞地出線，國人驚喜之中卻也有說法。不少人士認為運氣的成分也很大（比如韓國和日本國家足球隊都沒有參加預選賽等因素）。對主教練米盧，雖然也承認他有水平，但認為他運氣好的人也不在少數。國人希望中國能成功舉辦好奧運會，特別是希望中國足球隊能夠再走好運，殺入十六強。應該說，「金六福」的掌門很智慧地洞悉和把握了這種微妙的、企求運氣的心理，除贊助了大量資金外，同樣重要的是，讓「金六福」扮演了一個「吉祥物」角色。在鋪天蓋地的廣告中，極力突出「福氣」「運氣」概念。前後的廣告：「金六福——中國人的福酒」；米盧做的廣告說「喝了金六福，運氣就是這麼好」等。「金六

福」儼然已經演變成吉祥和運氣的象徵了。金六福公司玩體育營銷玩到這個份上，作為實體的酒品，似乎已經不是關鍵的要素了。由於申奧和中國足球首次出線都是舉國矚目的焦點新聞，金六福公司將很通俗的「福文化」與其進行巧妙的組合嫁接，特別是與中國足球的「救世主」，當時紅得發紫的米盧搭上橋，也就把「金六福」白酒品牌推上了市場最為耀眼的聚光點上，從而把握了大規模啓動市場的槓桿，獲得豐厚回報，使企業迅速做大。

四、整合資源，強力運作，超速發展

短短四年時間，「金六福」的銷售近二十個億，進入中國白酒五強，不能不說其發展的速度是很驚人的。而且，這個發展速度還是在白酒市場競爭十分殘酷，白酒總體銷量呈大幅度下滑的態勢下獲得，就更屬不易。有的研究者將其與當年的「孔府家」「孔府宴」「秦池」等企業在短時間內迅速膨脹的狀況相比擬，對「金六福」的前景也不看好，雖然也不無道理，但我認為，「金六福」的發展與「孔府家」等企業雖然有相似之處，但在關鍵環節上却有很大超越，不可同日而語。「孔府家」「秦池」等企業當年的成功，主要取決於兩個條件：

一是搶文化營銷發端的先機之利，以新穎取勝；

二是在消費者尚不成熟，市場對廣告的反應還十分敏感熱烈階段，以高強度的廣告「轟炸」，對市場採取粗放的、掠奪式的開發。

這兩個條件的充分運用，使「孔府家」和「秦池」等企業在很短的時間內超速發展，迅速膨脹。但如果分析「金六福」「暴發」所處的市場環境，其實與前者已經迥然不同。固然也是做文化營銷，但現在已經不是什麼新鮮玩意；固然也採取了高密度的廣告「轟炸」，但時下消費者對廣告的反應已經近乎麻木，「抗藥性」大為增強。如此狀況，「金六福」竟然可以大獲成功，秘訣是什麼呢？前面已經從一些角度作了分析。如果綜合來看，就是整合資源，強力運作。即「金六福」的掌門以開闊的視野，將自己具備的資金、品牌策劃和市場營銷運作能力，與外部強勢企業的品牌資產及生產能力、重大體育事件等資源進行大手筆的有機整合，從而形成了強大的超速發展能力，從而使「金六福」得以在較短時間內跨越式發展，積聚了大量財富。換個角度看，如通常所形容的，企業競爭的綜合能力是一個木桶，構成這個木桶的每一塊木板就是單項能力。這些能力包括資本能力、人力資源能力、機制能力、管理能力、創新能力、市場運作能力等。

資料來源：http://www.emkt.com.cn/article/92/9236.html

思考題：

1. 金六福「以實售虛」戰略體現在哪些方面？
2. 結合該案例，分析如何利用文化營銷戰略來運作一個新產品。

案例6　東聖酒業競爭戰略

質量是市場競爭的通行證，企業要想在市場競爭中勝出，必須加強質量管理，生產符合規定要求、滿足消費者期望的產品。在中國白酒業競爭慘烈的市場上，「好四川東聖酒」便是憑藉其堅如磐石的產品質量贏得了消費者的青睞，開拓了一片藍天。

一、公司概況

四川東聖酒業（集團）有限公司（以下簡稱「東聖酒業」）位於成都平原北部素有中華酒鄉之稱的綿竹市。公司始建於1982年，是從事酒類、乳製品和飲料等生產銷售的地方大型民營企業，下有三個分廠（綿竹東聖酒廠、川竹酒廠和川酒王酒廠）兩個子公司，現有員工500餘人，其中各類中高級職稱管理人員、專業技術人才100餘人。

東聖酒業在發展過程中始終堅持「質量求生存」的宗旨，視質量為企業生命，以現代高科技與傳統工藝相結合，選用優質高粱、大米、糯米、玉米和小麥為原料，汲取天然礦泉，精心釀制的有濃鬱古蜀漢酒風格和性能的「東聖」「蜀漢王」等5個品牌30餘種系列酒，均嚴格執行（國標）GB/T10781.1-89、GB/T118591.1-89及Q/20526912-8.1-2003標準。東聖酒業以強大的質量保證贏得了消費者的信任，產品暢銷全國21個省市自治區。1999年，「東聖」牌聖糧液被四川省人民政府授予「金獎產品」稱號；2000年「東聖酒業」被省政府確定為「四川省非公有制經濟200強重點發展企業」，通過了ISO9001：2000國際質量體系認證；2001年，「東聖」商標被四川省人民政府授予「四川省名牌產品」稱號；2002年，被四川省質量技術監督局授予「四川省質量免檢產品」稱號；2006年，被四川省質量技術監督局授予「質量信譽等級AAA級企業」。

東聖酒業的成功理念：

「四大追求」的成功使命：追求社會繁榮昌盛；追求顧客最大滿意；追求員工價值實現；追求事業興旺發達。

「四至」的成功價值觀：至精、至美、至善、至誠。

「四百」的成功精神：百煉成鋼的育人精神；百事不苟的過硬精神；百折不撓的奮鬥精神；百戰必勝的成功精神。

「四維」的成功哲學：理性維——以科技為本；人性維——以人為本；運動維——以創新為本；時空維——以市場為本。

「四誠」的成功道德：忠誠待人；忠誠做事；忠誠理念；忠誠事業。

東聖酒業的企業使命：

釀千年美酒　助人人成功

用智慧釀酒　用酒釀智慧

用酒助成功　用成功創業

二、案例聚焦

中國的白酒市場品牌林立、競爭激烈，尤其是酒鄉綿竹，大大小小的酒廠之間的競爭尤為慘烈，東聖酒業之所以能歷經二十多年的風雨而更加旺盛，原因就在於，在東聖酒業二十多年的經營運作過程中始終堅持「以質取勝」。

1. 推進中度酒

東聖酒業在 1998 年前主要生產原酒，1998 年后開始生產瓶裝酒。當時，董事長鐘坤明先生以成功企業家特有的敏銳眼光，覺察到隨著人民生活水平的日漸提高，消費者的飲酒習慣正在發生微妙的變化，於是，在他的帶領下，東聖人開始了為期三個月的市場調研，瞭解消費者的需求偏好。詳盡的調研之后，東聖酒業將自己的產品定位於 42 度、45 度中度酒。在今天看來，這一舉措也許毫無新奇之感，但在當時，作出這一決定却是冒了很大風險，因為那時中國大多數白酒生產廠家的產品定位是 52 度以上的高度酒。東聖中度酒的推出，受到了消費者的青睞，更是挖掘並引導了消費者的需求，對中國中度酒的全面推廣起到了很大的推進作用。

東聖中度酒之所以暢銷，董事長鐘坤明先生給出了秘訣，關鍵在於東聖酒質量的穩定性。經過多年的經營，東聖酒形成了酒體豐滿、開瓶生香、入口醇和、回甜甘滑、余尾爽淨以及喝了不上頭、不口渴等酒體風格，這是東聖酒的核心競爭力所在。儘管酒的度數有所下降，但酒體指標本身的協調性並未因此而被破壞。酒體質量的穩定性使東聖人開拓出了一片新的廣闊市場。

2. 加強質量管理

酒的質量是否合格關乎中國千萬人民的健康，鐘坤明先生深刻明白其中的道理。東聖酒業從當初作坊式的為其他廠家提供基酒的小廠發展到現今的集團公司，始終堅持的是視質量為生命的理念。創業之初，東聖酒業就確立了自己的質量方針和目標。到了 20 世紀 90 年代初，公司管理層又制定了「創名牌、增效益」的總體目標，並迅速在公司上下推廣，設置質量部，總攬從原輔材料進廠到產品出庫的每一個環節的質量管理工作，在關鍵工序上建立質量控制點，嚴格規範生產工藝，並重視研發成果的推廣。同時，公司還不斷購進、更新技術設備，添置氣相色譜儀、分光光度計和烘箱等半成品化驗設備，將傳統的人工釀造逐漸轉化為機械化、自動化，進一步提高了東聖酒的質量穩定性與可靠性。此外，公司還注重技術研發，將年銷售收入的 2% 作為技術研發專項資金，同時，公司還與大專院校聯合，提升自身的研發水平。

2000 年，東聖酒業順利通過了 ISO9001 國際質量體系認證。談到認證工作的整個過程，鐘坤明先生的一句話令人感觸頗深：做企業就是解決困難。在整個認證的過程中，確實出現了許多困難，認證工作的繁瑣性也許正是今天許多公司將其拒之於門外的原因之一。當時，東聖酒業成立了「貫標辦」，負責整個公司的認證工作。為了轉變全體員工的意識，鐘坤明董事長親自為員工講解質量認證的好處及相關知識。正是這種知難而進的精神，使東聖酒業擁有了輝煌的今天。鐘董事長談到，認證過程雖然曾經出現了許多困難，但是通過解決這些問題和困難，東聖酒業日漸成熟起來，認證前后公司在多個方面發生了很大的變化，管理水平上升到一個新臺階，產品的質量更加

穩定可靠。

　　3. 創建學習型企業

　　高質量的產品要有高素質的員工作保證，東聖酒業在發展進程中始終將提高員工的素質作為重中之重，而提高員工素質的方法唯有學習。在東聖酒業的「成功手冊」中列有十一條與學習有關的內容，其中有一條寫道「東聖是一所大學，在這裡學思維、學知識、學能力、學方法、學研究環境、學做人。你在這裡最大的受益是學習」。的確，東聖酒業這樣說了，也這樣做了。多年來，東聖酒業摸索出了一套行之有效的學習方法。首先，公司選送有潛力的中高層員工到科研院所進修學習。這裡的學習不僅是「為學習而學習」，每位員工在學習的過程中要不斷將自己的學習心得、所學到的知識傳達回公司，讓大家看到自己的進步。公司通過這種方法，加大了進修員工的學習壓力，同時也提高了他們的學習積極性和效率。其次，每週五上午都是中高層員工例行的學習時間，各個部門選派人員輪流上臺，為大家講解本部門工作的相關知識。公司還隔三差五地聘請廠外知名專家學者為員工「充電」。最後，創建學習幫扶小組。由於公司員工的文化水平存在差異，同樣的知識，他們理解與接受的程度往往不同。針對這種情況，東聖創建了「學習幫扶小組」形式，由已經理解並接受了新知識的員工負責幫扶未能理解的員工。這樣，提高了學習效果和效率，營造了良好的學習氛圍。通過以上方法，公司還可以發現有能力有潛力的人才作為培養對象進行培養。

　　4. 培養品牌文化

　　白酒與中國文化血肉相連，是中華文化最具特色的部分，是中華文化的載體。東聖酒品牌文化的培養正是參透了其中的道理。

　　綿竹位於美麗富饒的成都平原北部，這裡山重水復、田疇千里、土地肥沃、人文興盛，被唐人讚為天下七十二福地之一，自古有「小成都」之美譽。綿竹氣候濕潤，冬無嚴寒夏無酷暑，極利於釀酒微生物群生長。土地為黃酸性土，礦物質異常豐富，境內多泉水群，水質清澈甘美……得天獨厚的自然條件造就了綿竹源遠流長的釀酒歷史。先秦時期綿竹釀酒已成規模，蜀漢三國時綿竹酒已負盛名。東聖酒業正是抓住了中國歷史上「三國」這一特定的時期，長期堅持對蜀漢文化的訴求，收集、整理並撰寫了「東聖蜀漢酒文化傳說」十二篇文章，推出了「蜀漢王」「宴桃園」和「借東風」等高檔特色的蜀漢酒，形成了獨特的品牌文化。此外，東聖古蜀漢酒無論在包裝還是廣告宣傳等方面一貫貫徹古蜀漢酒文化風格，以諸葛亮鞠躬盡瘁的精神為企業酒魂，追求質量個性，精工操作，深受消費者認同，並且留下了深刻難忘的印象，許多品牌甚至成為白酒收藏愛好者的收藏對象。東聖酒蜀文化內涵已深入人心。

　　5. 營銷戰略與策略

　　優質的產品還需好的營銷方法的支撐，東聖酒業創造了獨特的市場營銷戰略與策略。

　　（1）兩個名牌並舉，「三個名牌」齊步走的營銷戰略。

　　「東聖」系列酒為四川省政府命名的省級名牌，「散仙」「散大王」是原酒著名品牌。利用這兩個名牌，加上「四川大酒鄉，綿竹小酒鄉」等美譽，大力宣傳東聖酒的地理優勢和蜀漢酒的文化優勢；充分利用東聖酒業是四川省八大原酒基地之一的美稱

大力宣傳「散仙」「散大王」兩個原酒名牌。

在兩個名牌並舉的基礎上，東聖酒業實施名牌、形象和企業文化三個名牌齊步走的戰略。蜀漢酒文化的古樸加上時代精神，凝結成既反應時代潮流又融合古人智慧的品牌文化，「智慧與成功」成為東聖酒的象徵。

（2）獨具特色的營銷策略。

東聖酒業在「三個名牌齊步走」的營銷戰略指導下，形成了獨具特色的營銷策略。

第一，長期文化訴求策略。東聖酒業始終注重品牌文化的培養，而長期的文化訴求對品牌文化的形成具有重要作用。東聖酒業經過多年的發展，已經將蜀漢文化與之緊密聯繫在一起。

第二，兔子先吃窩邊草策略。俗話說：「兔子不吃窩邊草。」但是，東聖人卻認為，兔子要吃窩邊草。因為：第一，吃窩邊草相對來說更省時省力；第二，吃掉窩邊草也是一種領地佔有行為；第三，在窩邊樹立標杆市場，也是品質與實力的象徵；第四，有利於市場操作手法的研討、複製和推廣。綿竹是酒的故鄉，這裡也盛產名蓋天下的國家名酒。可以想像，綿竹酒市場競爭的激烈程度。東聖酒業過去長期為名酒廠供應基酒，其酒品質卓越，加上東聖人在酒的生產過程中更加注重質量、文化的個性訴求，推行全過程服務，注重宣傳自己，最終，東聖不僅在綿竹站穩了腳，而且在四川市場的佔有率也得到了很大提升。

三、案例評析

著名的戰略專家邁克爾・波特指出，企業的競爭優勢（Competitive Advantages）是指一個企業能夠以比別的企業更低的成本提供同樣的價值或以同樣的成本提供更高的價值。波特還提出了三種基本的競爭戰略：低成本戰略、差異化戰略和集中化戰略。雖然波特的競爭戰略理論由於其時代的局限性而受到學者們的批評，但是，我們卻無法掩蓋其中的熠熠光輝。從波特對競爭優勢的定義中，我們可以看出，一個企業的競爭優勢具有如下特點：第一，體現用戶看中的核心價值，企業只有能夠為用戶提供超過競爭對手的價值，才能贏得用戶的青睞；第二，獨特性，企業的競爭優勢必須是企業所獨有的，競爭對手難以模仿或超越；第三，系統性，企業的競爭優勢必須能夠充分發動企業內部的所有資源，使之成為一個緊密聯繫的整體，只有這樣，企業的力量才能發揮到極致；第四，動態性，企業的競爭優勢必須隨企業所面臨的內外環境的變化而具有一定的動態性。競爭優勢需要時刻地學習與創新來維持和提高。

隨著科學技術的不斷發展，低成本與差異化已不能保證企業能夠獲得競爭優勢，企業間競爭的核心發生了變化，質量已成為企業間競爭的重心。質量管理也從過去的生產過程管理轉變為今天的以客戶滿意為導向的全過程管理。現代企業管理的實踐證明，質量管理是企業競爭力的核心。在中國中小企業普遍壽命較短的今天，東聖酒業能從一個作坊式的小廠成長為中國白酒市場上具有重要影響力的酒業集團公司，其競爭優勢的獲得、驕人業績的取得，與其始終堅持質量是企業的生命這一觀點分不開。

1. 質量管理的消費者導向

企業競爭優勢的獲得體現在消費者的「貨幣投票」上，而消費者的滿意度又是企

業能夠獲得更多「貨幣投票」的基礎。因此，迎合客戶需求、提高客戶滿意度是企業行動的基礎和根本所在，也是企業質量管理的基礎。東聖酒業的成功就是從滿足消費者的需求開始的。東聖酒業是中度酒的推進者，在絕大多數白酒生產商都將產品定位於高度酒的情況下，東聖酒業却「冒天下之大不韙」，大膽地將酒的度數降低，如圖1所示。

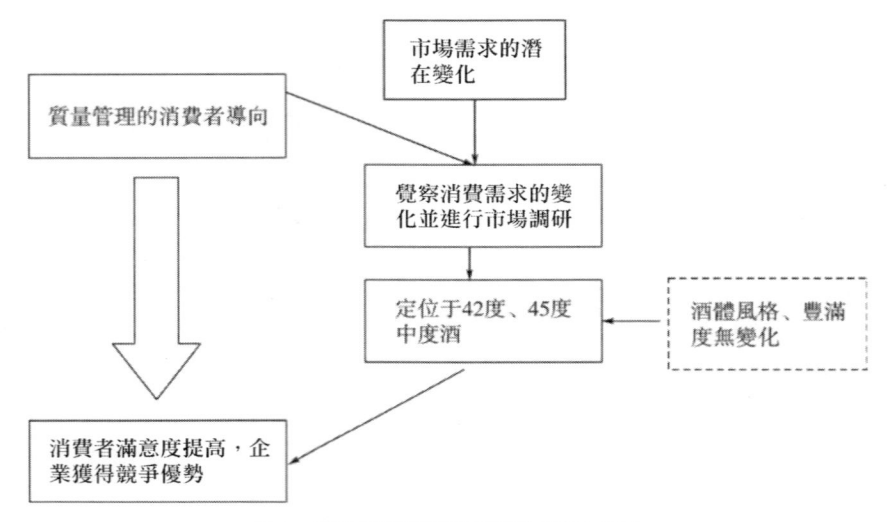

```
                    ┌──────────────┐
                    │市場需求的潛  │
                    │在變化        │
                    └──────┬───────┘
                           ↓
┌──────────────┐   ┌──────────────┐
│質量管理的消費│──→│覺察消費需求的│
│者導向        │   │變化並進行市場│
└──────────────┘   │調研          │
                   └──────┬───────┘
                          ↓
                   ┌──────────────┐   ┌──────────────┐
                   │定位于42度、45│←──│酒體風格、豐滿│
                   │度中度酒      │   │度無變化      │
                   └──────┬───────┘   └──────────────┘
                          ↓
                   ┌──────────────┐
                   │消費者滿意度提│
                   │高，企業獲得競│
                   │爭優勢        │
                   └──────────────┘
```

圖1　東聖酒業質量管理消費者導向理念

東聖酒業這一舉措的成功得益於兩個方面：第一，迎合了消費者的需求，隨著人們生活水平的提高，人們的飲酒習慣也在發生微妙的變化，飲酒變得越來越「文明」了，高度酒充斥的市場急需中低度酒的出現來挖掘並滿足消費者的需求，東聖酒業公司正是覺察到了這種變化並做出了正確的決策；第二，酒的質量始終如一。

東聖酒多年來以酒體豐滿、清澈透明、開瓶生香、入口醇化著稱，這也是東聖酒受廣大消費者喜愛的特點之一。東聖酒業在降低酒的度數的同時，保證了自己核心競爭力的穩定性。

2. 質量管理的學習導向

質量管理不是個人行為，而是全員、全過程、全企業的行為，全員參與是保證質量管理成功的基礎，而全員參與要依靠員工觀念的轉變、素質的提高以及員工的積極性，然而這些都要靠學習型企業的創建。

學習型企業是指那些能夠敏銳地覺察到環境的變化，通過制度化的機制或有組織的形式捕獲信息，管理和使用知識，從而增強群體能力，對各種變化進行及時地調整，使企業作為一個整體系統能夠不斷地適應環境變化而獲得生存和發展的一種新型組織形式。學習型組織具有的基本特徵：第一，將學習放在戰略地位。第二，濃厚的學習氛圍。第三，企業內部系統的有機整合。

東聖酒業堪稱學習型企業的典範。創建二十多年來，一直將組織學習作為自己的奮鬥目標。「四百」的成功精神之一便是「百煉成鋼的育人精神」，他們認為，企業即

人，企業與人是一個不可分割的整體，有了成功的人才會有成功的企業，企業先「生產」人，才生產產品。東聖酒業以人為本，重視全員的培訓、參與和激勵。

正是在這種精神和理念的指引下，東聖酒業員工的素質日漸提高。當初，鐘坤明先生率領大家參與ISO9001：2000國際質量體系認證時，有些職工很難理解，因為這是一項費時、費力又花錢的「苦差」，如今，全體員工的觀念發生了重大的轉變，他們積極參與質量管理的持續改進，遵循P（計劃）—D（實施）—C（檢查）—A（改進）的PDCA循環工作程序，在生產與管理的每一道工序、每一個環節，都堅持100%的產品合格率。

3. 質量管理的技術研發與創新

質量證書的獲得並不能保證企業具有較強的競爭力，在技術進步迅速的今天尤為如此。若企業在產品結構、技術性能等方面堅持幾十年一貫制，不能滿足消費者的需求，競爭優勢從何而來？獲得質量認證，無法取代企業通過技術研發與創新而帶來的競爭力的提高。競爭力源自創新。根據熊彼特（J. A. Schumpeter）的創新理論，創新是對新產品、新過程的商業化及新組織結構等進行的搜尋、發現、開發、改善和採用的一系列活動的總稱。提高質量與技術創新相輔相成，質量是科技物化的結果和表現，沒有一定的科學知識就無法設計出滿足人們生產和生活需要的產品，沒有一定的技術就不能保證產品具有所需的特性，企業的競爭力就不能提高。技術創新是產品質量提高的前提條件，技術創新必然帶來產品質量的提高，提高產品質量要求技術創新。只有將質量管理建立在技術創新能力的基礎之上，並使質量管理和技術創新相互協調，企業才能在激烈的市場競爭中立於不敗之地。

資料來源：揭筱紋. 戰略管理——概論、案例與分析 [M]. 北京：清華大學出版社，2009.

思考題：

1. 東聖酒業成功的關鍵是什麼？
2. 企業質量管理成功的關鍵體現在哪些方面？

案例7　洋河發展戰略

一、藍海戰略空間

如果脫離整個產業背景，僅僅從技術層面、操作層面、技巧層面上獲得成功，那只是一個小成功、一個短暫的成功。只有站在宏觀的高度，從促進產業發展的層面上獲取成功，才是大成功，才是可以持續的成功。「洋河」作為名酒企業，我們希望站在行業未來走向的戰略層面上去思考自身的發展問題，這也是我們經常提到「藍海戰略」的原因。洋河集團董事長楊廷棟如是說。

《東方酒業》2007年6月曾刊發對楊廷棟的獨家專訪《思考，是一種責任》，文中楊廷棟站在產業發展的高度上暢談現代白酒面臨的問題。該文在行業內引起強烈反響，以致在當年7月召開的首屆白酒東方論壇上，他的觀點更成為會議討論的熱點，受到

與會企業領袖的高度讚譽。

1.「藍色經典」：淡雅型濃香的「綿柔」發力

自 1979 年被評為老八大名酒以來，「洋河」一直與「瀘州老窖」共同被譽為濃香型白酒的典型代表。但是，「瀘州老窖」代表的是川派濃鬱型濃香，以「香」為主；「洋河」則代表了黃淮板塊的淡雅型濃香，以「味」為主。二者展示的是不同的流派風格。

由於諸多歷史原因，以往很長一段時間，以「洋河」為代表的淡雅濃香型白酒一直在市場上身處弱勢。而以「瀘州老窖」為代表的川派濃鬱型濃香白酒則一直「稱霸」酒業，這一流派締造出了「瀘州老窖」「五糧液」，「劍南春」「水井坊」「國窖 1573」等一大批優秀白酒品牌。前些年，無論消費者還是業界同仁，在提到濃香型白酒時，關注更多的往往是「瀘州老窖」「五糧液」，而不是「洋河」。

新世紀的到來，似乎一切都在改變。伴隨生活和消費水平的提升，白酒消費逐漸向「淡雅」傾斜，由「吃香」轉向「吃味」。在這種消費大背景下，由楊廷棟主持，經過數年市場摸底和悉心研發，「洋河藍色經典」於 2003 年橫空出世。她在繼承「洋河大曲」傳統「淡雅」風格基礎上，對生產工藝、口感風味進行了大幅度創新調整，形成了「低而不淡、高而不烈、綿長而尾淨、豐滿而協調、飲后特別舒適」的典型個性風格特徵，確立了「綿柔型」的獨特風格流派。

著名白酒權威沈怡方先生給「洋河藍色經典」以極高評價：其品質是在準確把握白酒消費需求變化的前提下、在繼承民族傳統優秀工藝基礎上的一次劃時代創新和提升，實現了專家口味與消費者口味的完美統一，最大限度滿足了當今消費者的全新需求，是企業「生產導向型」向「消費導向型」的根本轉變。

借助自身豐厚的工藝、技術、產品和品牌資源，「洋河」構建起區隔於競爭對手、極具差異化的巨大競爭優勢，並確立了「中國綿柔型白酒領袖品牌」的重要戰略地位。五年來的發展證明，其戰略定位是成功且極深謀遠慮的。2007 年，誕生五年的「洋河藍色經典」銷售業績突破 14 個億。這不能不說是白酒營銷史上的又一奇跡。

2. 第三極：中國白酒的東部崛起

2007 年 9 月在中國白酒協會組織的一次產業政策研討會上，一位行業領導面對與會眾多行業巨頭不無幽默地說：前幾年沒有人看重「洋河」，近幾年是沒有人敢小覷「洋河」。2007 年，「洋河」在前一年的高增幅基礎上又增長 70%，銷售突破 24 億元；稅收同比增長 82%，達 6.18 億元；主營業務全行業排名第五，發展速度全行業第一。

在白酒行業，「國酒茅臺」和「五糧液」不僅分別代表了黔酒和川酒，而且也分別代表著中國白酒的重要兩極。隨著「水井坊」和「國窖 1573」的橫空出世，高端白酒市場開始呈現更為重複的競爭格局。但就目前而言，白酒行業仍未出現讓人信服的第三極力量。

「第三極」不僅僅是一個單一品牌的崛起，還必須是一個產業板塊的崛起。洋河酒廠的傲然崛起及其主導品牌「洋河藍色經典」的出色表現，讓我們感到白酒行業第三極的爭奪將異常精彩。由此業界人士認為，「洋河」的崛起，充分展現了白酒產業的東部崛起之勢。「洋河」不僅已經成為黃淮名酒帶的重要代表企業，而且還是「蘇魯豫皖

四省聯動」的核心推動者。

2004年，首屆「蘇魯豫皖四省峰會」恰恰在「洋河」召開。加快濃香分流步伐，發展淡雅濃香型風格，順應白酒消費需求變化，四省協同合作，謀求黃淮白酒板塊崛起，改變中國白酒東弱西強的競爭格局，這正是「四省峰會」的深謀遠慮。目前這一目標已初步達成，而「洋河」正是以其異常驕人的發展業績，成為東部白酒崛起的成功典範。

3. 藍海戰略：傳統白酒業的現代化啓蒙

有評論認為：「洋河」既是傳統白酒的繼承者，更是現代白酒的開拓者。作為老八大名酒之一，「洋河大曲」已有500余年生產歷史，隆盛於明清，為清皇室貢品。1915年和1923年，「洋河大曲」連獲巴拿馬和南洋博覽會金獎，聞名海內外，曾與「茅臺」「瀘州老窖」等老名酒擁有同樣輝煌的歷史。

但當眾多名酒企業不惜筆墨、紛紛講述歷史和傳統的時候，「洋河」却「放棄」500年釀酒史不談，反其道而行之，打起了現代白酒大旗。楊廷棟董事長在不同場合多次強調：「隨著白酒消費的升級，傳統白酒與現代生活方式和消費理念之間存在矛盾，它們之間至今沒有找到很好的結合點。」事實上，現代化正是傳統白酒走向國際市場不可迴避的關鍵問題。也許正因為有了這樣一個思考，2007年「洋河」成了「首屆白酒東方論壇」最堅定的支持者和白酒新文化論壇的首倡單位之一。

在首屆中國白酒東方論壇上，楊廷棟發言認為：白酒不是沒有與現代生活的結合點，而是缺少發現。可以通過重樹中華酒風讓白酒喝得文明、高雅起來，把白酒獨特的功能因子帶來的健康概念在全行業、全社會中樹立起來，賦予白酒全新的文化理念和產品價值觀，使之與現代人的生活方式、消費理念順利接軌。他強調這是現代白酒產業的使命與責任。

「洋河」正用行動詮釋楊廷棟這一理念，用「洋河藍色經典」演繹著白酒與現代生活的融合之道，從而啓蒙了這樣一場中國白酒新文化。近年來，伴隨生活質量和消費水平的提高，人們消費白酒，特別是中高價位白酒，已成為一種新的情感寄托與交流方式，他們對白酒的物質與精神需求都在發生變化。「洋河藍色經典」的成功，恰恰是圍繞這兩大「需求」尋找到與「現代生活」的結合點。

一方面，綿柔型的產品特色，從物理層面上滿足了白酒消費從「吃香」到「吃味」的全新需求；另一方面，「洋河藍色經典」更從精神層面上找到了與「現代生活」的最佳結合點：那就是「藍色的博大」與「男人的情懷」。海之深為藍，天之高為藍，夢之遙為藍。「藍色」既是「洋河」的傳統符號特徵，又是這個時代的符號，是開放的象徵，是時尚的標誌，是未來的亮麗。「洋河藍色經典」用「藍色」演繹了現代人對寬廣、博大胸懷的追求和人生恆久不變情懷。

二、關於「藍海戰略」的訪談

1.「綿柔型」崛起是白酒品質發展的必然趨勢

「洋河藍色經典」是淡雅濃香型白酒的典型代表，是淡雅濃香型白酒的「綿柔」發力，其崛起有其必然性。

淡雅型濃香白酒的發展，是黃淮白酒板塊不斷探索的產物，是黃淮板塊的氣候環境、釀酒原料、釀造工藝發展的必然結果，也是白酒產業多元化發展的必然趨勢。早在1992年，《釀酒》雜誌上發表的題為《四論濃香型白酒的流派》專業論文中，明確提出了濃香型白酒存在黃淮派的「淡雅型」和川派的「濃鬱型」兩大流派的觀點。「濃鬱型」以「香」為主，「淡雅型」以「味」為主。

但是，與川派的濃香型白酒的平穩發展不同，淡雅型濃香白酒的發展歷盡坎坷。在計劃經濟向市場經濟轉軌的過程中，蘇魯豫皖四省很多企業大量購買四川原酒，然後進行勾兌。這種急功近利的經營模式最終造成黃淮板塊本身風格的流失，培養了消費者對濃鬱型濃香產品的消費嗜好，打擊了黃淮白酒的發展。

2000年後，黃淮白酒板塊逐漸覺醒，各省主流企業紛紛恢復自家發酵、自家生產原酒，淡雅型濃香白酒才慢慢抬頭，除了「洋河藍色經典」之外，「雙溝珍寶坊」「今世緣國緣」「淡雅美酒古井貢」「泰山特曲」等都是淡雅型白酒的典型代表。

除了工藝層面的必然性，白酒消費趨勢變化也給淡雅濃香型白酒崛起提供了市場基礎。隨著生活水平的提高和飲食結構的變化，國內消費者口味逐漸清淡化，白酒消費逐漸從「吃香」向「吃味」轉變。「洋河」研製出「綿柔」型口感的白酒，實現了專家口味與消費者口味的完美統一。它是在準確把握消費者消費習慣變化的前提下、在繼承民族傳統優秀工藝基礎上的一次劃時代創新和提升，最大限度地滿足了當今消費者的最新需求，是企業「生產導向型」向「市場導向型」的根本轉變。

2.「藍色風暴」影響不可估量

自2003年年底「洋河藍色經典」上市以來，它們在白酒行業掀起了一場藍色風暴。對白酒行業來說，這場風暴已經超出了「藍色經典」案例本身，它的創新精神已經對中國白酒營銷史產生了不可估量的影響：

第一，「洋河藍色經典」的成功速度影響深遠。截至2007年，「洋河藍色經典」這一單一品牌累計銷售額已經超過24億元人民幣。僅2007年就突破14億元，其成長速度連續超過70%，甚至是100%，這是中國白酒營銷史上絕無僅有的。

第二，「洋河藍色經典」的成功，對老名酒復興參照意義重大。雖然「茅五劍瀘」已經成為行業成長的標杆，但是它們的基礎是一般酒廠無法比擬的，對行業參照意義不大。「洋河藍色經典」却演繹了一個二線名酒奇跡復興的經典案例，並且是通過一系列可以複製的操作創新實現的。這對全國廣泛存在的地方名酒企業具有極高的參照意義。

第三，「洋河藍色經典」進行的營銷系統創新，在中國白酒營銷史上堪稱經典。從產品看，它一舉打破了大紅、大黃的白酒產品風格，讓藍色成為一種獨特的風景線。從價格方面看，它拉動了江蘇白酒市場中高檔價位的檔次，使得150元以上的終端表現成為二線品牌的可能，並順利解決了順價銷售、剛性價格體系控制的難題；從渠道看，它大幅度採用了「終端盤中盤」和「消費者盤中盤」的創新渠道運作理念和方法，啟動市場效率首屈一指；從品牌和促銷看，它重塑了「綿柔」的消費者物理價值和「男人的情懷」的消費者精神價值，並一舉打破了價格促銷的俗套，消費者忠誠得以建立、維持和不斷強化。它不是某一項要素的成功，它是4P營銷組合的系統成功，

它直接將白酒營銷競爭推到系統優勢的新階段！

3. 三比三看考量「洋河」發展

「洋河」發展之快，可用「三比三看」來考量。第一個是比上年看速度，「洋河」2007年銷售同比增長超70%，在持續增高的情況下仍然保持高速增長。第二個是比同行看排名，「洋河」排名越來越高，「洋河」曾幾何時排名在20名左右，被遠遠甩在了八大名酒之外。到2006年，「洋河」重新回到八大名酒行列，排名第七，2007年行業主營業務排名第五。第三個是比區域看貢獻，貢獻越來越大，2007年「洋河」上繳稅收達6.18億元，比上年增長82%，2006年繳稅是3.39億元，占宿遷財政的十分之一。所以看貢獻，「洋河」越來越大。

考量2007年，「洋河」發展得很好，表現在「三同步」：第一個是經濟增長與產品結構調優同步，「洋河」的經濟增長與產品結構調優，與區域市場結構調優實現了同步增長。「洋河」的經濟增長大部分來自於板塊市場、樣板市場和戰略市場的增長，大部分來自於主導產品「洋河藍色經典」的增長，所以這個增長帶來「洋河」的可持續增長。第二個同步是經濟增長與轉變發展方式同步，國家提出來要轉變整個發展方式，提出科學發展觀，最基本的就是要從粗放式增長轉變為集約式增長，「洋河」在集約式增長上有了很好的體現，也就是「兩高兩低」，兩高是高效益、高技術含量，兩低是低排放、低消耗，2007年「洋河」在這方面頗具作為。第三個同步是經濟增長與可持續發展同步，胡錦濤同志提出的科學發展觀，其內涵基本可描述為全面、協調、可持續發展。洋河人不僅在2007年實現了可持續發展，而且在2008年還可以贏得更高速增長，因為「洋河」已實現了環境資源可持續、人力資源可持續、市場資源可持續，是按照科學發展觀的指導來實現戰略發展的，所以理性分析「洋河現象」，用「又好又快」來評價並不為過。

4.「洋河」的不足與調整

對於洋河目前的發展可以做兩個評價：第一，目前在發展水平上，「洋河」已有「品牌」基礎；第二，未來「洋河」的發展還有非常大的壓力。

現在看來，「洋河」的主營業務是行業第五位。下一步「洋河」將進入白酒行業寶塔尖上的競爭，這需要競爭手段更高超，搏擊能力更強勁，因為前四位無論品牌的影響力還是資本的實力，包括借助多方面資源整合企業運作能力上，都是行業內的佼佼者。「洋河」與它們相比，還有一些不足，需要進一步趕超。

我們認為，「洋河」的不足表現在四方面：第一，從整個品牌的支撐力來看，洋河跟川、貴白酒板塊相比還有明顯不足，「洋河」品牌的支撐力從全國範圍講尚不如「茅臺」「五糧液」，不如「瀘州老窖」「劍南春」；第二，從全國市場佈局來看，「洋河」才剛剛起步，與「茅五劍瀘」相比，洋河的市場面還遠不如它們普及；第三，在競爭的資本實力上，「洋河」的資產總值，包括目前「洋河」資本的實力與前四強相比，也還存在不小差距；第四，洋河自身的競爭力依然不足，在新的發展形勢下，「洋河」在人力資源和生產要素的儲備上，都需要一個快速擴充。

因此，站在這四個不足基礎上談「洋河」的戰略定位，是不現實的。洋河現在的任務是彌補不足，通過學習、借鑑創造自身的競爭優勢。只有這樣，洋河才可能逐步

縮小與「茅五劍瀘」間的差距。

如何彌補不足？主要從三方面著手：第一是繼續豐富「洋河」的品牌精神內涵，提升品牌形象。應該說，「洋河」走了一條與其他「四大品牌」不同的品牌道路，洋河已經在現代白酒品牌占位上取得了相對優勢，下一步將力爭放大這一優勢。第二是繼續累積綜合實力，這是個長期的戰略實施過程。第三是市場運作繼續堅持兩條腿走路：江蘇省內市場進一步實現全區域、全渠道、全價位高密度覆蓋；全國市場拓展則要打造幾個真正的根據地式的先導型市場，進一步擴大全國化的力度，讓「洋河」真正成為走向全國化的大名酒品牌。

資料來源：http://www.lmst.com.cn/docview.php3? keyid=13299

思考題：

1. 洋河「藍海戰略」成功實施的有利條件有哪些？
2. 洋河的「藍海戰略」有何啟示？

案例 8　寧夏紅競爭戰略

新經濟時代的企業營銷面臨的主要問題是如何建立和管理企業的品牌。誰擁有了強有力的品牌，誰就擁有了競爭的資本。寧夏地區的枸杞產業一直停留在干果、鮮果的初級加工階段，其品牌優勢沒有得到有效的培育和提升。「寧夏紅」的發展揭示了這樣一個道理：品牌源自不斷創新。對於寧夏紅來說，成功的最大秘訣就是創新。

一、案例背景

（一）生態環境優越

寧夏枸杞原產地主要由四大區域組成，即：衛寧灌區（中寧、中衛）、清水河流域（固原、同心、海原一帶）、銀川河套地區和銀北地區（平羅、惠農）。上述四大區域屬大陸性氣候，光照資源豐富，日照時間較長，年日照時數 2,000 小時以上；有效積溫高，晝夜溫差大，晝夜溫差一般在 10℃～15℃；無霜期較長，土壤條件好，土層深厚，主要為灌淤土、灰鈣土，含有豐富的有機質和多種微量元素，土地肥沃；水資源豐富，黃河流經寧夏 397 千米，灌溉網路發達；產地遠離工業區。以上獨特的地理環境為枸杞的生長提供了一個天然的綠色生態環境。

（二）栽培歷史久遠

據史書記載，早在明清時期，寧夏就開始人工種植枸杞，廣泛用於醫藥保健，至今已有 500 多年的歷史。

（三）藥用價值極高

明代藥物學家李時珍在《本草綱目》中對枸杞的藥材性能、主治病症和服用方法進行了論證，列出了 32 個傳統醫藥方劑。《本草匯言》認為，「枸杞能使氣可充，血可補，陽可生，陰可長，火可降，風濕可去」。現代醫學也對此形成了共識，《中華人民共和國藥典》明確規定：「藥用枸杞子為寧夏枸杞的干燥成熟果實。」中華人民共和國

醫藥管理局指定寧夏為全國唯一的藥用枸杞產地。

新中國成立初期，寧夏枸杞產量只有141噸，1958年達到502噸，由於歷史的原因，1982年又下滑到253噸。為擺脫困境，自治區科委組織有關科研力量從新品種培育、成分分析、藥理研究和綜合利用等方面開展了系統研究，取得了大量有價值的科研成果。由於科技的推動，寧夏枸杞產業出現了較大的變化：從1984年起，種植面積超過2萬畝（1畝=666.67平方米）；1987年枸杞產量突破千噸大關；到2000年，種植面積已達到131,800畝，產量也達到4,800噸；2001年銀北地區從2萬畝發展到5萬畝，銀川地區從3萬畝發展到5萬畝，銀南地區從5.3萬畝發展到9萬畝，西海固地區發展到1萬畝，全區發展到20萬畝，在國內占據絕對優勢，許多種植基地業已形成。隨著枸杞獨特的食用價值、營養價值和保健藥用價值被越來越多的消費者所瞭解，市場消費量與日俱增，寧夏枸杞創造了價格連年攀升的奇跡。近幾年，寧夏枸杞種植面積以年均30%以上的速度遞增。2006年，全區枸杞種植面積已增加到50萬畝，總產量突破8,000萬千克。枸杞飲料、果酒市場方興未艾，各種枸杞保健品和精深加工產品前景看好。

寧夏香山酒業集團從1997年生產白酒起家，以產品的高品質、多系列及成功的競爭戰略，迅速占領寧夏及周邊市場，企業聲譽與經濟效益不斷上升，隨即進行改制，兼併國有中小企業，走上了多元化、集體化的發展道路。2000年4月，收購中寧枸杞製品廠；2002年3月，新產品「寧夏紅」枸杞保健酒在西安「全國春季糖酒商品交易會」上一炮打響，創下歷屆糖酒交易會新產品參展成交的最高紀錄；來自全國28個省區市的150個大中型城市的商家簽訂產品訂貨合同189份，合同金額達4.87億元。2003年，新的技改項目完成，「寧夏紅」的生產能力由年產5,000噸提高到20,000噸，營銷網路遍布全國28個省、市、自治區和200多個中心城市，迅速發展成為寧夏農業化產業化的龍頭企業。寧夏紅枸杞產業集團有限公司是寧夏回族自治區重點扶持的非公有制骨幹企業、農業產業化國家重點龍頭企業。公司依託「中國枸杞之鄉」寧夏中寧縣得天獨厚的資源優勢，通過現代高科技手段對枸杞鮮果加以提升精煉，開發出具有鮮明地方民族特色的寧夏紅「枸杞果酒」。「寧夏紅」的推出適應了目標市場的需求，準確的市場定位使其在不長的時間裡迅速「走紅」。該公司生產的「寧夏紅」酒，以其優良的保健品質、精美的外殼包裝、適宜的廣告載體和充滿東方女性美的形象展示，隨著「每天喝一點，健康多一點」的廣告主題詞，一時間成為紅遍大江南北的著名品牌，成功地在一個不太發達的地區找到了通往成功的路。「寧夏紅」健康果酒在2002年不到一年的時間裡就取得了1.4億元的銷售成果，在當今品牌競爭極為激烈的酒類市場，應該是一個奇跡。據全國主要市場的反饋信息，「寧夏紅」的提示知名度和未提示知名度均高居品類第一，已成為健康果酒的品類代表，當之無愧成為枸杞產業深度加工產品的品類代言人。在寧夏，「寧夏紅」成為外地遊客和公務商務人士必然帶回的禮品，在中高檔的酒樓宴會中，「寧夏紅」已成為健康飲酒的主選品牌。作為中國獨創的果酒——枸杞酒產業，正面臨著巨大的市場機遇。枸杞酒開創了酒的新品類，是全世界第一個用鮮果釀造的枸杞果酒。目前，寧夏紅已具備每年兩萬噸的果酒生產能力，枸杞果酒低溫發酵技術屬於國內首創；在產品的創新方面，寧夏紅已經擁有了

20多項獨特的專利技術；在枸杞果酒的研發上，已經擁有了完全自主知識產權的技術體系，並建立了博士後工作站和科研技術中心。近期，寧夏紅酒業集團被評為「中國最具競爭力100強企業」之一，排名第53位，「寧夏紅」與茅臺、五糧液和水井坊等名酒一起，入選中國最具影響力的20個酒類品牌，已成為世人公認的寧夏名片。在海外，枸杞酒也正在贏得高度認可。目前，「寧夏紅」枸杞酒已經打入日本、蒙古市場；在韓國炙手可熱，價格超過「茅臺」；獲得美國FDA（美國食品安全認證）註冊；與加拿大國際貿易公司簽訂了41萬美元的銷售合同。

二、案例聚焦：「寧夏紅」的品牌發展戰略

（一）存在的問題

寧夏香山酒業集團的創建者張金山以其戰略的眼光和過人的膽識，首先從酒類的生產與消費趨勢及近年一些大企業的重大調整中，看準了保健型果酒的發展前景；其次是從多年來寧夏枸杞加工業的現實中發現，開發枸杞產品搞低水平重複建設沒有出路，生產保健型枸杞酒必須在技術上有所突破，將原來的用干（鮮）果浸泡改為用鮮果釀造，突破傳統工藝和方法，才能將享譽海內外的寧夏中寧枸杞加工成符合現代潮流的保健型果酒；他迅速採取了一系列有效的措施，例如收購縣屬國有企業、聯合國內權威科研機構作技術依託、及時籌措資金更新設備、實施技改項目、組織營銷網路、強有力的宣傳及企業文化等。

張金山在帶領企業發展的過程中發現，要實現其品牌戰略必須解決好以下問題：

1. 枸杞酒消費推廣及普及力度不夠

論原料的知名度及美譽度，國內恐怕沒有任何一種酒可以跟枸杞酒相比，但枸杞酒是一個新興的酒種，目前推廣形式較為單一，主要是通過兩家生產經營企業在電視媒體上做些廣告而已。眾所周知，單靠一兩個企業根本無法勝任該工作，這就需要整個枸杞行業的共同努力，也需要地方政府及行業協會發揮作用。前幾年在乳製品協會的帶領下，大搞一杯牛奶壯大一個民族的宣傳，結果使整個乳製品行業獲得飛速發展。

2. 飲酒習慣及偏好

飲酒文化的差異，造就了中國人特殊的飲酒習慣。在國外，果酒尤其是葡萄酒主要用於佐餐，提倡美食配美酒，而且已習慣天天飲用；而在中國，天天喝酒的人並不多，但喝起酒來就要盡興，因此，酒精度數與價格是影響人們消費酒類產品的兩個主要參數。國人已普遍接受了白酒及啤酒，黃酒、葡萄酒還處在宣傳引導階段，更別說出生才兩年多一點的枸杞酒，除去純粹商業促銷行為，靠自然流通及指名購買，枸杞酒問津者依然很少。雖然習慣可以改變，但需要一段較為漫長的時間。

3. 價格

枸杞酒價格比人們日常飲用的啤酒、白酒要貴得多，白酒一桌一兩瓶就差不多，但是枸杞酒可能需要一箱。在酒店，酒的價格比外面高出一倍多，在這裡消費對比心理價影響著消費者的消費行為。舉例來說，一瓶500ML的12度枸杞酒價格在100元左右，一桌6個客人，則最少要喝4~6瓶枸杞酒才能勉強過癮，酒水價格在400~600元左右，這時，大部分消費者會放棄選擇枸杞酒而喝一瓶茅臺或五糧液，因為從感受和

顏面而言，后者帶給消費者的滿足感是枸杞酒無法比及的。

4. 管理混亂

目前，枸杞酒還沒有統一的標準，這就直接導致枸杞酒在酒精度、保質期和原汁含量等指標及產品分類和命名方面五花八門、怪象百出，因此在各地技術監督局的質檢抽查中問題頻繁出現。2003 年，國家廢止了半汁型葡萄酒行業標準，但很快又出現了兩個標準之爭，時至今日却是兩個標準共存，於是各種葡萄酒產品魚目混珠，嚴重傷害了消費者的信心，而寧夏枸杞酒正在重蹈葡萄酒尤其是通化葡萄酒的覆轍。

5. 市場定位錯位、營銷人才缺位

產品必須成功地確認一個可生存的市場細分板塊，否則將無法取得差異化優勢，只能成為一個銷售「我也是」產品的公司。

酒是一種感情的載體，它主要通過酒精刺激飲用者的感官及神經使其得到不同程度的感官滿足。有人提出了「器官經濟學」「體驗經濟學」的理論，很是形象地概括了酒精飲料的功能及效用。

中國是一個禮儀之邦，飲食文化源遠流長。在日常生活中，菸酒是承載人們傳情達意、聯絡感情的重要工具，因此也就有了無酒不成席、無酒不成禮、菸酒不分家的說法。酒因消費場所、消費人群的不同，消費酒的品種也不一樣。例如高檔酒樓是商務應酬的場所，以馳名白酒及葡萄酒消費為主；在酒吧、歌廳等娛樂場所是啤酒和葡萄酒的天下；大眾餐飲及家庭飲用多為中低檔白酒及啤酒。那麼枸杞酒的目標市場究竟在哪裡？

枸杞酒以健康果酒的身分闖入消費者的視線，但在果酒市場，葡萄酒占去了 90% 以上的市場份額，留給其他果酒諸如蘋果酒、青梅酒和枸杞酒的市場空間不足 10%。十幾年來，葡萄酒產銷量一直徘徊在 30 萬噸左右，經過幾十年的發展，其今日修為和地位又豈能是別的果酒能正面較量或輕言取代的？

目前，寧夏枸杞酒企業未能建立有效的執行體系，專業營銷管理人才是營銷工作中的執行力，沒有執行力談何競爭力？營銷政策的制定及執行都需要依靠專業人員來完成，而大多數寧夏枸杞酒企業因經營理念、用人觀念和資金鏈短缺等因素根本無力為其搭建這一平臺。目前，寧夏枸杞酒行業專業營銷人才極度匱乏，這也直接導致了大部分企業的營銷行為不倫不類，除了概念炒作、嘩眾取寵外，更多的是江湖術士行為。目前充斥這個行業的「生命不息、跟風不止」的現象就是最佳例證。

6. 原料基地建設

目前，寧夏枸杞種植面積達 20 萬畝，但大多為個體農戶經營管理。如葡萄酒一樣，釀造高品質的枸杞酒，就需要高品質的枸杞鮮果。由於枸杞鮮果的特殊性，對採摘、保鮮的時間要求很嚴格，而這些方面一般種植戶難以做到，這就需要企業自建或與農戶聯合經營枸杞原料基地，科學種植、科學管理、科學採摘直至送進企業的發酵車間。此外，為取得規模經濟優勢、降低成本，有實力的企業應在原料基地建設方面加大投資。

市場定位模糊，目標市場有限且不成熟是困擾枸杞酒的一大難題。枸杞酒最大的賣點是其功能——健康，而大部分喝酒的人對這一點並不是很在乎，他們追求的是酒

精的效果。其實，有三類人在買酒時會注重健康：一是收入高且會喝酒的人，這類人有著科學的飲酒習慣，但他們通常會選擇品質好的葡萄酒或白酒，而且這部分人不多；二是中老年人，辛苦了大半輩子，比較重視健康問題，所以愛喝保健酒或吃保健食品；三是自己不喝，購買目的是當作禮品送人的人，這部分消費主要是禮品酒。

（二）「寧夏紅」的品牌創新戰略

品牌是地方經濟實力的象徵，是振興地方經濟的關鍵。「寧夏紅」的發展揭示了這樣一個道理：品牌源自不斷創新。對於寧夏紅來說，成功的最大秘訣就是創新。

1. 產品創新：中國「波爾多」第一品牌

眾所周知，法國是世界葡萄與葡萄酒生產王國，而法國的葡萄與葡萄酒又以波爾多地區最為著名。「波爾多」歷經數百年發展，在世界葡萄酒市場上享有盛譽。而寧夏紅則依託得天獨厚的「枸杞之鄉」的地域優勢，打造出了「中國波爾多」的概念。

世界的枸杞在中國，中國的枸杞在寧夏，中寧作為「寧夏紅」的原料種植基地，這裡光照充足、有效積溫高且晝夜溫差大，發源於六盤山與黃河交匯處的山洪衝積土壤礦物質含量極為豐富、腐殖質多、熟化度高、灌溉便利以及水質獨特，正是這一獨特的地理環境和小區域氣候為枸杞生長提供了最優越的自然環境，從而使中寧縣成為中國枸杞的發源地，成為中國「枸杞之鄉」。就世界範圍來看，中寧枸杞產區的特殊地位可以與法國波爾多葡萄產區的地位相媲美。中寧枸杞早已聞名遐邇、獨領風騷。但特產只是一種地域資源，要真正發揮其特色優勢，還必須通過產業鏈的鍛造，孵化出一種提升這種特產資源高附加值的產業助推器，使資源優勢變為經濟效益優勢。

「寧夏紅」獨具慧眼，在充分研究中寧枸杞的資源現狀和產業發展的基礎上，聯合國內權威科研院所，引進一系列高科技生產設備和新工藝，從鮮果的採摘到原酒的形成，幾十道生產工序無不精益求精，嚴格工藝。通過對枸杞鮮果清洗、精選、高壓菌制、真空脫氣、發酵精釀以及高溫瞬時滅菌等，在傳統的釀造工藝基礎上，結合現代生物食品技術釀製而成的低度「寧夏紅」枸杞酒，將枸杞釀造提升為方便、天然、安全、營養和健康的日常飲品。既充分保留了枸杞鮮果的色、香、味之優點，又使其產品具有更易被人體吸收等特點。「寧夏紅」集團巧妙地利用得天獨厚的原產地優勢，在枸杞原產地打造出獨樹一幟的「中國紅酒」品牌，並向世人展示了與法國波爾多地區齊名的「中國紅酒」的獨特魅力。

2. 概念創新：健康飲酒、飲酒健康

21世紀消費者的健康意識更加突出。張金山開始了新的思考和探索：人們幾千年沿襲下來的飲酒方式與飲酒文化，如何注入時代的新內涵？如何確保健康的營養，又不失飲酒的氣氛？

結合對市場和消費者的瞭解，張金山發現了新的市場機遇，並確立「健康果酒」的產品定位，率先提出了「健康飲酒、飲酒健康」的時尚消費觀念，以全新的果酒消費方式給予人們充滿人性與健康的關懷，對傳統飲酒消費方式進行革命性引導，讓健康的飲酒觀念深入人心。

「寧夏紅」義無返顧地舉起了中國健康果酒的大旗，造就了果酒消費的新時代。「紅色智慧」聚人氣、奪商機，獨具差異化的親和式營銷行為極大地吸引了消費者的注

意力。「寧夏紅」實現了多贏，知名度迅速飆升，產品年生產能力率先突破20,000噸。「寧夏紅」的出爐，瞬間創造了一個奇跡，憑藉其獨特的品質，銷售網路覆蓋全國28個省區的800多個地縣，並出口到日本、韓國、加拿大、中國香港、不丹等國家和地區市場，銷售網路逐步健全，並已成就了部分重點銷售區域。

國內果酒泰門，惜言如金的中國食品發酵研究院頂級專家郭其昌先生評價：「寧夏紅」枸杞酒的誕生是一項科學技術方面的創新，更是中國酒行業發展的重大突破，是對人類健康做出的貢獻。「寧夏紅」的崛起，使中國消費市場上又增添了一個著名品牌。

寧夏紅一舉打破了白酒、啤酒和葡萄酒三分天下的中國酒類傳統格局，為酒類市場帶來新鮮的力量，為中國果酒的發展注入一支強心劑，開創中國果酒類新紀元。

3. 渠道創新：果酒行業率先信息化、專業化

對於一個企業來說，擴大市場佔有率和品牌影響力、增加產品的市場份額，是其孜孜追求的終極目標。在這個過程中，產品的優劣、品牌知名度的高低及營銷手段的合理選擇都將對其市場的開拓產生深遠影響。但是，所有這些是否都能夠成功轉化為市場銷售的動能，還要依賴於企業營銷管理手段的選擇。

困擾糖酒、食品行業的一個主要問題即在於企業對銷售終端的掌控不強，無論企業政策的有效推廣、資金的成功回收還是市場網路的鋪墊建設都受到渠道中間環節的嚴重制約。因此，眾多龍頭企業均在積極尋求解決這一問題的方法，都在尋求管理手段的突破，以達到市場份額的提升。

隨著企業的發展，「寧夏紅」已經在全國範圍內建立起較為完善的營銷網路，此時，總裁張金山和其帶領的團隊以嶄新的視角和戰略性的眼光審視企業的發展，建設性地對營銷網路進行規劃與改進，用深度分銷、渠道精耕的管理思路和方法指導銷售業務，以期在全國範圍內增強對終端市場的掌控力度。「寧夏紅」通過長期的考察和選型，借力「國鏈網」的深度分銷管理平臺實現渠道精耕。

通過信息化的專業管理平臺對渠道加以管理與維護是科學掌控渠道分銷鏈條的必要手段。因此，總裁張金山認為，網路的作用對於當今的生產企業來講，不再是簡單的信息傳遞「工具」，而是一種高效管理的「通路」與未來管理競爭的「手段」，應予以高度重視。

張金山說：「企業經營管理手段的改造，是關乎一個企業興衰存亡的大事，我們需要的不只是一種工具或是一套系統，而是一個企業發展過程中可以相濡以沫、榮辱與共並具有高度專業水平和先進服務理念的合作夥伴。同時希望借助一個跨行業、多企業、資源共享的信息管理平臺，使企業可以通過直屬的基層銷售管理隊伍，對市場銷售終端進行有效管理，使『企業大腦』所發出的各項指令可以良好地傳達到各銷售網點的『市場神經末梢』，並及時得到各類市場回饋信息，使中國960萬平方千米的廣大市場盡收於方寸之間。」

「寧夏紅」已經為打造世界枸杞第一品牌的戰略目標邁出了堅實的一步。2006年，寧夏紅將借助國際資本市場的力量，實施產業和品牌發展戰略，以更高的層次、更大的競爭實力再掀強勁的「紅色風暴」。圍繞枸杞產業，寧夏紅還將以「健康飲酒、飲酒

健康」的全新理念，打造枸杞產業鏈，打造世界枸杞之都，讓枸杞從寧夏真正走向全國、走向世界。

作為國家農業產業化重點龍頭企業的寧夏香山集團，以「寧夏紅」枸杞果酒成功帶紅了長期沉寂的枸杞產業。2005年，以「寧夏紅」為代表的枸杞果酒年銷售額突破15億元大關，一舉打破了白酒、啤酒和葡萄酒三分天下的中國酒業格局。枸杞果酒激活了寧夏枸杞產業，枸杞產業的大發展帶動了農民增收。

「寧夏紅」董事長張金山說，枸杞是寧夏最具特色的農業資源之一，其社會價值被廣泛認同。但長期以來，受各種條件的限制，這一資源一直處於以賣原材料為主的原始加工狀態，沒有成熟的、高附加值的專業深加工產品，更沒有品牌，致使枸杞市場一直停滯不前，甚至出現萎縮局面，極大地挫傷了農民的種植積極性，出現了反覆砍樹還田的現象。

2000年4月，「寧夏紅」經過市場調研、營銷策劃和產品研發，一方面對原有設備進行了改造，另一方面與中國食品工業研究所、南昌中德聯合研究院等國內權威科研機構結成了戰略合作夥伴，經過兩年多時間，採用現代生物發酵技術與傳統技術相結合的方式，打造出了具有自主知識產權的「寧夏紅」枸杞果酒。其主要特點是最大限度地發揮枸杞「抗癌保肝，治虛安神，補腎明目，益壽延年」的功效。

該公司生產規模已達兩萬噸，年可消化鮮枸杞兩萬噸，引進了義大利全自動生產線，按照GMP標準建造了新的生產車間，建成了一流的開放式觀光車間設施和觀光基地。為適應市場需要，目前公司正在不斷擴大生產規模。

目前，「寧夏紅」已形成了輻射全國各省、自治區、省會城市、地級城市、部分縣級城市、部分鄉鎮的銷售網路。「寧夏紅」吸引了更多目光關注寧夏、關注枸杞，增加了枸杞的整體消費能力，培育了枸杞的市場消費群體，帶動了寧夏乃至全國的枸杞產業發展。參與的資本超過6億元，參與的勞動力超過100萬人，逐漸成為中國又一新興朝陽產業。

張金山認為「寧夏紅」還應重點開拓海外市場。目前，已在美國及東南亞的五個國家和地區分別通過馬德里國際註冊和逐一國家申請方式首批申請註冊商標30個，為「寧夏紅」國際目標市場的拓展取得了通行證。

據寧夏回族自治區政府政策研究室調研，以「寧夏紅」為代表的枸杞果酒企業已有幾十家，至少帶動了全區5萬農戶依靠枸杞產業增收致富，有25萬人加入了枸杞種植和深加工領域。在枸杞收穫時，摘枸杞手工費每千克達1元，鮮枸杞價格也從2001年的每千克1.5元增長到目前的4元左右；干枸杞從每千克6.5元增長到12元左右，最高達到16元左右。區內外至少有100家企業介入了枸杞深加工領域，形成了一個以「寧夏紅」為龍頭的枸杞產業大軍，促進了枸杞產業的大發展。

（三）面對的競爭對手

經過2002年、2003年兩年的快速發展，進入2004年，枸杞酒的發展步伐明顯慢了下來。按市場佔有率劃分，「寧夏紅」是該行業的領導者，恒生西夏王的「杞濃」是一個強有力的挑戰者，其餘均為跟隨者。目前，該行業集中度高，「寧夏紅」與「杞濃」占據了90%之多的市場份額。

枸杞酒兩大品牌「寧夏紅」「杞濃」眼下都面臨著同樣一個問題：缺乏拉動需求、滿足大眾消費的中低價位產品。為爭奪這一塊市場，它們將相繼開發出自己的中低價位產品，同時調整完善自己的產品結構及價格體系。現有企業以人們熟悉的方式爭奪市場份額，戰術應用上通常是廣告戰、價格戰、增加服務和推出新品。市場跟進者受財力、開發能力的限制，大多會選擇價格戰來推出低價位產品，繼而拉動大盤價格走低。

　　同為一種酒，但在包裝、口感及酒體顏色方面大相徑庭的產品在全國實屬罕見，但這一現象却在枸杞酒行業發生了。「寧夏紅」是該行業的領導者，扁瓶型、大紅包裝，酒體為紅色；「杞濃」是挑戰者，波爾多瓶包裝，酒體為金黃色，兩者的產品風格迥異。「寧夏紅」是該行業的締造者，其扁瓶型、大紅包裝處處透著喜慶、吉祥，與枸杞產品的內涵及文化巧妙地融為一體，可以說該包裝在寧夏紅初期市場開發的攻城拔寨中，功不可沒。但隨著市場的發展，該包裝的弊端也暴露出來。首先，在國人的包裝意識中，果酒的瓶型應該是那種裝葡萄酒的瓶子，雖然他們並不一定能叫出那是「波爾多」瓶或「萊茵瓶」，而且，果酒一般不用外包盒（禮品酒除外）。其實，大家稍加留意不難發現，在商場超市，寧夏紅枸杞酒幾乎全與白酒陳列在一起。其次，紅顏色本為一種暖色，炎炎夏日，看到產品心裡就發熱，又有幾人願意飲用？「杞濃」雖然在包裝上迴歸果酒，但「寧夏紅」先入為主，其標新立異戰略製造的消費壁壘，使「杞濃」的包裝優勢在短時間內還無法凸現。「寧夏紅」枸杞酒雖然定位於健康果酒，但其包裝、功能及效用都與保健酒的訴求契合，而且消費者十之八九也認為其是保健酒，如果，寧夏紅保持現有包裝及釀造工藝不變，其出路就是被列入保健酒行業。

三、案例評析

（一）核心競爭力培育的關鍵在領導

　　品牌戰略的基礎是培育核心競爭力，而對核心競爭力的培育的關鍵在領導，領導者所特有的企業家稟賦將帶領企業走向成功。心理學家斯騰伯格的成功智力理論認為，智力包括三個方面：一是分析性智力，是指對形式和問題的分析和思考能力；二是創造性智力，是指發現和發明的能力；三是實踐性能力，是指將設想和決策變為實施方案並組織貫徹實踐的能力。香山酒業的案例無疑為斯騰伯格的理論作了成功的註釋。香山酒業集團的創建者張金山的分析性智力表現在：他從酒類的生產與消費趨勢及近年一些大企業的重大調整中，看準了保健型果酒的發展前景；他的創造性智力表現在他從多年來寧夏枸杞加工業的現實中發現，開發枸杞產品搞低水平重複建設沒有出路，生產保健型枸杞酒必須在技術上有所突破，將原來的用干（鮮）果浸泡改為用鮮果釀造，突破傳統工藝和方法，才能將享譽海內外的寧夏中寧枸杞加工成符合現代潮流的保健型果酒；他的實踐性能力體現在他迅速採取了一系列有效的措施，如收購縣屬國有企業、聯合國內權威科研機構作技術依託、及時籌措資金更新設備、實施技改項目、組織營銷網路、強有力的宣傳及企業文化等。

（二）品牌戰略要求賦予品牌鮮明的個性化特徵

　　品牌戰略要求賦予品牌以企業的核心能力與消費者需求高度匹配為出發點進行匹

配定位，並賦予品牌鮮明的個性化特徵。隨著買方市場的形成，消費者購買商品除了為得到實用價值，還在於產品帶來的附加利益。企業應針對消費者情感訴求點，結合企業提供的產品與服務的特點進行定位，使品牌具有本身的獨特性與不可替代性；突出品牌優勢，不僅能向消費者提供使用價值，還能滿足心理和精神的需求。沒有特色的單一模仿和騎牆戰略會獲得短期利益，但最終會失敗。

「寧夏紅」快速發展的意義不僅在於它是一項對科學技術方面的創新和中國酒行業發展的重大突破，打破了白酒、啤酒和葡萄酒市場三分天下的中國酒類傳統格局，最重要的是，「寧夏紅」掀起了一個產業風暴，將枸杞資源優勢變成產業優勢，將產業優勢變為品牌優勢，將品牌優勢變為了經濟優勢。同時解決了「大農業」和「小市場」之間的矛盾，起到了連接農戶與市場的橋樑和紐帶作用。

（三）品牌戰略必須地方化、民族化

世界經濟發展的歷史證明，只有地方化、民族化的東西才能世界化。實施品牌戰略必須與國情和企業資源的具體情況結合起來，使之符合企業實際財力、品牌營銷能力和特定的市場環境條件，立足於長遠，實現可持續發展。世界的枸杞在中國，中國的枸杞在寧夏；但特產只是一種地域資源，真正發揮其特色優勢，還必須通過產業鏈的鍛造，孵化出一種提升這種特產資源高附加值的產業助推器，使資源優勢變為經濟效益優勢。寧夏紅集團巧妙地利用得天獨厚的原產地優勢，在枸杞原產地打造了獨樹一幟的「中國紅酒」品牌，並向世人展示了與法國波爾多地區齊名的「中國紅酒」的獨特魅力。

（四）品牌價值需要不斷的再創造

市場環境在不斷變化，品牌定位也需要不斷創新，通過創新與競爭者拉開差距，通過創新不斷使其產生新的生命力。

在實施品牌戰略的過程中，創牌難，保牌更難。世上沒有一成不變的東西，要使開發的品牌成為名牌，長久地被消費者認可，就需要持之以恒的維護，就需要不斷創新來維護品牌價值；縱觀許多「短命」品牌，原因雖有不少，但不注重品牌價值的持續創造是其中一個主要原因。

「寧夏紅」是中國民族特色的果酒，是一個獨創的酒類新產品，是酒家族中的一個新成員。面對日趨激烈的市場競爭，「寧夏紅」經過多年的培育、鍛造和提升，以其卓越的品質、發達的銷售網路、完善的售後服務、現代化的管理模式以及創新的經營理念，塑造了良好的品牌和企業形象，成為了國內和寧夏經濟增長的一個亮點。

（五）實施品牌戰略，應向規模要效益，不斷擴大市場佔有率

企業要想創出自己的品牌，必須具備一定的規模和實力，世界前50個馳名商標都屬於規模龐大、實力雄厚的世界500強企業所有。以品牌產品為龍頭組建大型企業集團，可以有效克服部門和地方條塊分割，存量資本難以流動以及增量資本難以集中的弊端，按市場效益原則實現資源的合理配置，同時使高效企業得以發展壯大，更進一步增強競爭實力。目前，寧夏紅已具備每年兩萬噸的果酒生產能力，營銷網路遍布全國28個省、市、自治區和200多個中心城市。據全國主要市場的反饋信息，「寧夏紅」的提示知名度和未提示知名度均高居品類第一，已成為健康果酒的品類代表，當之無

愧成為枸杞產業深度加工產品的品類代言人。

（六）結論

新經濟時代的企業營銷面臨的主要問題是如何建立和管理企業的品牌。誰擁有了強有力的品牌，誰就擁有了競爭的資本。毫無疑問，未來的營銷是品牌之間的生死較量。企業的品牌從默默無聞發展成為一個著名的品牌，是一個從小到大的過程，是和企業成長的生命週期密切相關的，必須不斷經營。

資料來源：揭筱紋. 戰略管理——概論、案例與分析［M］. 北京：清華大學出版社，2009.

思考題：

1.「寧夏紅」的競爭戰略能否被競爭對手效仿？
2.「寧夏紅」的競爭戰略如何進行調整？

案例9　劍南春發展戰略

一、劍南春如何與茅臺、五糧液三分天下

對於中國酒類企業來說，要在未來的市場競爭中占據競爭優勢，必須要強化「三點一線」的核心競爭要素：資源優勢、品質保證、文化內核力以及市場推廣力。劍南春在近10年的市場操作中，在深刻把握行業發展脈搏和自身優劣勢的前提下，緊緊把握著這「三點一線」的市場思維，強化鞏固了行業領導者的市場地位。

自1998年到2008年的10年來，隨著白酒行業的市場整合，作為行業老三的劍南春正面臨著一系列的發展困惑，正可謂內憂外患。第一集團軍的茅臺、五糧液借助資本和品牌的力量不斷突破市場，和劍南春的差距不斷拉開；而以洋河、稻花香等為代表的后起之秀二名酒也在攻城拔地，向上延伸，衝擊劍南春市場。如何鞏固和維護其行業領導者地位，成為劍南春迫切需要解決的戰略問題。建立行業標準，引領行業發展方向，提高二名酒市場壁壘成為劍南春營銷的發力點和著腳點。

劍南春「第一集團軍」企業戰略將會受到茅臺、五糧液的巨大擠壓。「茅五劍」是劍南春自始至終堅持品質戰略的結晶，對品牌優勢產生了巨大的號召力。消費者將劍南春和茅臺、五糧液並駕齊驅，也驗證了其行業第一集團軍的市場位置。如果短時間內劍南春偶然退居第三就不必大驚小怪，然而在逐漸進入壟斷競爭的當代白酒品牌中，「三四」法則的神祕作用將更加趨於現實，也就是說穩居第一軍團第三的劍南春，一旦退出了前三名（第四名以后），那就意味著劍南春的強勢即將被削弱，這與劍南春自身的縱向發展無關。所以無論是劍南春集團自己還是行業研究人員，鑒於對強勢名酒負責的態度，都應該及時地辯證地積極地加以細研。然而，依據「三四法則」中的第一、第二、第三名的穩定性規律，第三所面對的要比第一和第二有著更多更不確定因素的挑戰。隨著中國白酒行業高端白酒壟斷競爭環境的不斷加劇，劍南春能否穩居第三就多了更大的變數，要弄清變數的方向，就必須先弄清劍南春成為行業第三的歷史和淵源。

老牌名酒率先打破中高端市場格局，劍南春失去了第一輪競爭的主動權。2000 年之前，從全國意義上來看，高端白酒真正意義上只有茅臺、五糧液；劍南春、瀘州老窖占據中高端白酒市場。2000 年之后，是中國高端白酒品牌戰略較量的轉折年，也是「茅五劍」高端三巨頭地位開始受到戰略性和現實性衝擊的起始年。2002 年，第二集團軍的全興大曲推出了水井坊，瀘州老窖的國窖 1573 也橫空出世，導入比「茅五劍」價位還要高的超高端市場，來勢之猛，發展之快使整個業界震驚。然而，劍南春却遲遲沒有推出高端產品，始終占據百元左右中端市場霸主地位。區域二名酒復甦與異軍突起，形成了對以中高端市場為主的劍南春的直接衝擊。近 5 年來，二名酒可以用「比學趕超」來形容。向第一集團軍衝擊幾乎是所有名酒的一致口號，最為突出的就是古井貢酒、洋河以及郎酒等。而幾乎所有的二名酒均是以區域市場為突破，劍指中高端市場。江蘇洋河酒業憑藉藍色經典引發的藍色風暴，2007 年銷售一舉突破 24 億元；山西汾酒異軍突起，全年實現銷售收入 18.47 億元，同比增長 20.91%；古井貢酒在新任老總曹杰的帶領下，已經發出了向一線名酒衝擊的號召。安徽口子窖盤中盤魔咒，發力終端餐飲市場，迅速進入 10 億元俱樂部；四川郎酒改制后，採取群狼戰術，迅速崛起。區域二名酒的異軍突起，從很大程度上直接衝擊了定位中高端的劍南春、瀘州老窖的地位，也改變了中國白酒的勢力範圍。

劍南春借助年份酒的事件行銷，四招打造高端品牌形象。即：第一招：劍南春告訴消費者什麼是高端白酒？高端白酒的標準是什麼？第二招：劍南春告訴消費者年份酒有標準，年份酒可以鑑別。第三招：文化內核力營銷，打造劍南春百年品牌核心競爭力。第四招：「標準 100%，夠年份」，15 年劍南春成功借勢營銷。具體如下：

核心思路：通過資源整合，劍南春告訴消費者什麼是高端白酒？高端白酒的標準是什麼？資源整合更多的是從企業自身優勢出發，整合企業內外部市場資源，進行最大化、最優化配置，以期達到市場效果最大化。劍南春實施的基酒資源整合的「純糧固態發酵標準」公關行為以及謀求上市以獲得資本支持就是很好的資源整合戰略。自 2005 年以來，對於中國白酒行業競爭來說，競爭的核心要素已經逐步從「依靠終端、渠道」為重心的渠道戰轉移到以「基酒資源」為重心的資源戰上。誰控制最上游資源，誰將引領行業走向。這些上游資源包括原料資源、基酒資源、社會資源以及資本資源等，而占據行業上游的基酒資源，就能夠有效控制未來競爭的「源動力」。劍南春集團年產能 6 萬噸白酒，名酒劍南春為 6,000 噸。2006 年實現銷售額 25 億元，2007 年銷售額達到 32 億元。對於名酒劍南春來說，其市場是持續與穩定的。

關鍵字：「高端白酒」「純糧固態發酵」「中國食品工業協會」「人民大會堂」「劍南春」「第一」。

這些關鍵字背後凸顯的是什麼？「純糧固態發酵標準，中國高端白酒身分證」就是劍南春資源整合營銷最大的一張王牌。凸顯的是劍南春的巧妙的嫁接營銷戰略。第一，劍南春作為和茅臺、五糧液並列的第一集團軍，有能力、有責任對行業負責，對消費者負責。在消費者普遍的「高價酒＝高端酒」「好包裝＝高端酒」的迷茫的情況下，劍南春第一個從技術層面上提出了「純糧固態發酵工藝」是「高端白酒身分證」的口號，並且通過最權威的機構——中國食品工業協會，在人民大會堂進行新聞發布。劍

南春成功占據了高端白酒行業標準的領頭羊位置，品牌形象大大提高。劍南春是第一個將「技術力」轉化為「營銷力」的企業。對劍南春來說，純糧固態發酵標誌認證具有巨大的品牌「推力」。白酒將被清晰地分成兩個世界——純糧固態發酵白酒和非純糧固態發酵白酒。

2005年6月，幾乎在一夜之間。在北京火車站廣場旁邊，樹立起巨大的戶外廣告牌：「純糧固態發酵標誌 高端白酒身分證」「劍南春第一個獲得純糧固態發酵標誌」。緊跟其後，劍南春一場聲勢浩大的「純糧固態發酵標誌」在全國拉開序幕。時隔三年，劍南春第一個倡導的「純糧固態發酵標準」已經成為白酒行業普遍遵循的產業標準。而受益最大的，就是劍南春。2005年5月13日，中國食品工業協會在人民大會堂召開新聞發布會，宣布劍南春首家通過「純糧固態發酵白酒標誌」審核並頒發證書，成為第一個獲得該標誌的中國名酒。劍南春是第一個提出酒體設計理論的企業，也是第一個將納米技術運用於白酒科研並首先獲得突破，繪製出各大名酒「基因圖譜」的企業，技術力量非常雄厚。

千年歷史，獨門工藝。「唐時宮廷酒，今日劍南春」，劍南春宮廷御酒的歷史文化背景和千年不遂的工藝傳承，再加之最近劍南春遺址的考古大發現（2004年中國考古十大發現之一），無疑成為劍南春首家通過標誌認證的最好註腳。因此劍南春有必要對全社會進行廣泛的宣傳，一方面要告知消費者「純糧固態發酵白酒標誌」的意義和作用；另一方面要宣傳劍南春是首獲認證標誌的中國名酒。純糧固態發酵法是中國累積千年的傳統白酒工藝，在世界六大蒸餾酒中享有獨一無二地位（唯一採用固態發酵法的酒種），工藝神奇、獨特，是中國白酒的真正代表。標誌認證顯示出政府對民族特色釀酒工藝的保護、提倡，具有全國性消費導向作用，而劍南春則是「消費導向」指示的第一個目標，因而將非常引人注目。

第一個市場推廣，將技術力轉為營銷力。作為第一家通過認證的劍南春，在宣傳上的優勢也非常大。「文化與品牌的核心是（質量）誠信、可靠，該標誌就是誠信、可靠的證明。通過該標誌，你可以理直氣壯地對消費者說：『我是誠信、可靠的！』就劍南春而言，這也是對他們堅持千年傳統生產工藝的證明與肯定，有利於將它的技術優勢轉化為營銷力！」

反觀劍南春資本戰略——上市之路路漫漫兮。作為行業領導者的「茅五劍」，目前只有劍南春依舊沒有借助資本的力量。而茅臺、五糧液借助資本的力量，進一步鞏固和強化了行業領導者的市場地位。劍南春一直在謀求上市之路，以尋求資本，做大規模，適時進軍國際市場，鞏固行業前三位置；做強品牌，提升品牌含金量，向真正意義上的第一集團軍進軍。為此，一方面劍南春借勢國內資本尋求資本，另一方面劍南春也試圖在香港上市。劍南春核心領導人穩健的性格已深深融入到了劍南春的戰略發展中：不求第一，不追第二，只求做強。無論是時髦的廣告轟炸或者概念炒作，無論是借雞下蛋式的買斷經營或者OEM營銷模式的大獲成功，劍南春似乎都不為之所動。其十年來，緊抓白酒的核心價值——產品質量和核心品牌——劍南春不驚不躁地穩步推進、步步為營。

年份酒泛濫，消費者質疑。年份酒面世以來，以其稀有、珍貴、精美和風味獨特，

迅速風靡市場，受到高端消費群體的追捧，個別名優品牌年份酒甚至長期供不應求。此后，受市場啓發和利益驅動，不同規模白酒企業生產的年份白酒開始逐年增多。據行業協會最新抽樣調查測算，銷售額排序前100名的白酒企業中，有近60%推出了年份酒，年銷售額不少於50億元。特別值得關注的是，大量中小型白酒企業也在生產年份酒。隨著年份酒熱銷和生產企業增多，年份酒品牌發展迅猛，標稱的年份越來越長，價格也越賣越貴。由此，年份酒開始受到消費者和輿論的質疑，也引起各級市場和產品質量監督部門的關注，社會上關於規範年份酒生產經營秩序的呼聲越來越高。

　　劍南春第一個站出來從行業的專業角度提出年份酒鑒定標準。八年磨一劍，「年份酒」要釀個明白，神奇「揮發系數」首次判定白酒年份。

　　作為中國白酒行業前三強企業之一，劍南春集團公司這次在公布年份酒鑒定標準的同時，鄭重推出其15年年份酒，進軍千元以上白酒高端市場。這是國內第一家企業公開承諾「100%年份酒」的高端白酒，其真實貯存年份與商品標示年份完全一致。這種底氣來源於劍南春得天獨厚的優越釀酒條件和首創的年份型白酒鑒定技術。據悉，「揮發系數鑑別年份白酒的方法」，目前已申請國家專利。據專家介紹，白酒伴隨貯存時間的延長，呈現綿柔、醇厚、陳香突出的風味，老百姓也習慣認為「酒是陳的香」。但是，如何通過科學手段，準確鑒定白酒貯存年份，卻成為困擾白酒行業和廣大消費者的難題。因為白酒中含有醇、酸、酯、醛類幾百種影響香味和口感的微量成分，其總量卻不到酒體的2%。並且不同香型的白酒生產工藝又千差萬別，產品風格特色千姿百態，而影響白酒特色的風味物質又極其豐富，在目前科技手段下，要想探索出行之有效的白酒和其他蒸餾酒貯存時間的鑑別方法，是世界性的科技難題，國內外酒類企業和管理部門投入很大精力研究探索年份酒的監管方法及其標準，但至今仍難以找到科學有效的方法。

　　巧推廣、巧借勢，建立行業標準：好酒要有量化標準。

　　中國食品工業協會副秘書長、中國白酒專業委員會常務副會長馬勇指出，在目前科技手段下，探索出行之有效的白酒貯存時間鑑別方法屬於世界性的科技難題，劍南春的破題堪稱不易。「劍南春年份型白酒科學鑒定方法」，為中國白酒行業年份酒建立了技術標準，為中國白酒行業健康發展做出了重大貢獻。中國白酒行業未來的發展，需要更多的自主創新，需要誠信的市場環境。這一技術標準，可以影響白酒行業產生新的運行規則和規範。中國食品工業協會和政府有關部門一道，將共同推動建立完善的中國年份型白酒鑒定標準體系，並進一步加強市場監管力度。

　　通過白酒量化標準的推行，一方面劍南春可以有效地強化其在國內市場的中高端市場地位；另一方面，也給劍南春走出國門以更好的保證。多年以來，由於缺乏「定量、定性」式的「數據化」分析，中國的白酒和中藥一樣難以走出國門。儘管歷經多年努力，目前白酒質量鑒評已逐步實現感官評定與理化指標分析的有機結合，但從行業總體水平看，白酒的分析檢測水平依然停留在數據化分析的「模糊」概念上。「劍南春年份酒科學鑒定方法」的問世，最大意義在於：它把白酒質量鑑別的層次，第一次從「模擬信號」變成了「數字化模式」，真正找到了科學化的方法和依據。劍南春要想走向國際化，第一靠標準，第二靠質量，標準已經成為進出口貿易的准入證。發達

國家採取國際產業壟斷的策略就是技術專業化、專業標準化、標準全球化，這是當前國際技術、產業壟斷的一大趨勢。「劍南春年份型白酒科學鑒定方法及其技術標準」的制定，不僅是劍南春一家企業的標準，而且高於國家標準水平的要求。國家標準化管理委員會將進一步對這項技術進行專家論證，用最快的時間將它上升為國際標準，它涉及我們民族白酒產業走向國際的大問題。有了高於國家標準水平的企業內控標準，企業在科研階段就率先搶占了走向國際的先機。

二、劍南春亮相南京秋糖會，創新戰略打造「十三五」百億目標

（一）劍南春「十三五」規劃百億目標，劍指南京高峰論壇

在白酒行業一向以穩健、低調著稱的劍南春，近日，以營銷戰略在「十三五」期間突破 100 億，而震驚整個南京高峰論壇。劍南春集團董事、副總經理喬愚明確規定在「十三五」期間，即：從 2016 年到 2020 年的五年期間，劍南春銷售規模將達到 100 億元。白酒系列 300～400 元的銷售將占據絕對的市場領導地位。

劍南春提出「十三五」規劃之際，中國著名財經評論家水皮和盛初（中國）諮詢集團有限公司的董事長王朝成就行業趨勢做出了深度分析。專家一致認為，在白酒市場面臨嚴峻競爭壓力的情況下，劍南春依然保持著 10% 左右的增幅。其珍藏級劍南春、金劍南、銀劍南發展勢頭良好。截至 2015 年 9 月底，銷售成績已經突破 60 億元大關。劍南春不僅大力出擊打造重要板塊市場，更從實體和虛擬網路兩方面同時出發；以長遠眼光謀求發展，劍南春還將會加強唐文化的復甦交流，發揚歷史文化特色。劍南春綜合市場情況，提出六大戰略營銷計劃，為實現「十三五」勇奪 100 億，打下堅實的基礎保障。

（1）對重點區域進行重點打造，爭取做大做強 3 個 10 億、4 個 5 億、5 個 3 億的產品項目市場。

（2）加強並落實傳統銷售渠道的網點建設，並且在「十三五」期滿之前達到 6 萬個有效網點。網點終端品牌的推廣諸如品牌形象展示、生動化陳列、門頭也是推廣工作的重心。

（3）加強消費者促銷，重視與消費者的有效溝通，新興的溝通方式可以幫助建立有效的溝通途徑和更好的溝通效果，從而鎖定品牌忠實度更高的客戶群，有效建立消費者的大數據庫，並能夠定期回訪維護。

（4）建設水晶劍南春、珍藏級劍南春品牌的同時，積極開發更多的劍南春原酒、紀念版、事件版等來適應新渠道的需求以及消費者個性定制的個性消費需求。

（5）對新興渠道、銷售模式的發展都有所關注，保持劍南春自身的銷售不落後。

（6）經銷商體系也應該有新的氣象，對經銷商進行結構優化，除了建立完善的考評制度之外還要有完美的經銷商進出機制，對不適應水晶劍南春產品營運及惡意破壞市場平衡的經銷商應適時淘汰，對適應認同劍南春發展理念的優質經銷商，也應及時納入體系。

王朝成認為作為中國名牌酒品的劍南春，此次的「十三五規劃」是具備長遠目光的戰略決策，更是新的機遇，以劍南春的實力，必能達到。

（二）劍南春高瞻戰略應對行業競爭挑戰，智取營銷新紀元

伴隨經濟的快速發展，市場品類的擴充進入新常態趨勢，酒類市場的格局也由單一向多元化發展。相關數據表明，紅酒洋酒將會搶占國內傳統白酒的部分市場份額。想要發展，除了守住自己原有的陣地之外，也要積極地開拓新的市場。劍南春在發展自身釀酒技藝的基礎上，在「十三五」規劃中首次提出百億計劃目標，劍南春將一如既往地確定水晶劍南春為公司核心產品，一如既往將中高檔產品做成親民主線，努力穩固提升劍南春作為國內一線品牌的市場影響力，在接下來的工作中，劍南春將結合新的商業模式和營銷策略，並且在強化唐文化的同時加強與消費者之間的直接溝通。劍南春的品牌定位與訴求一直沒有改變，作為「中國白酒價值典範」的劍南春得到了市場和消費者的肯定。

盛唐的河水漣漪的倒影中臨照出劍南春美酒的華章，劍南春當代的釀酒師們盡力追尋這盛唐的氣息，將記載著歲月的原酒之味升沉回旋成悠遠的國風。在市場經濟高速發展帶來的挑戰與機遇中，劍南春將更加積極地參與到市場活動之中，再創中國白酒領頭軍的輝煌。

三、劍南春 2016 年經營策略

2016 年 6 月 28 日下午，四川劍南春股份有限公司（備註：劍南春股份公司數據不代表劍南春集團數據）2015 年度股東大會在劍南春會議中心 3 樓舉行。《四川劍南春股份有限公司董事會 2015 年度工作報告》（以下簡稱報告）顯示，2015 年劍南春實現銷售收入 34.56 億元，同比增長 8.85%；其中公司及控股公司實現酒業銷售收入 17.3 億元，同比增長 3.9%；2016 年劍南春將推行深度分銷模式，開發各系列新品，占領不同價格帶，開發 APP 並推出適合網路和移動終端銷售的新產品，並開發保健酒、預調酒。

記者查詢獲悉，劍南春股份公司下屬及參股公司有德陽天元酒業有限公司、四川綿竹劍南春酒廠有限公司、綿竹劍南春酒類經營有限公司、德陽銀行股份有限公司、四川金瑞電工有限責任公司、綿竹市金匯典當有限公司、綿竹市天益酒類有限公司、四川匯金商貿有限公司、四川綿竹劍南春大酒店有限公司、四川綿竹劍南春對外經濟貿易有限公司等 12 家企業。

2015 年實現銷售 34.56 億元，完成了 6 大核心工作。報告顯示，2015 年公司及控股公司實現酒業銷售收入 17.3 億元，比上年上升 3.9%，實現酒業和其他銷售收入 34.56 億元，比上年上升 8.85%；實現合併利潤總額 2.71 億元，比上年增長 34.83%；淨利潤 1.83 億元，比上一年增長 30.69%；其中歸屬母公司所有者的淨利潤為 1.34 億元，比上一年增長 53.73%。實現應交稅費 5.3 億元，入庫各項稅費 7.48 億元。

報告指出，2015 年劍南春應對白酒市場整體增速減緩、中低端白酒市場競爭加劇的現狀，繼續對銷售體系組織架構進行了優化調整，實施市場營銷策略調整及銷售模式創新；通過調整銷售政策、深入紮實做好市場服務工作，確保核心大客戶和經銷商隊伍的穩定；繼續健全以公司為主導的深度分銷渠道操作模式，增加對經銷商渠道的控制力，強化對終端網點的服務，保障了劍南春及系列產品的市場競爭力和市場份額。

同時，報告還對 2015 年生產管理、質量把控、安全管理、科研成果、重點工程建

設、廣告投放、企業管理等工作進行了匯報。

本次股東大會上，四川劍南春股份有限公司提出了 2016 年的經營目標：實現合併營業收入 33 億元，同比減少 4.5%；合併利潤總額 3.5 億元，增長 29.15%。合併淨利潤 2.5 億元，同比增長 36.29% 的年度目標。

同時，股東大會對劍南春 2016 年的主要工作進行了安排：

（1）進一步規範和完善公司治理結構，完善「三會」制度。繼續完善「三會」制度和議事規則，完善重大事項決策、處置權限和程序等基礎制度建設。

（2）建設現代企業制度，規範公司管理。開展公司資產清理，完善對資產的分類和集中管理，避免資產閒置或浪費，確保資產保值增值。對子公司和對外借款進行清理和規範，對與公司核心業務關聯不大、經營困難的子公司通過股權轉讓、重組合作、清算、破產等多種方式進行退出。重點完場四川金瑞電工有限責任公司的重組事宜。

（3）採取多種措施，促進銷售穩定和增長。

①確定發展思路，調整品種結構，以系列酒為單位整合現有白酒品牌，一方面鞏固劍南春的競爭優勢，另一方面將東方紅、金銀劍南、劍南系列打造成各自價格帶上優勢品牌。同時，開發各系列新白酒品牌，以占領不同價格帶和滿足不同消費者的需要；豐富產品結構，開發適合網路銷售的白酒產品；開發保健酒、預調酒等，向多元化發展。

②充實傳統渠道網點建設，通過建設互聯網大數據等新興溝通方式建立與消費者溝通的有效途徑，建立消費者數據庫，培育核心消費群；優化經銷商結構，健全經銷商考評制度。

③深入推進深度分銷經銷模式，加強營銷隊伍建設和考核管理，以營銷管理者和基層營銷人員兩類核心人才為主；以信息化、電子化、互聯網等方法，推進實現前後端無縫連結，增強公司對經銷商和消費者的服務能力。

④加強公司現有網路平臺及新型平臺的合作，開發 APP 將銷售平臺向手機終端發展，開發適合網路和移動終端銷售的新的白酒產品，並實現適合電子商務發展的銷售政策。

（4）加強技術研發和應用，以技術引領曲酒產品質量提高。

（5）完善人力資源管理，激發員工活力。

資料來源：http://news.cnfol.com/shangyeyaowen/20151029/21685152.shtml
　　　　　http://pinpai.9998.tv/xinxi/jiannanchun_126997.html
　　　　　http://www.cehuajie.cn/a/jiual/20140319/412.html

思考題：

1. 劍南春 2016 年經營戰略是什麼？
2. 劍南春與茅臺、五糧液競爭的戰略是什麼？
3. 劍南春發展戰略的啟示是什麼？

案例 10　勁酒發展戰略

一、勁酒的營銷戰略

在酒類行業，有一個企業不能忽視，那就是勁酒。這個保健酒企業非常低調，但腳步堅定，最近十多年來，無論宏觀環境如何變化，其銷售規模都能穩定增長，從 2010 年開始其銷售規模每年都能增加 10 個億，2013 年規模達到 67 億元，增速超過 18%。

勁酒值得學習的地方很多，比如消費者培育、終端的精細化操作等，但對於目前的白酒行業來說，筆者覺得勁酒最值得學習的地方是開闢新細分市場——保健酒市場，創造新需求。顯然，在目前的創造性增長時代，酒類企業一個重要的任務就是要像勁酒那樣創造需求，不斷開發出新的細分市場來，然后用合適的產品去滿足這個市場，最終成就自己的藍海。

我們可以把消費需求分為兩種：一種是顯見的、已經發生的消費需求，只要我們留心觀察生活中的各種現象就會發現它；另一種則是從來沒有發生過的，也是從來沒有存在的消費需求，這就需要企業通過新產品或新服務去創造新的消費需求。

多數時候，其實只需要我們抓住那些已經顯露的消費需求就足夠了，比如中高端人群對健康的需求同樣存在，在做這個人群的團購業務時，我們都能感覺到他們對普通白酒消費的厭倦感，希望能輕鬆、健康地飲酒。面對這樣的需求，我們該拿什麼產品去滿足？這和勁酒顯然不一樣，這個人群是更高端的，需要拿出不一樣的產品和策略去滿足他們。我們是否可以考慮開發出功能性的白酒來滿足他們？

對於顯露的消費需求不一定需要我們拿出新產品去滿足，可能只需要做一些改變就行了。國窖 2013 年在全國舉行的「生命中的那壇酒」吸引了一批有價值的消費者，它的創新點只是改變了產品的規格，用大壇酒去迎合現實中的某種需求。汾酒有一個新開發產品，同樣是大瓶裝的，在互聯網上熱賣。2014 年年初，筆者去安徽調研，就發現安徽白酒市場有個不同之處，徽酒企業們喜歡把每箱「1×4」的規格變成長形的禮盒便攜裝，在終端大做堆頭，這顯然可以占據禮品市場的一席之地。想想看，這僅僅是規格或者包裝形式的改變，就形成了不同的產品個性，隨之產生了不同的消費群體和消費體驗。

在對「滿足市場新需求」的渴望下，有時候一些邊緣性的需求或者做法也會被主流廠商追逐。比如定制酒這個做法一直就有，但從來都是團購的補充性做法，在需求不足的市場環境下，大企業們紛紛將這個邊緣性策略「升級」為主策略之一，比如茅臺、瀘州老窖、西鳳等企業先後成立專門的定制酒公司。「小酒」也一直是邊緣性的產品，但從 2013 年開始，這個細分市場突然升溫，而且實際上也成為一些企業的業績支撐點。

創造需求就是更高的境界了，難度也更大，這需要企業創造一種新的、沒有發生

過的需求。白酒在時尚化方面由口號到實際市場行動就是一種新需求的創造，創造目的就是為白酒市場增加年輕一代的消費群，要求我們將啤酒、飲料的年輕消費群爭取過來。還有一種需求我們也可以嘗試，那就是女性用酒。隨著經濟的發展，以及女性社會參與程度的急遽提高，飲酒的女性消費人數一直是在持續增長的。在這方面，國際酒業巨頭已經開始動手了。從 2012 年開始，帝亞吉歐傾力主推一款零售價僅百元左右的愛爾蘭酒——百利甜酒，增速超過 40%。帝亞吉歐自己也在研究「百利」的增長原因，他們發現，很多女性消費者會在超市裡買一瓶百利甜酒回家，或是和朋友聚會時分享，也會用作送給其他女性朋友的禮物。另一酒業巨頭——保樂力加也在中國推廣針對女性的酒類品牌，比如「巴黎之花」香檳、杰卡斯起泡酒等。對於女性用酒市場，這兩個企業關注的問題很細緻：產品的品牌形象是否為女性所喜歡；口感是否為女性接受；她們在什麼場合甚至在什麼心情下會飲用？

在創造性增長時代，需要開闢各種個性化的戰場，所以這也是考驗酒類從業者想像力的時代。

二、勁酒收購的戰略

有媒體稱：2015 年 12 月 24 號下午，勁牌有限公司副總裁夏振千與仁懷市副市長魏琴進行座談，就全資收購「貴州臺軒酒業」進行意向性合作洽談，此舉意味著勁酒有意收購一家醬香型白酒企業。該媒體介紹，目前雙方仍然處在談判階段。

據瞭解，貴州臺軒酒業是一家與茅臺集團隔岸相望的大型酒企，其占地面積約為 300 畝。據介紹，臺軒酒業成立的時間並不長，其在 2014 年 12 月底被仁懷市環保局批覆年產 5,000 噸的醬香型白酒技改項目。

勁酒收購的戰略意圖會是什麼？

勁酒已經成為保健酒領域的龍頭企業，目前整個企業的銷售規模已經近 80 億。盛初諮詢董事長王朝成告訴微酒記者：翻閱近三年的數據，「勁酒在保健酒領域的市場佔有率已經很高，增速已經較之前放緩，主要的原因就是市場規模問題，保健酒市場規模大大低於白酒」。

因此勁酒要在保健酒之外尋求發展壯大，就必須進軍白酒行業，而勁酒在白酒行業最重要的戰略是做功能化白酒，並且勁酒將這一策略在省內的「毛鋪苦蕎酒」上進行了落地，效果也很理想。

左右腦策略機構營銷專家權圖認為，勁酒最近一直在仁懷考察醬酒企業，勁酒在貴州一直用租賃生產的方式做調味酒。勁酒此次的意圖有兩點，「一是需要醬酒作調味酒，之前一直在租賃生產；二是應該在醬酒這個品類上有想法」。除了臺軒酒業之外，談得比較深的還有一家是「九工坊」。

權圖認為，「這次買廠應該是在醬酒品類上有想法，否則就沒有必要買廠了」。如果勁酒進入醬酒領域，對這個品類是好事，「醬酒需要大玩家」。

成功的毛鋪苦蕎「功能化」戰略落地能否複製？

盛初諮詢董事長王朝成認為，「毛鋪苦蕎酒現在在武漢和鄂東地區發展迅速」，預計今年可以做到 8 個億的銷售額，成為白雲邊之後湖北省內風頭正勁的中高檔白酒，

而且功能特點非常有概念。這個在一個省內是非常了不起的成就，而且是靠功能而不是靠傳統的品牌優勢。

這對整個白酒行業都是一個很大的威脅，就像勁酒當年也是靠功能獲勝。功能性白酒會不會顛覆整個白酒行業，勁酒現在收購醬香型酒廠，到底是讓它的苦蕎酒成為兼香還是以醬酒為基酒再去做一款功能性醬酒，值得關注。勁酒高層認為，醬香型白酒在工藝上符合健康的趨勢，與勁酒健康的理念一脈相承。

功能化白酒會不會顛覆白酒行業？

以功能性進入白酒行業，從目前的情況看，也是一種可能性，至少在保健酒以及毛鋪苦蕎酒上是成功的。如果這種可能性發生，這意味著勁酒雄心勃勃的戰略，不僅僅是要在傳統的保健酒領域繼續獲得壟斷地位，更要以功能性進入更為廣闊的濃香清香和醬香領域，正如其一手打造的毛鋪苦蕎酒，以功能顛覆白酒。

而且坊間有更多的傳言，勁酒正在與很多的白酒企業進行跨界合作。以功能性切入白酒行業，如果說保健酒做深是縱向擴張，那麼功能化白酒則實現了勁酒的橫向擴張。如果勁酒的功能性切入獲得成功，那麼過往白酒以文化為核心的產業模式將被勁酒顛覆。因此這一模式能否持續成功，值得行業關注。

三、勁酒戰略新品，擁抱年輕消費者

據消息稱，勁牌公司將會打破以往以保健酒為核心戰鬥力的局勢，突破勁酒、參茸勁酒和韻酒等保健酒的趨勢，首推飲料酒。

包裝：紅黑結合彰顯勁牌保健的厚重，瓶形類似預調酒不失時尚。

酒度：4.5度。

口感：配有果汁調製，飲用壓力小。

口號：開心時刻，我要歡度

2015年7月6日，歡度酒夏季鋪市動員大會在廣州舉行，會上透露，將首先在勁牌勁酒強勢渠道餐飲渠道展開鋪貨。市場零售價每支12元。

1. 新品擁抱年輕消費者

無論是從包裝、酒精度數還是口感上都可以看出，新品歡度酒將直接面對年輕消費群體。另外，勁牌近年來開展了一系列與年輕人相關的活動，如勁酒廣東辦事處就不斷贊助廣東好聲音、校園社團活動、畢業生勁酒基地探秘之旅等，一直走在教育年輕消費者的路上。

目前，勁牌公司對歡度酒的宣傳工作還未正式展開，記者從少有的資料中發現，歡度酒也自稱為「小歡」，俏皮的別稱也是為其與年輕消費者進行溝通的基礎。

在勁牌公司的官網上，共有中國勁酒、參茸勁酒、韻酒、健康白酒等12款產品，其產品雖然以成分的側重不同有所區分，但都有較強的保健特性。消費群體為30歲至55歲之間的中年人，很難與年輕消費者形成共鳴。歡度酒的出現，或將打破這一局面，將消費群體向低齡化拓展。

2. 定位飲料酒，首推餐飲渠道

勁牌公司保健酒事業部總經理李清安稱，歡度酒是公司戰略新品，其定位有別於

市面上流行的調味酒，歡度酒是一種全新的活力型飲料酒。

區別一：在白酒和果汁的基礎上加入了人參、瑪珈等藥材提取物；

區別二：「開心時刻，我要歡度」的定位，為消費者在不願意飲用高度酒時提供新選擇；

區別三：渠道差異化，歡度酒本次鋪市的重點是餐飲渠道，打造一個在餐飲渠道能暢飲的飲料酒。

據記者長期對勁酒的觀察，勁酒在營銷上與快消巨頭紅牛、加多寶等相似，對餐飲渠道和終端的把控力極強，這意味著歡度酒進入餐飲渠道並非難事。

據悉，動員大會當晚，就成功在廣州 5 家餐飲店完成鋪貨，並進行冰櫃陳列。勁牌公司方面表示，此次歡度酒拓展活動不僅是鋪市，更多的是要把氛圍布置、知曉度宣傳、微博推送、微信營銷等一系列活動進行整合傳播營銷。

3. 僅供餐飲，或遇三大阻力

從消費者、競品和產品本身而言，歡度酒在前期市場中難免遭遇一些阻力：

（1）雖然歡度酒成分中還包含了人參、枸杞、瑪咖等多種活性成分，但如果強調這款產品的保健功能，在普通的年輕消費者看來，自己並未到需要藥材成分保健的年齡，因此這個差異化能否對年輕消費群體進行很好的分流效果仍待檢驗。而中老年消費者對低度飲料酒的興趣並不大。

（2）對歡度酒而言，同樣的低度、同樣的果汁口感，無論如何強調特性，消費者也會將其與快速發展的預調酒相聯繫。

（3）在消費者眼中，勁牌公司屬傳統酒企行列，從各大白酒企業推預調酒的市場表現來看，長期以來企業在消費者心中形成的固有印象是厚重沉悶的，難以被突破，消費者在接受過程中不會太快。這就需要歡度酒從一開始就弱化傍「勁牌」的行為，而是積極體現其時尚的一面。

資料來源：http://www.tangjiu001.com/News/6965.html
　　　　　http://www.9998.tv/news/118874.html
　　　　　http://www.9998.tv/market/kaipingbaihui/13281.html

思考題：

1. 勁酒的收購戰略是什麼？
2. 勁酒成功推出戰略新品的啟示是什麼？

第 12 章　房產企業案例

案例 1　萬科戰略轉型

　　作為全球最大房地產開發商，萬科發展的腳步似乎很少受到房地產市場起起落落的影響，2015 年再次以 2,614 億元的銷售額刷新全球紀錄。

　　在大連也是如此。儘管去年大連樓市整體平淡，但萬科在大連卻實現了 40 億的銷售額，並且不斷逆市拿地。2016 年，大連萬科加速前行，為自己設定了 50 億元的銷售目標。作為房企標杆，萬科的舉動對於提振市場信心無疑具有極大的意義。

　　業績目標的背後，是轉型。近日，大連萬科總經理單小海在城市之光營銷中心接受了訪問，之所以選擇這裡，不僅僅因為城市之光是大連萬科 2016 年最重要的作品，更因為它與這次訪談的主題——「轉型」有著密切的關係。

一、轉型之一：從產品主義進入「作品時代」

　　萬科是最早進入大連的全國開發商，至今已經 23 個年頭了。相對於國內其他一、二線城市，大連房地產市場一直是波瀾不驚，但這並沒有影響萬科在大連的發展。

　　在萬科看來，大連樓市最大的特點就是穩定。首先是成交量穩定。這些年來，大連最差的年份也有 570 億到 600 億，好的年份大概七八百億，「上看得到天花板，下看得到地板」。其次是人口和客戶相對穩定。大連以前是人口流入，現在是基本平衡，在東三省仍然有優勢。最后是開發商相對穩定。現在全國性的開發商占主流，小的開發商走到了舞臺的邊緣。正是由於需求與供應穩定，整個市場穩定，大連才是一個值得深耕的地方。

　　單小海坦言，從中山廣場到沙西北區域，從西山到甘西北區域，從第一個項目萬科郵電大廈到如今萬科完成了 18 個項目。近年來，萬科的產品雖然在不同程度創新，但是卻鮮有當年萬科城市花園洋房專利產品推出時，令業內與消費者折服、全城爭購的作品問世。這與萬科的全球房地產行業的地位，與大連萬科的雄心是不匹配的。「到了今天，萬科對市場的判斷已經成型，戰略也已經確定。在大連有限的土地資源上面，萬科要給這個城市，要給業主留下作品。」「要對城市保持友好姿態，以開放的態度兌現精工品質，讓每一個萬科項目都成為代表城市形象的作品。」

　　作為萬科轉型進入作品時代的首個代表，剛剛亮相的《萬科城市之光》或可見證萬科的用心和情懷。這一歷時 14 年、經 60 個城市 200 個項目實踐和改進而推出的升級版洋房作品，在戶型創新和舒適度、施工管理、材料選擇、施工工藝等方面，都令見

多識廣的地產記者們眼前一亮。尤其是具有專利的第五代升級洋房，萬科更以先人一步的意識、正本清源重新定義洋房五大標準：定義星空、定義舒適、定義陽光、定義清風、定義附加值。此外，地鐵上蓋、生活廣場、斥資百萬的「天空樹」景觀、5萬平方米城市綜合體和精裝修產業化住宅，為后來區域百萬平方米大社區規劃留足規劃和發展空間的高端定位，這些都體現出萬科在往作品層面去轉型的積極行動。

二、轉型之二：從住宅開發商轉型成為「城市配套服務商」

全球最大的開發規模並沒有讓萬科停止前進的腳步。這一努力來自業主和城市兩個層面。一方面，對業主來說，萬科如何從單純房子的售賣變成生活方式的提供者？另一方面，不斷發展的城市也對萬科這樣的行業領跑者提出了更多的責任要求。一直充滿危機感的萬科顯然洞見了行業轉型的新機會。於是，萬科提出轉型為城市配套服務商，也變得順理成章。

目前，大連萬科配套服務的聚焦點和發力點在社區教育。在萬科看來，社會教育的市場很大，但良莠不齊。「通過共享方式，實現多品牌優質教育資源引入，為業主搭建家門口的一站式0~16歲優質全齡教育平臺，讓孩子可以隨時得到豐富的課內外教育。這在萬科藍山已經落地，今年還會有4~5家這樣的學習成長中心落地。我們希望把這一塊做得更紮實，做成產業，以此來帶動其他城市配套的發展。」單小海說。

以《萬科城市之光》為例，除了地鐵和BRT成熟的交通資源配套，政府規劃的涵蓋九年義務教育的學校和新甘井子人民醫院、項目南側政府規劃建的40萬平方米的商業集群之外，萬科還會在項目內打造 v-link——0~16歲小業主素質教育的全齡教育平臺；方便業主和周邊居住市民互動休閒的4萬平方米生活廣場；還會建設自己的幼兒園、建設自己的學校。這些都是萬科向城市配套服務商轉型的踏實行動。

三、轉型之三：從埋頭開發到與城市互動，參與城市更新和發展

急速的城市化帶來了日新月異的城市面貌，也帶來許多問題和遺憾。那些發展不平衡的區塊往往與周邊格格不入，可以稱之為「灰色地帶」。作為一個負責任的開發商，不能僅僅滿足一塊土地的開發獲利，而應通過高水準的開發和持續的活化，給當年不被看好的「灰色地帶」賦予了新價值和新生命。

單小海表示，萬科近年來已經開始迴歸城市中心，未來會堅持兩條發展路線：一是在城市核心區域建設精品，引領開發潮流，比如即將亮相的星海灣項目和中南路項目。更重要的是在主城區的規模開發，打造生活新城、改變城市面貌。「房地產要跟著人走，跟著客戶的選擇走。所以我們特別珍惜在甘區成片開發的機會。」30萬平方米的城市之光只是個序幕，后續整個大區域的改造與規劃都已經在進行之中，大連萬科將全程參與、全情投入。

資料來源：http://house.gmw.cn/newspaper/2016-05/19/content_112558727.htm

思考題：

1. 萬科三大轉型對你有何啟示？
2. 萬科戰略轉型能成功嗎？

案例 2　碧桂園海外戰略升級

碧桂園作為一個起家於順德的房地產企業，創建於 1992 年的碧桂園集團，以一句「給您一個五星級的家」的口號，在珠三角乃至全國範圍內都擁有極高的知名度和美譽度。第一個在樓盤小區內興辦學校，第一個樹起了中國地產規模開發之旗幟，第一個將「五星級的酒店式服務」引進樓盤小區管理中，並據此成功地構建了「碧桂園家園模式」和「五星級的家」的生活方式。自創建以來，在一直堅持「碧桂園，給您一個五星級的家」的服務理念基礎上，勇於開拓的碧桂園一直在開發理念、產品建設、社區配套等各方面不斷地進行著創新革命。

一、創新開發，匯聚全球頂尖開發理念

碧桂園集團董事局主席楊國強在發布會致辭中表示，森林城市將是他「有生以來呈現給世人的最好的一座城市，是一座理想中的未來之城」。這座未來智慧生態之城，規劃了外企駐地、金融特區、創新天堂、旅遊勝地、教育名城、養生樂園、會展中心、電商基地八大產業聚集地。

森林城市位於新馬交界處——東南亞之心，也是「一帶一路」的重要樞紐和節點性區域，項目土地是永久產權，房價僅為新加坡的四分之一。按照碧桂園的設計規劃，森林城市將是中國企業在馬來西亞建造的首座智慧生態城市，也是全球首個分層立體城市。

「森林城市整座城市立體分層，車輛在地下穿行，地面都是公園，建築外牆長滿垂直分佈的植物，就像生活在森林裡，地上是無污染的架空軌道交通；每一天，人們都生活在花園裡，呼吸在森林裡，愉悅在自然之中。」楊國強說。發布會現場的宣傳視頻顯示，建成后的森林城市，地面上完全被各種公園覆蓋，地下一層設計為行車層，地下二層即設計成為停車場等，所有的建築都覆蓋綠色植物，放眼望去一片綠色。

除了保證生態綠色的居住空間外，碧桂園還將在森林城市項目上匯聚全球頂尖的智慧生態城市理念與科技，為這座城市提供最為有力的雲技術應用保障，使城市裡的每個居民、每棟建築都有一個獨立的 ID 身分認證。在項目規劃定位上，麥肯錫、SASAKI 等國際著名機構為其指明的道路是發展成為「全球智慧綠色生態之城典範」。

二、政策支持，承接新加坡產業外溢和轉移

碧桂園森林城市項目的規劃中，明確提出要承接新加坡部分產業的外溢和轉移。為此，將通過填海造地，架設新馬貿易升溫的重要橋樑，引爆新馬「特區」又一波投資潮湧。森林城市或將重新定義馬來西亞「第二家園」的投資置業價值。

目前，森林城市已經獲批成為馬來西亞依斯干達特區的一部分，享受特區優惠政策，同時還將申請其他優惠政策。該區是馬來西亞和新加坡兩國深化經貿合作的前沿陣地。過去七八年間，伊斯干達成功吸引了超過原定目標兩倍的投資額，既吸引了包

括馬來西亞主權財富基金 Khazanah 和新加坡主權基金淡馬錫在內的國有巨頭，也帶動私有企業和開發商前來投資。Pinewood 影城、教育城、樂高主題樂園等一系列重大項目的完工帶動了整個特區的發展勢頭。

在馬來西亞聯邦政府的大力支持下，森林城市 2015 年已經取得政府頒發的批准函，其中針對教育、醫療、旅遊的優惠政策已經落地。符合條件的產業可獲得稅務優惠，包括 5 年免稅或者 5 年 100% 投資稅抵免；與森林城市項目公司合作開發，亦可享受企業所得稅減免。另外，馬來西亞為在本國設立基地並投入資本超過 250 萬馬幣的企業也有稅率優惠，只需繳交 0~10% 的企業所得稅。與科技相關的產業也可申請優惠配套，獲得批准的公司可取得 5 年 100% 免稅的優惠。

森林城市在規劃建設之初，就提出「借勢新加坡、反哺新加坡」的策略考量。首先是產業定位與新加坡實現銜接互補，在教育、醫療、養老、金融和製造業領域承接新加坡部分產業鏈條的外溢與轉移；其次，針對目前新加坡房地產市場降溫、投資開發腳步放緩的現狀，森林城市獨一無二的區位優勢，對新馬投資者來說，將會是下一個投資聚焦的熱點。

資料來源：http://epaper.southcn.com/nfdaily/html/2015-12/25/content_7502386.htm?COLLCC=1438290626&

思考題：
1. 碧桂園實施的海外戰略有何啟示？
2. 碧桂園海外戰略能成功嗎？

案例 3　保利發展戰略

一、「5P 戰略」迎接新機遇

中國經濟發展邁入新常態，這是一場由舊轉新的蛻變，保利地產以企業發展新思路提出「5P 戰略」，力求推動自身創新型發展以適應新常態。據介紹，「5P 戰略」包括陪伴（Peiban）幸福晚年的養老地產、承諾（Promise）全生命週期的綠色建築、成為業主好拍檔（Partner）的社區 O2O、讓便捷生活瞬達的「保利 APP」、充滿力量（Power）的海外地產。

「保利地產一直對中國經濟發展前景充滿信心，對房地產行業中長期發展充滿信心。新常態下的發展機會依然很多，我們要利用新機遇，培育新增長點，一心一意謀發展。」保利地產董事長宋廣菊說。

1. 房地產新機遇：立足主業、做強主業

作為千億級別的大型央企，保利地產選擇在房地產行業全面調整之年適應新業態、新形勢，立足主業、做強主業。在產品開發上，保利地產更加注重品質，堅持中小戶型普通住宅的產品定位。2014 年，中小戶型產品在保利開發的住宅產品中占比高達 93%，超八成購房者用於自住需求。面對樓市分化的新特點，保利地產以「去槓桿、

去庫存」為重要目標，及時調整城市布點結構，投資更加側重一線及二線城市，規避投資風險。

在新業態下，保利地產深挖產業鏈價值，積極投身社區 O2O 建設。在全國 245 個保利社區、約 5,000 萬平方米物業的基礎上，通過線上線下聯動的「若比鄰」商業品牌打造社區 O2O，形成標準化社區商業模型，同時研發推出保利地產 APP，讓業主輕鬆一「點」便可實現生活所需。

扎根國內大本營的同時，海外市場也成為保利地產全新的重要布點。2014 年保利地產成立海外事業部，保利悉尼項目是「走出去」戰略中的首個海外獨立投資項目；2015 年保利將繼續關注拓展美國、歐洲等的產業機遇。

2. 養老產業新機遇：養老模式三位一體

如今，人口老齡化趨勢更加明顯，保利地產以「全鏈條」介入養老產業，提出居家、社區和機構三位一體的「中國式」養老模式。

在居家養老方面，針對可自由活動的老年人群體，以物業服務為平臺，提供「助餐、助浴、助潔、助急、助醫」的「五助」定制服務。在社區養老方面，主要針對活動程度下降的老年人群體，在社區規劃建設適老住宅和持有型老齡公寓，打通社區與街道衛生、醫療、文體設施的功能銜接。在機構養老方面，主要針對不能自由行動的老年人群體，打造「和熹會」專業養老機構，引入當地三甲醫院優質資源。

據介紹，目前保利地產三位一體的養老戰略次第鋪開，漸成規模。適老設計標準研究基本成熟，推動 51 個社區進行適老改造，北京「和熹會」成為機構養老試點，入住率超過 64%。未來，保利地產將努力搭建「中國養老適老產業聯盟」，形成全產業鏈，深耕養老產業。

3. 城鎮化新機遇：積極參與城中村改造

城鎮化建設正成為新型驅動力，保利地產積極參與舊城改造工程，探索新型城中村改造模式，實現政府、企業、村民三方共贏，加大介入保障性住房開發建設。

據介紹，在廣州，保利地產主導實施的琶洲村改造項目，改造後總建築面積超過 260 平方米，總投資額近 200 億元，回遷地塊總建築面積達 94.1 萬平方米，包括住宅、公寓、商鋪、大型商場、肉菜市場、幼兒園、老人活動中心等，有效改善了當地的居住環境。

在保障性住房方面，保利地產在北京已建成及在建、擬建保障房共 9,957 套，面積 86.23 萬平方米。其中經適房約 1,860 套，公租房約 2,370 套，自住型商品房約 580 套，回遷房約 120 套。

二、保利地產戰略轉型能否名副其實

作為央企，保利地產這兩年接連製造噱頭引爆輿論，營銷方面可圈可點，但未來的轉型能否名副其實還有待時間考驗。此外，概念太多往往會削弱傳統開發優勢，這是需要警惕的一個風險。

1. 銷售依然強勢，再謀產業鏈延伸

保利地產副總經理王健表示，在確保主業發展健康的同時，保利地產將積極探索

延伸產業鏈，整合上下游資源，創造新的利潤增長點。

4月6日，保利地產正式向外界宣布其產業鏈延伸戰略，推出其「5P戰略」的生活藍圖——「全生命週期居住系統」。

據保利地產研究院院長張亮介紹，這個系統由「和悅系全生命週期住宅、社區商業服務、社區物業服務、健康養老、少兒藝術教育」五大部分組成，涵蓋了從建築到居家，從硬件設施到社區服務，從少兒到老年的所有需求。

與此同時，保利地產4月6日晚間發布的銷售簡報顯示，公司2016年3月實現簽約面積165.83萬平方米，同比增長159.49%；實現簽約金額222.34億元，同比增長196.98%。

這是保利2016年以來銷售業績最好的一個月。第一季度，該集團累計實現簽約面積343.52萬平方米，同比增長117.19%；實現簽約金額451.25億元，同比增長131.35%。

長江證券分析認為，從公司3月的銷售數據來看，無論是量抑或是價，同比以及環比都出現較大幅度的增長，這與近期一二線樓市回暖以及政策寬鬆帶來的紅利是分不開的，當然也主要受益於公司優異的項目佈局。公司3月份銷售的均價為13408元/平方米，同比環比分別增長14.45%和12.54%，同樣受益於近期一二線城市價格的上漲。

值得注意的是，保利地產項目獲取速度有所減緩。公司3月新增項目共計5個，其中4宗土地為合作方式取得，與前期拿地相比，公司本月項目增速有所減緩。新增項目土地面積共計48.08萬平方米，計容積率面積共計122.58萬平方米，權益計容積率面積共計68.63萬平方米。項目位於南京、上海、廣州、東莞、湛江，主要佈局在一二線核心城市。

在銷售依然強勢的同時，保利地產的產業鏈延伸也在加速。「全生命週期居住系統」的推出即是最直白的體現。

保利地產技術研發中心總經理唐翔介紹，該系統是體現綠色環保、適老化、適幼化、空間複合、強化收納、智能家居的生活住宅。圍繞全生命週期居住系統，保利已經制定了多個標準和將近100條強制社區規定來保障設計在全國落地。

此外，保利地產推出社區商業服務，包括線下的比鄰超市、社區O2O體驗中心以及線上的微信、APP平臺。

在養老地產方面，保利地產提出「全產鏈介入，打造三位一體中國式養老的戰略規劃」。

保利地產有關人士表示，從20世紀七八十年代的集體大院開始，形成了中國第一代居住；90年代小洋樓崛起，人們開始搬進了有物業管理的房子；2000年後，人們越來越關注健康、文化與教育等生活配套，以資源型服務為主體的社區生活，成為第三代居住的顯著特徵；2010年開始，智能科技變為人們獲取服務與資源的方式，智能化應用造就了第四代居住；保利地產提出第五代居住模式「全生命週期居住系統」具有里程碑意義。

2. 新戰略轉型能否名副其實？

實際上，此次戰略轉型是保利地產在原有房地產業基礎上的進一步探索。在此之前，該集團曾經積極涉足養老產業，專注於機構養老管理及營運服務的和熹會，目前在北京、上海、廣州等地有八個在建或營運示範項目。

保利地產相關負責人表示，此番保利地產推進的「全生命週期居住系統」，是將原有服務理念進一步延伸，旨在覆蓋從建築到居家，從硬件設施到社區服務，從少兒到老年的所有需求。

對此，易居研究院智庫中心研究總監嚴躍進在接受《中國經營報》記者採訪時表示，保利提出居住產品「全生命週期系統」的概念，應該說是希望對居住者背後的各類潛在需求進行挖掘。如果從「全生命週期」的概念進行分析，那麼其實包括衣食住行等都可以成為地產業務創新的一個很好要點。比如說對於此類地產業務來說，在后續項目的開發過程中就要針對居住者的各類生活需求甚至是商務需求進行產品的研發。並且在借助移動互聯網的紐帶的作用下，能夠促使生活更加宜居、生活成本更低的效果。在這方面，保利確實走在了行業的前列。

嚴躍進指出，對於人居生活的改善，其實有很多房企都在積極進行探索，保利通過此類全生命週期的概念打造，是希望做一個全方位的支持和關懷。這其實是目前人居生活背後需求不斷「綻放」下的市場機遇。

長江證券認為，保利地產未來轉型值得期待。公司自提出 5P 戰略以來，已經取得一定的進展。相繼參與粵海高速定增並順利取得悉尼項目，積極開拓海外業務。主業穩步增長的同時不斷發掘新的增長點，賦予公司未來發展更多的可能性與活力。公司多渠道融資為后續的發展提供了有力的保障，從成本較低的公司債到獲批的 100 億定增，無不為公司未來的發展加大砝碼。

資料來源：http://money.163.com/15/0529/14/AQPOFEQ700253B0H.html
　　　　　http://www.yifang5.com/news/201604/158450-1/

思考題：

1. 保利地產是如何實施「5P 戰略」的？
2. 保利地產戰略轉型有何啟示？

案例 4　恒大多元化發展戰略

一、恒大首提多元化發展戰略

「恒大集團今明兩年確保進入世界 500 強。」在近日恒大集團 2014 年上半年工作會議上，恒大集團董事局主席許家印稱。同時，許家印還首次提出恒大將多元化發展的戰略。

據悉，世界 500 強由權威的美國《財富》雜誌評選，剛剛公布的 2014 年榜單中，最低門檻為營業收入 237 億美元，預計 2015 年最低門檻約 1,500 億元人民幣。據瞭解，

目前世界500強榜單中尚無中國房地產企業。

許家印表示，恒大先後經歷了「規模取勝」戰略階段、「規模+品牌」戰略過渡階段、「規模+品牌」標準化營運戰略階段，而恒大自此將進入第四大階段：「多元+規模+品牌」戰略階段。同時，自2015年到2017年的恒大第七個「三年計劃」主題也確定為「夯實基礎、多元發展」。

目前，恒大集團總資產超過4,000億元，員工7.4萬人。恒大的產業已經進入全國150多個城市，項目總數超300個，去年銷售額超過千億元，今年上半年已達693億元，半年納稅102億元。許家印表示，到2017年，恒大會再進入200個城市，覆蓋全國城市總數可達350個，並加速國際化進程，力爭進入10至20個國家。

近年來，恒大礦泉水、恒大足球、恒大文化等產業發展迅速，這些成功的多元化探索已引起業界強烈關注。據瞭解，企業多元化戰略是世界大型企業特別是跨國公司普遍採用的發展戰略，據資料統計，在美國最大的5,000家工業企業中，有94%的企業從事企業多元化戰略，而通用、三星等世界500強企業幾乎都實施了多元化戰略。

二、恒大多元化發展戰略的真實意圖

（一）多元化之路「醉翁之意不在酒」

恒大高調宣布進軍農業領域，並推出了首批產品——恒大綠色大米、綠色菜籽油、綠色大豆油、有機雜糧等產品，並傳后繼還將有恒大嬰幼兒奶粉等產品面市。據廣州日報的報導，另一家大型房企萬達集團則早就將觸角伸入了文化產業，早在2012年，萬達集團和美國AMC影院公司在北京簽署併購協議，並高調進入旅遊行業。而IT企業同樣跨界經營成風，最喜歡「扎堆」的，也是農業領域。

（二）「跨界」真實意圖

1. 「搶眼球」+獲取政策紅包

多位業內人士均表示，賣米賣油可謂「高難度」動作，恒大的選擇或許還是想結合其礦泉水、畜牧業，實施其多元化版圖策略，這與國家支持農業發展的方向是一致的，未來或將收到政策紅包。

一位行業觀察人士表示，先不論掙錢與否，不少大企業轉型進入農業似乎是趨同選擇，恒大在長白山、內蒙古的「圈地跑馬」之下，畜牧業、乳業占據產業鏈上游就可以擁有較大市場主動權，也符合國家政策導向；水資源也選擇了企業扎堆的最好水源地，只是后期經營發展有待觀察。

行內人士說，互聯網大佬們所謂進軍農業，作秀成分居多，真正掏真金白銀的少，希望搶得二、三線用戶市場的眼球，畢竟農村市場商機的誘惑讓人無法拒絕。據阿里巴巴研究中心測算，2013年阿里各平臺農產品銷售額達到500億元，2014年有望達到1,000億元。

2. 單一領域風險太大

恒大、萬達、聯想、阿里巴巴這些房地產或IT業內的「大佬」轉型多元化的原因，很大程度上是對於主業發展風險的控制。盛富資本和協縱國際總裁黃立衝認為，不少房企已嗅到房地產主業未來可能遭遇到的壓力和單一業態發展的瓶頸。

對於房企涉足影視產業，暨南大學管理學教授胡剛表示，「影視產業最后可能變成文化地產或旅遊地產，比如萬達現在將影視元素、旅遊元素加入自己的地產項目中間。」

而在 IT 行業，對於為何多元化發展，柳傳志此前接受本報記者專訪時表示，電腦行業風險很大，因為新材料、新技術，新的業務模式的突破，都會帶來無法預期的風險。高科技企業要想活得長，還是要多元化。多元化以后在原來的那個領域就敢於冒險和突破了，因為有活路了。而多元化做好了，像聯想控股現在的金融、房地產做得都不錯的話，股東不再那麼恐懼，就會放手支持高科技領域去進行拼搏。

（三）多元化問題

1. 食品安全

然而，對於食品行業，業界經常戲言「掙的是賣面粉的錢，操的是賣白粉的心」。面對中國日益嚴峻的食品安全形勢，黨的十八屆三中全會提出「完善統一權威的食品藥品安全監管機構，建立最嚴格的覆蓋全過程的監管制度，建立食品原產地可追溯制度和質量標示制度，保障食品藥品安全」的戰略決策。

儘管如此，近期百勝餐飲集團、麥當勞等洋快餐巨頭再次遭遇「問題肉」危機，暴露出很多企業的食品安全保障工作還是存在很多問題，也折射出中國在食品安全監管中還是存在這樣那樣的問題。

針對食品安全方面的問題，恒大集團也聲稱自己「最重視質量管控」。比如僅糧油集團就招聘質量監察控制中心總經理 40 人，乳業集團招聘質量監察控制中心總經理 50 人，畜牧集團招聘質量監察控制中心總經理 70 人，質量相關人才超 1,000 人，占總招聘人數 6 成以上。

在食品行業，還有一句常說的話——「說得好不如做得好」。恒大集團進軍的糧油、乳業、畜牧業同礦泉水行業相比，對於食品安全的要求都將更高，也是中國食品安全容易出現事故的重要領域。這些新進入的領域，對於恒大來說，既是機遇也是挑戰，食品行業和房地產行業是完全不同的兩個領域，也需要更高的智慧和責任才行。

2. 如何挨過投資期

雖然投資回報率高，但農業的風險也顯而易見：一方面，由於生產週期長，投資者必須挨過漫長的培育期。聯想佳沃總裁陳紹鵬在被問及佳沃何時能夠盈利時便直言：農業的經營週期大概 10～15 年，真正要形成可持續發展的盈利，需要 10 年左右。顯然，這相比於賺快錢的房地產來說，有些只出不進。

另一方面，農業產業鏈條較長，其中不可控因素較多，「靠天吃飯」帶來的風險即便是在規模化養殖條件下也不能完全避免。

3. 危險的高負債率

據 21 世紀網報導，如果說「現金為王，銷售為先」是恒大全國佈局的產物，其付出的代價就是不斷飆升的槓桿水平，甚至不惜以大量的類信託表外永續債來對賭中國樓市見底。

截至 6 月底，恒大上半年共錄得收入 633.4 億元，同比增加 51%。股東應占溢利 70.9 億元，增加 13.6%。前 6 個月合約銷售金額為 693.2 億元，已經完成全年銷售目

標 1,100 億元的 63%。

不過，需要指出的是，在淨利潤 94.9 億元，上半年錄得 693.2 億元的合約銷售金額、640 億元的現金流傲視全國房企的光芒四射的業績背後，恒大地產超高槓桿的財務風險却始終無法被忽視，算上總額 445 億元的永續債，恒大的實際淨負債率已高達約 116%。

財報顯示，恒大地產今年上半年發行單個項目永續債新增融資超過 175.8 億元，使得永久資本工具的余額環比飆升 77.7% 至 444.82 億元。而永續債的持有人上半年共計瓜分了恒大地產 18.84 億元的淨利潤，占比高達 20%，而去年底這一比例為 0，反應永續債的抵押項目已陸續開始入帳。

「為了補充一、二線城市的土地儲備，短期負債率是高了些，但我可以保證恒大不欠政府一分錢地價和土地增值稅。全國項目佈局的目標已經完成，未來用於買地的預算會大幅減少。」許家印表示。

三、多元發展戰略下恒大「鐵軍」蓄勢再出發

（一）以人為本，恒大多元格局再啓新篇

恒大 20 周年慶典當天舉行的「恒大 20 周年輝煌成就展」，顯示出恒大目前已形成了以地產為主業，金融、互聯網等多元產業協同發展的新格局。展覽以聲光電的豐富形式，生動展示了各個產業現階段的成績、優勢，以及未來的廣闊前景，吸引了眾多嘉賓駐足。

值得一提的是，今年 6 月，恒大地產集團有限公司更名中國恒大集團。由此，一個不具備地產符號的名字，將更精準地囊括恒大的多產業格局，成為恒大發展歷程中濃墨重彩的一筆。

據瞭解，恒大 2015 年解決就業 130 多萬人，平均每天向國家納稅一個多億；20 年捐款超過 28 億，無償投入 30 億結對幫扶畢節大方縣。許家印表示，未來在抓好企業發展的同時，將繼續以感恩之心積極承擔社會責任。

20 年風雨歷練，恒大從深耕一城到佈局全國，成為中國精品地產領導者；20 年砥礪前行，恒大從單一地產到多元產業全面開花，並以「中國恒大集團」華麗轉身。「恒大速度」有目共睹，恒大傳奇仍在續寫……

6 月 26 日至 28 日，恒大集團舉行了系列活動慶祝成立 20 周年。28 日晚，作為本次慶典活動的壓軸大戲——大型員工文藝匯演在廣州天河體育館精彩上演。恒大集團總部、各地區公司、產業集團及下屬公司等單位共表演節目 20 多個，涵蓋歌舞、音樂劇、小品、武術及創意類節目等，呈現一場豐富多彩的文化盛宴的同時，向外界展示了「恒大鐵軍」工作之外多才多藝的另一面。

（二）白手起家，20 年成就恒大傳奇

為慶祝 20 年華誕，恒大舉辦了包括發展成就展、慶典典禮、文藝晚會、萬人運動會、員工文藝匯演等系列活動。300 多份賀電賀信紛至沓來，1,800 多位國內外重量級嘉賓出席，恒大 26 日舉行的 20 周年慶典可謂高朋雲集，星光熠熠。恒大董事局主席許家印滿懷深情的現場致辭，讓到場嘉賓為之動容。

1996年6月26日，在廣州一間不足100平方米的民房裡，恒大艱難起步。當時的恒大規模尚小，成立初期，許家印就先見性地為公司制定了發展戰略、企業精神和目標，為恒大規劃了發展藍圖。面對嚴峻的內外部環境，白手起家，瞄準房地產，抓住當時即將取消福利分房、實現住房商品化的機遇；實施「規模取勝」的發展戰略及「艱苦創業 高速發展」的第一個「三年計劃」。恒大通過首個項目「金碧花園」贏得了第一桶金，實現了從廣州到全國的佈局。

恒大勝在謀略，這是業內最為普遍的評價。分析人士指出，恒大20年跨越發展，不僅得益於掌門人許家印個人的眼光與膽識，更與貫穿恒大20年的企業精神、工作作風和企業宗旨分不開。自成立以來，恒大實行緊密型集團化管理模式、標準化營運模式以及民生地產的產品定位，確保了恒大規模與品牌的快速發展。而一直以來恒大強勁的業績表現，也恰恰印證了「許氏管理」法則的獨到之處。

資料來源：http://www.ocn.com.cn/info/201408/heidai061033.shtml
http://sz.winshang.com/news-282471.html
http://news.ifeng.com/a/20160701/49275563_0.shtml

思考題：
1. 恒大是如何實施多元化戰略的？
2. 恒大的多元化戰略能成功嗎？

案例5　龍湖商業戰略新思路

近年來，關於商業經營模式是銷售還是自持，一直爭論不休。不管是銷售還是自持，各有優缺點。面對這樣的情況，龍湖2016商業戰略做出了改變：樓上龍湖自持，樓下買鋪共贏。

一、龍湖2016商業戰略新思路，銷售自持商業齊頭並進

就銷售模式而言，其最大的優勢在於開發商可在短期內回籠資金，降低項目整體資金壓力，不過最大的缺點是無法規劃經營業態及規範整體形象，影響項目整體形象，容易造成項目后期經營不善。而自持商業，雖然可以降低商戶的前期投入，提高資金的使用效率，規避產權銷售后難以統籌規劃和經營管理等諸多風險，但是其對開發商的資金實力要求很高。不過從長遠目光來看，商業地產中自持物業是更好的經營模式，因為通過這種經營管理可以獲得長期的利潤收益，為企業帶來持續性的收益。然而目前的市場環境、金融環境等因素造成開發商完全自持商業非常困難，基於此，龍湖2016年做出一項大的改變，那就是在新壹街的營運上，採用銷售與自持齊頭並進模式，讓開發商和商家都實現利益最大化。

二、樓上龍湖自持，樓下買鋪共贏

此次，新壹街採用銷售與自持齊頭並進的模式，按照自持商鋪與銷售商鋪3：7的

比例，龍湖在新壹街商業搶先自持10,000平方米商鋪，其中包含了雙首層臨街鋪。而這些自持商業將會引入大型主力店，憑藉著這些主力店的強大影響力，勢必吸引四面八方的客流匯聚於此，客流自下而上流動，自然而然帶動中間商鋪的人流量和提升購買率，讓商家更快更近地享受龍湖自持商業帶來的人氣溢出效應。龍湖用自身精心的管理和營運，為商家投下一顆定心丸，同時為商家的資產保駕護航，讓雙方實現共贏。

目前，CGV星聚匯影城、永輝BRAVO精品超市、威爾士健身會所三大主力店已強勢簽約入駐，強強聯手營造濃厚商業氛圍。同時諸如哈根達斯、滿記甜品、星巴克、蘇荷酒吧、中國黃金等品牌商家競相入駐，屆時將會帶來無限的商機。據瞭解，現項目壓軸推出建築面積30~200平方米步行街商鋪，為觀音橋端頭形象鋪，這是新壹街最后一批商鋪，更是整個觀音橋在售商鋪的最后一批。

資料來源：http://cq.house.ifeng.com/detail/2016_05_06/50769505_0.shtml

思考題：
針對龍湖商業戰略新思路有何看法？

案例6　萬達戰略轉型

一、戰略清晰，啓動「去房地產化」轉型

王健林認為，商業地產的暴利時代即將過去，萬達正在向輕資產的高科技服務業轉型，重資產的比例會逐漸下降。作為全球最大的不動產企業，萬達集團董事長王健林卻在日前深交所舉辦的創業家思享匯上清晰地表達了「去房地產化」的思路：「2020年萬達集團收入的三分之二，利潤的三分之二以上要來自於服務業企業，也就是說要來自於不動產以外的收入和利潤。」

1. 不做地產轉做服務

「明年開業的萬達廣場當中將就會有超過20個是輕資產。到2017年，萬達集團重資產開業的會逐漸降到10個以下，一直到沒有。」王健林表示，去房地產化是萬達集團定的五年戰略目標，公司將轉型成商業服務業企業，完全輕資產化。

作為全球最大的不動產企業，萬達為什麼要拋棄傳統的地產業務而轉做服務呢？王健林說，這並不是他的「任性」之舉，而是商業地產的「拐點」已經到來，暴利時代過去了，轉型是必然的趨勢。

細化來看，他認為萬達轉型輕資產有三大理由。第一個是要擴大競爭優勢。重資產的模式受制於房地產的週期，輕資產能讓規模在短時間內呈現翻倍式的增長。第二個理由是看中了三四線中小城市的商機。萬達可以憑藉強大的招商資源和輕資產的快速規模效應，可以迅速占領三四線城市的市場。「三四線城市土地價格很便宜，現在去還能選好的中心地段，40萬~50萬人有一個萬達廣場基本上就實現全覆蓋。」此外，王健林還認為輕資產能夠較大程度地擴大邊際效益。目前萬達正在嘗試做一個集兒童的遊樂、教育、培訓、美食、零售於一體的「兒童Mall」，並希望通過輕資產的規模效應

迅速在全國擴張開來。

實際上，去年轉型的效果已經顯現。2014年文化集團收入341.4億元，完成年計劃的108.9%，同比增長32.3%，超過商業地產業務。王健林說，萬達去房地產化的步伐會逐步加快，向高科技和服務性公司靠攏。「現在上市叫『萬達商業地產股份有限公司』，可能這『地產』二字在今后三年，或者某一年就沒有了。」

2. 進軍互聯網金融

今年的一個新詞「互聯網+」一出來便火遍全國，背后反應的是互聯網對傳統行業的改造和衝擊。萬達作為一個典型的傳統行業的佼佼者，如何面對這個挑戰呢？實業家王健林將突破口定在了互聯網金融上。

實際上，萬達早已加大了在金融業的佈局，王健林前不久就宣布在上海成立一個萬達金融集團，準備把第三方支付公司「快錢」注入進去進行一個平臺化運作。而在互聯網金融方面，萬達打算再踏出一條與眾不同的路。據王健林介紹，萬達希望以擁有的幾十萬臺POS機為切入口，向使用這些POS的商家發放貸款。目前，萬達的電商公司已經成功試驗出第一代雲POS機。另外，萬達還希望將每年60億~70億消費人次的數據轉換成大數據，通過消費數據鏈發放消費貸款。據瞭解，萬達的大數據中心即將在今年10月在成都開業。

「現在就到了互聯網時代了，你不『+』也『+』，被迫也得『+』。」在王健林看來，互聯網必須跟實業結合才會有長久的生命力，實業必須加上互聯網才能存續下去。「單純的互聯網如果沒有后面這個『+』，將來也是有風險的。只有它和所有集合在一起，形成線上線下的互動，才可能有長久的生命力。」

3. 為深圳培養了7個「西班牙小將」

王健林坦言，當年退出足球圈主要的原因是實在看不慣當年圈內「暗箱操作」盛行的風氣。「但是退出不意味著我不愛這個行業了。」退出足球圈的王健林依舊一直關注著中國足球的發展。當他發現足球註冊的青少年人口從20世紀90年代40萬下降到只有1萬多人時，這個老球迷坐不住了，「我決定重新回到足球圈」。

這一次王健林同樣另闢蹊徑，他並沒有從俱樂部層面支持國家隊，而是把資助的力量傾向了青少年。在他看來，只有將中國玩足球的青少年數量做上去，支持青少年足球的發展，中國足球才有翻身的可能。四年內，他出資挑選了100多個孩子送往西班牙培訓。他還透露，收購馬德里競技就是希望成為他們的股東，讓他們更用心地培訓「我們的小孩」，讓他們有更多國際比賽的經驗。

他表示，近期深圳舉辦了一場青少年足球賽，深圳隊以5:1大勝國家隊，與深圳隊裡有7個「西班牙小將」分不開。「我相信，再有三年，大家可以看得到抓青少年培養究竟重要還是不重要。」

關於中國足球可不可以上市的問題，王健林直言不諱：「我看還差一點吧」。他認為，足球上市並需要具備產業氛圍，但今天中國足球的產業氛圍還沒到那個水平。「現在中國足球的模式是不對的，非動大手術不可。」但與此同時，他看到最近中央在足改動作頻頻，對中國足球的未來仍抱有較大的期待。

二、以「加法」和「減法」推進萬達戰略轉型

在今天的顛覆創新的時代，企業轉型正紛紛尋求轉型，國內最大的商業地產企業萬達集團也吹響了轉型的「號角」。記者注意到，今年以來，萬達集團董事長王健林頻頻在公共場合闡述萬達的發展戰略。

此前王健林曾表示，他希望三到五年之內把「地產」去掉，變成商業發展公司或者商業服務公司。近日，萬達被傳出將砍掉40多家百貨、80多家KTV門店，王健林要求盡快完成這些工作。關掉盈利能力較差、甚至虧損的百貨門店和過時的大歌星KTV是萬達的「減法」戰略。

實際上，萬達集團在轉型的進程中，做更多的是「加法」，其中包括發力「互聯網+O2O」、加速海外佈局、萬達旅遊5年內打造全球最大旅遊企業、成立體育控股公司加碼文體產業……

8月8日，萬達推出了在美國、澳大利亞、西班牙的三個海外項目，其海外佈局正在逐步展開。除此之外，萬達的海外地產項目也被視為萬達集團國際化併購與投資穩步擴張計劃的重要組成部分。萬達集團稱力圖將其打造為萬達自有品牌酒店項目為主的海外綜合地產項目投資及營運平臺。據介紹，萬達集團現已在英國、美國、澳大利亞、西班牙等國家的多個世界知名的國際化大都市佈局了地產項目。

另外，在8月10日的首屆「互聯網+零售紫金峰會」上，王健林闡釋了萬達在「互聯網+」領域所做的佈局。

「5年以後沒有互聯網公司能存活，互聯網與實業融合，線上線下的融合，這才是未來互聯網的發展方向，也是實業長期持續發展的方向。」他表示。

王健林稱，萬達集團做的第一件事就是「互聯網+商業」。這一戰略被稱為「機構出資、我建廣場」的擴張模式。

「現在因為萬達正在全面推行輕資產，就是因為過去重資產模式通過銷售獲得現金流再投資廣場太慢了，而且這個模式還受了一個限制，就是房價低的地區我們進不去，」他透露，「現在改為輕資產模式，用別人的人錢投資，產權是別人的，租金絕大部分是別人的，我們只提供設計、招商、服務等，這個模式下來以後，一下子打開了思路，所有只要超過40萬人的城市都可以進去。」輕資產模式的推行，意味著萬達廣場大量加速。

其次，王健林尤為看重的另一個方向是「互聯網+金融」的戰略。他表示，萬達正在籌建金融集團，這個金融集團需要跟互聯網結合。「我們掌握這麼多現金流的入口，需要把這方面轉化成為金融集團服務的一個價值。萬達廣場裡面95%是500平方米以下的中小店，主力店只有兩三個，主力店是商業的穩定器，但是租金提升幅度不大，小的商家租金可以提升，這些商家在傳統金融機構裡面很難通過信貸模式獲得成本低的貸款，所以我們的互聯網金融集團是有可能解決這個問題的。」他透露。

此外，萬達集團也成立了旅遊控股公司，發展「互聯網+旅遊」。「萬達的目標是5年內打造成為全球最大的旅遊企業，我們這個是對規模而言，不是講收入，到訪人次超過2億，成為規模最大的企業。」王健林稱，「中國目前還沒有出現有目的地的線下

公司和線上渠道在一起的情況，現在很多旅遊網就是純線上，旅遊是純線下，但是沒有目的地，我們正在打造大型的目的地，我們把這種線上線下目的地捆綁在一起，我們推出若干個產品，這樣就有比較便宜的價格，現在正在做這個事情，因為融合剛剛完成，所有產品會在明年陸陸續續推出來。」

萬達集團的第四個O2O佈局為「互聯網+電影」，萬達集團旗下的萬達院線已經打造了全球最大的會員渠道和線上的銷售平臺。王健林稱，線上線下融合才使電影院公司收入增長，互聯網+電影要把電影製作和電影發行疊加在一起，所以萬達發展非常快的一些行業都是線上線下融合。

「互聯網+如何走在全世界都是新課題，也沒有成功模式，但是這是今後所有實業公司和互聯網公司唯一的方向，誰不融合誰就會被拋棄。」王健林意味深長地說道。

三、2015年發展戰略：萬達將在7件事上動真格

與往年一樣，王健林在萬達年會上發表了100分鐘左右的演講，當然，也與往年一樣，這個演講全部由他手寫，而且在他念出第一個字之前，沒人知道他到底要講什麼。

在演講中，王健林總結了萬達這一年的三大教訓，並用較長的篇幅談到了2015年萬達的發展戰略，可以說，研究萬達的打法和戰略，需要研究透這7點。

（一）2015年經營主要目標

全集團資產6,100億元，收入2,740億元。

商業地產開業26個萬達廣場、14間酒店。收入、租金、利潤指標內部下達。

文化集團收入450億元。其中AMC收入183.8億元。

萬達院線收入和利潤指標內部下達，這裡不公布。

大歌星收入10億元，確保實現淨利潤目標。

萬達旅業收入107.5億元，向萬達文旅項目輸送遊客不少於40萬人次。

兒童娛樂新開店27家，收入1.4億元。兒童娛樂的重要性已經顯現出來，我們做了分析，有了兒童娛樂後，萬達廣場的人流有一定增長。

影視傳媒製作發行8部影片，票房21億元，收入3.2億元。

武漢電影樂園和漢秀收入11.8億元；文化集團其他收入71.7億元。

百貨公司收入288億元，新開門店17家。

快錢公司收入29億元。

電商公司開業成都雲數據中心，完成15個智慧產品的上線，活躍會員人數達到1億人。

（二）開始全新轉型升級

1. 第四次轉型

萬達過去二十多年的高速發展與成功，就在於不斷創新與轉型。第一次轉型是1993年走出大連，萬達由地方企業向全國性企業轉型，突破地域局限，為擴大企業規模奠定基礎。第二次轉型是2000年，由單純住宅向商業地產轉型，這次轉型創新了萬達商業模式，使萬達商業地產在中國一騎絕塵，成為全球不動產的領袖企業。第三次

轉型是從2006年，萬達開始大規模進軍文化旅遊產業，使萬達由單一的房地產企業發展為綜合性企業集團。2015年萬達要開始第四次，也是範圍更廣、力度更大的一次全新轉型。

2. 萬達集團的轉型

萬達集團轉型分為兩方面，從空間上看，是從中國企業轉型為跨國企業；從內容上看，是從以房地產為主的企業轉型為服務業為主的企業。萬達已宣布到2020年的發展目標，資產1萬億元，收入6,000億元，淨利潤600億元，成為世界一流跨國企業。同時確定兩個具體轉型目標，一是2020年集團服務業收入、淨利占比超過65%，房地產銷售收入、淨利占比低於35%；二是2020年海外收入占比超過20%。今後萬達商業地產要實行新的發展模式，同時加快發展文化旅遊、金融產業、電子商務3個產業，到2020年形成商業、文旅、金融、電商基本相當的四大板塊，徹底實現轉型升級。

3. 商業地產的轉型

不能認為轉型就是集團的事，商業地產自身也要全新轉型。

第一，力推輕資產模式。過去萬達的成功靠的是城市綜合體，建一個萬達廣場，旁邊配建一些公寓、寫字樓、商鋪用來銷售，通過房地產銷售產生的現金流來投資持有的萬達廣場，這是重資產模式。現在萬達要推一種輕資產模式，就是萬達廣場的設計、建造、招商、營運、慧雲系統、電子商務系統都由萬達自己做，使用萬達廣場品牌，但所有投資由別人出，資產歸投資方。這種模式沒有房地產銷售，是準金融投資行為，萬達與投資方從淨租金收益中分成。

第二，提升租金淨利占比。目標是3年內將租金占淨利潤的比重提升超過50%。

第三，改變目標考核體系。收入、回款、入伙指標今年起不再是核心指標，核心考核指標調整為考核租金、淨利潤、持有物業增長指標。只要這三個指標保持較高增長，房地產收入指標就可以少增長，可以不增長，甚至可以負增長。

（三）加快發展電子商務

（1）確保成都雲計算中心10月之前竣工，支持電商全國聯網運行。

（2）搞好技術研發。2015年完成已確定的15個智慧產品的研發，同時要制定今後3年更多的技術研發目標。萬達打造O2O，已經擁有線下資源，關鍵是線上技術，要研究怎樣做到好用，大家願意用。

（3）做大支付規模。全集團要為快錢的發展提供支持，由曲德君、王貴亞牽頭做具體方案。不僅萬達電商用快錢支付，萬達廣場商家也要用，商管公司要一家一家去談，動員他們使用快錢。但我認為，快錢主要發展方向不是支付規模，而是互聯網金融。要研究推出一整套優惠方案，提供大力度的支持，下周集團開專題會研究這個問題。

（4）萬達電商基本成熟後，要考慮向社會開放，力爭做成一個開放的平臺級電商。我們先做3年，成功後，就跟其他購物中心、百貨店、電影院、餐飲商家去談合作。萬達電商手裡有巨大的線下平臺，有數億會員，如果他們願意加入，我們出錢做數據中心、網路改造。

（5）強化互聯網思維。這是對萬達所有領導講的，特別是副總裁級以上的領導，必須要有互聯網思維。什麼叫互聯網思維？就是要敢於擁抱互聯網，而不能僅僅把互

聯網看成工具。怎樣教育大家形成互聯網思維？執行層要研究出一個辦法。

（四）推進國際戰略

（1）堅持併購為主、投資為輔的方針；2015年完成2至3家較大規模的併購。

（2）落實3個海外文華酒店項目。海外酒店還是堅持走傳統路子，結合公寓開發，以平衡現金流。

（3）加大海外人才儲備。人力資源中心要保持適度的海外人才儲備，這點成本是可以付出的，確保做到人等項目，不能項目等人。

（五）發展金融產業

（1）2015年一季度成立萬達（專題閱讀）金融集團，註冊資本100億元，制定到2020年的發展規劃。

（2）年內併購1至2家金融企業，把金融集團框架搭起來。

（3）向互聯網金融方向走，不搞開門店、拉人頭的傳統模式。

（六）更高提升企業管理

（1）做好交鑰匙工程這件大事，要保工期、保質量、保效率。

（2）搞好文旅項目經營。從今年開始，萬達文化旅遊項目就進入豐收期，今年西雙版納度假區開業，明年合肥、南昌萬達城開業，2017年後每年3個以上文旅項目開業。必須做好文旅項目經營，只有經營收入達到預期，萬達文化旅遊的商業模式才能站得住。

（3）逐步推行固定租金加抽成的新模式。過去萬達都是固定租金，今年先選2個萬達廣場做實驗，固定租金和抽成，兩者取其高。如果試點理想，就逐漸推廣這種模式，基本目標使萬達廣場租金到2020年比原測算增長10%以上。

（4）百貨打好翻身仗。百貨就看今年，希望你們堅決完成收入和利潤指標。如果完成，就意味著百貨徹底翻身，丟掉集團落後單位的帽子。

（5）堅決控制費用增長，落實總部管理費三年不增長的目標。

（6）強化對商管的監督審計。我們發現，萬達廣場火了，到期調租金的時候，有個別管理人員吃回扣，審計一查人就跑了。跑了就行了嗎？如果金額大，照樣移送司法。事後調查發現部分商家敢怒不敢言。為什麼敢怒不敢言？萬達有投訴部門，今年審計部門要對所有商家做一次普及教育，告訴投訴辦法，可以直接投訴到集團審計中心。

（七）帶頭承擔社會責任

（1）2015年新增服務業就業崗位15萬人，其中大學生就業4.5萬人。

（2）支持100名應屆大學生創業，成功率95%以上。

（3）全年納稅300億元。

（4）全年捐贈4億元人民幣；義工活動突破10萬人次；全面啟動丹寨包縣扶貧行動，在丹寨縣招聘1萬名農民工到與萬達合作的施工企業務工，開工職業學院以及生豬擴繁、育肥及深加工廠。

資料來源：http://travel.ifeng.com/news/detail_2015_04/21/41015537_0.shtml
　　　　　http://news.xinhuanet.com/house/cq/2015-08-12/c_1116214945.htm
　　　　　http://ln.sina.com.cn/news/finance/2015-04-18/detail-iavxeafs5764809.shtml

思考題：
1. 萬達的戰略轉型有何啟示？
2. 萬達商業地產是如何轉型的？

案例 7　華潤發展戰略

一、華潤置地可持續發展之道

作為華潤集團旗下的地產業務的旗艦，華潤置地始終堅持可持續發展之道，歷經商海磨練，如今已經成長為房地產行業領先的企業。

2014 年 7 月 26 日，華潤置地正式發布商業地產戰略，並明確提出將致力於成為「中國商業地產領導者」的商業地產戰略目標。據華潤置地總裁唐勇介紹，按照目前的戰略佈局和開發速度，2017 年和 2018 年，華潤置地將迎來商業項目開業的高峰期。「預計到 2017 年年底，華潤置地將有 40 多個商業項目投入營運，投入營運的零售物業建築總面積將超過 600 萬平方米，年客流量將達 4.5 億；預計年累計購物營業額將超過 500 億元人民幣，會員總數將超 200 萬人」。

華潤置地在實現自身發展與價值創造的同時，在踐行社會責任方面也得到了社會認可。近日，華潤發布首份獨立社會責任報告——《華潤置地有限公司 2013 年社會責任報告》（以下簡稱「報告」），從社會責任、員工關懷、股東回報、業主服務、生態保護等各個維度進行了詳細解讀，並獲得中國社會科學院綜合評價「四星級」優秀報告。

「踐行社會責任是企業可持續發展的基石。」華潤置地董事長吳向東在報告開篇中這樣寫道，一個企業，在創造經濟價值的同時，還應該不斷實現社會價值，包括對股東、員工、客戶、合作夥伴、環境以及社會承擔應盡的社會責任。

1. 致力經濟發展

七十多年前，身負領導重托，誕生於香港中環一個不起眼的小閣樓中的華潤集團，如今已經發展為下設七大戰略業務單元、19 家一級利潤中心、1,200 多家實體企業、36 萬員工的大型多元化企業。

華潤置地作為華潤集團旗下的地產業務的旗艦，秉承了華潤集團的社會責任理念，一直將社會責任納入公司的發展戰略，並通過踐行社會責任，帶動城市經濟的發展，改善城市面貌，引領城市生活方式改變，實現企業與社會的和諧共存。

事實上，努力承擔社會責任，不僅成為打造世界一流企業必備的條件，也正在成為華潤置地作為央企成員的應有義務。

作為一個經濟組織，華潤實現著巨大的價值創造。2013 年，華潤置地全年實現綜合營業額 713.89 億港元，淨利潤 146.96 億港元，比 2012 年分別增長 60.9% 和 39.1%。其中，住宅開發業務營業額達到 648.18 億港元，同比增長 68.3%；包括酒店經營在內的投資物業營業額達到 46.22 億港元，同比增長 27.4%。

在創造價值的同時，華潤在履行社會責任方面的實踐更加豐富。其中，在社會公益方面，華潤置地正積極參與華潤希望小鎮建設，為實現希望小鎮村民「走水泥路、喝自來水、用清潔竈、上衛生廁、住整潔房」的目標，華潤置地自2008年起陸續承擔了8個希望小鎮的民居改造、公共配套設施及市政基礎建設。

據瞭解，在項目所在地，華潤置地還不斷完善周邊配套設施，以方便居民出行，改善居民生活質量。具體舉措包括：投資建設幼兒園、小學，並引入教育資源，以滿足周邊居民適齡兒童教育的需求，提高教育水平；投資建設市政道路、廣場、消防站等公共設施，投資建設淨菜超市等生活配套設施。

環境保護方面，華潤置地在項目開發建設中，在保護原有生態的同時，還致力於投資建設污水處理廠，改善水環境質量。以海南（樓盤）萬寧石梅灣項目為例，華潤置地配套建設了總占地面積19,980平方米的污水處理廠，日處理污水規模達到10,000噸/日。

華潤置地一位負責人表示，無論是過去，還是未來，華潤置地會始終把「社會責任」作為企業發展戰略的重要組成部分，使更多有需要的人體驗到真正的高品質。

2. 專注品質提升

對於房地產開發商來說，為消費者提供高品質住宅才是硬道理，只有保證項目品質，增值業主服務，才能抵禦房地產市場的「寒冬」。

作為全國一線地產品牌開發商，華潤置地將追求高品質作為發展戰略，秉承「品質給城市更多改變」的品牌理念，在質量管理、綜合服務等方面得到了專業機構和廣大業主的認可。

2014年8月1日，華潤橡樹灣家園三期項目獲得中國土木工程學會住宅工程指導工作委員會頒發的「2014中國土木工程詹天佑獎優秀住宅小區金獎」。這一土木工程領域最高獎項的獲得是華潤置地多年來堅守項目品質的又一成果。據瞭解，為踐行高品質標準，華潤置地發布了高品質戰略，並提出了「精細設計準則，毫厘工程標準，情感悉心服務」的高品質內涵，力爭為客戶提供高品質的產品和服務。

例如，在不斷實踐、總結的基礎上，華潤置地逐漸形成了一套系統的工程高品質企業標準，包括「安全堅固、功能適用、美觀精致、易維護、耐久、節能環保」六個維度，內容涵蓋基礎與結構、屋面與外立面、內裝修、機電與小市政、園林景觀五大分部工程；通過標準的發布，進一步完善了華潤置地「總部-大區-城市公司」三級質量管理體系，促進華潤置地高品質戰略落地。

3. 創新生意模式

在住宅商業開發雙線並進的同時，華潤置地還開發了新的盈利點——增值服務，致力為住宅產品注入更多附加值。通過注重室內設計、精裝修到家具配飾等多個環節的細節滿足顧客的功能化需求，使華潤置地增值服務區別於市場「精裝修」的無個性批量複製模式。

「這種差異化生意模式，使得華潤置地成為了具有綜合開發能力的地產發展商，利潤的來源多元化，同時對風險的抵禦能力層次化，企業可以通過住宅的開發帶來近期增長動力，而通過收租物業的資本增值帶來長期回報。」《中國商業地產創新案例研究

報告》給出了這樣的評價。

「現在的購房者已不僅僅購買棲身之所，對居住品質的要求也逐漸提高。」華潤置地的一位負責人表示，作為全國一線地產品牌開發商，華潤置地不只是簡單地造房子、賣房子，而是為業主尋找理想居所，提供更高品質的生活方式。

4. 保障股東回報

數據顯示，2013 年，華潤置地共實現綜合營業額 713.89 億港幣，其中，住宅項目的簽約額 663.06 億人民幣，股東應占溢利達 146.96 億港幣。

據華潤置地披露的年報顯示，目前，華潤置地已經完成在全國十個大區的 52 座城市的佈局，發展 110 多個項目，商業地產的總建築面積已超過 220 萬平方米，合作商家超 1,000 家，合作品牌逾 2,500 個。預計到 2017 年年底，華潤置地在全中國將有 40 多個商業項目投入營運。屆時，零售物業建築總面積將超過 600 萬平方米，年客流量將達 4.5 億；預計年累計購物營業額將超過 500 億元人民幣，會員總數將超 200 萬人。

2004 年 12 月 9 日開業的首家萬象城，開啓了深圳（樓盤）的購物中心新時代，同時，這也被視作華潤置地進軍商業地產的開端。

2013 年，華潤置地發布商業地產新的戰略目標，致力成為「中國零售物業領導者」——在全國複製「萬象城」城市綜合體的同時，華潤置地逐步發展出萬象城、萬象匯（五彩城）和 1234space 三條商業產品線，分別定位為高端商業中心、區域商業中心、輕奢潮人體驗館，聚焦於不同層次的消費者。

《中國商業地產創新案例研究報告》分析認為，華潤置地商業地產涵蓋了從高端綜合體到社區購物中心多種類型的商業形態，形成了高、中、大眾化定位的互補型購物中心產品系列，這一差異化競爭戰略形成了自身的比較優勢。

據瞭解，華潤置地的快速成長首先得益於其清晰的戰略規劃和高效的執行力，其次得益於三次戰略轉型——從「單一住宅開發模式」到「住宅開發+投資物業」並舉，再到「住宅+投資物業+客戶增值服務」多領域發力。

業內人士分析認為，這種差異化商業戰略能給投資客戶更多的保障。對於股東和投資者而言，持有物業可為其投資的地產企業產生持續平穩的現金流回報，形成資產上的潛在長期收益，幫助企業有效抵抗市場風險，從而給股東和投資者帶來更多價值。

從盈利模式上說，業內人士表示，華潤置地地產開發項目在一二線城市居多，公司將受益於行業正面、積極的前景，相信這會成為華潤置地新的業績增長點。

「未來我們將致力於不斷改進和完善與投資者的溝通，為投資者創造更多機會瞭解公司業務，同時讓公司管理層更多地瞭解資本市場對公司的要求，以此實現公司內部管理、盈利能力及管治水平的不斷提高。」華潤置地公司負責人表示。

二、華潤新發展戰略

2016 年 3 月，萬科臨時股東大會上，一直支持萬科的華潤集團（下稱「華潤」）雖在會上投了讚成票，但在會后卻突然公開質疑萬科與深圳地鐵集團合作的程序合法性。

華潤一向處事低調，即使在去年萬寶之爭的深水期，在外界看來，華潤只發布寥

寥幾句象徵性表態,便繼續靜悄悄扮演財務投資角色——誰要想從華潤挖點什麼,碰到的常常只有銅牆鐵壁。

而這次對媒體主動喂料的華潤「太主動,太高調,太不央企了」,很多人表示「從沒見過華潤這樣」。對此,香頌資本執行董事沈萌曾稱,萬科與深圳地鐵合作,華潤話語權被大幅「稀釋」,沒有形成眾贏格局。

就在人人關心「誰的萬科」博弈戰中,華潤將怎樣重新定位的時候,卻鮮有人發現,華潤旗下的地產平臺華潤置地有限公司(下稱「華潤置地」,01109.HK)將成為今年最有希望進入千億軍團的第8位成員。華潤新掌舵人傅育寧上任後,華潤整體戰略也在悄然發生改變,其中重要的一環,就是華潤置地權重和地位的重估。

1. 等待「千億」

5月10日下午,華潤置地交出了今年前4個月的成績單:前4個月公司合同銷售總金額為347.1億元(除非特別標註,以下幣種皆為人民幣),合同銷售建築面積約59.93萬平方米,投資物業租金收入約港幣5.93億元(約合人民幣4.98億元)。

上述銷售金額已完成全年960億目標的36%,有望提前完成目標並衝刺千億銷售額。華潤置地2013—2015年的銷售額分別為663億元、692億元、851.5億元。

麥格理證券報告指出,華潤置地是市場上少數多年毛利率仍然能維持在30%以上的房企,這主要受惠於其更嚴謹的成本控制和產品組合改善,以及更多一二線城市項目入帳。

回顧2015年,華潤置地實現簽約額851.5億元,簽約面積675.9萬平方米,同比分別增長23%和2.4%,完成了對外宣稱目標的109%,排名在萬科、綠地、恒大等7位千億軍團之後(萬科2,614億元,萬達1,640.8億元)。2015年華潤置地歸屬普通股東的淨利潤達146.03億元,接近萬科181.19億元的淨利潤。此外,華潤置地的淨負債率已經降至23%,融資成本為4.63%,總負債金額為761.5億元。

值得一提的是,2013年華潤置地內部曾制定未來兩年的銷售目標,即在2014年實現800億~900億元的銷售金額,2015年正式破千億。可惜造化弄人,由於在城市佈局上曾有過短暫的戰略失誤,華潤的千億之旅相比快週轉的其他上市企業要費一些周章,而緊隨其後的融創中國(734.6億元)和華夏幸福(600340)(723.5億元),與它的差距越來越小。

2010年,一二線城市樓市過熱引來調控重拳打壓,華潤置地與同期不少房企一樣,將戰線下沉至三四線。由此帶來的影響很快就反應在年報上,2010年,公司銷售面積只有218萬平方米,比2009年僅上漲1.3%。銷售金額只有222.6億元,同比下降了11.3%。當時,管理層總結的原因是二三線項目的比重上升較快。

雖然銷售業績出現下滑,但華潤置地依然大手筆斥資190億元,增加揚州、唐山、長春、萬寧等9個均位於三線城市約660萬平方米土地儲備。2011年華潤置地繼續攻城略地,公司在8個三四線城市攬入942萬平方米的新增土儲。

城市數量大幅上升,但並不給力。2011年開始,華潤置地開始重點強調週轉率,把大部分項目的週轉期控制在一年以內,試圖拉動ROE,彌補逐漸下降的毛利缺口。

至2012年,兩年前在三四線拿下的項目集中進入結算期。住宅開發業務營收為

385 億港元，然而三四線城市所貢獻業績不足 10%。華潤置地毛利率出現了自 2007 年上市后的首次下降，從 2011 年的 39.6% 降至 2012 年的 37.6%。

在 2010—2014 年的 4 年間，華潤置地一直在圍繞毛利率戰鬥。並在認清形勢後，迅速調頭迴歸一二線。此時的華潤動作很快，2015 年全年華潤置地拿地金額占據銷售額的 68%——公司年內以總地價 592.1 億元在北京、上海和供求關係健康的二線城市購入 18 宗地，計容建築面積為 511 萬平方米。

至此，華潤置地已佈局 53 個城市，總土地儲備面積達 4,126 萬平方米。其中 85% 的土地位於一二線城市，基本正式完成從三四線城市迴歸一二線城市的戰略轉變。穩住了陣腳的 2015 年，華潤置地扣除投資物業評估增值後利潤為 142.1 億港元，毛利潤率為 31.2%，同比 2014 年的 30.6% 有所改善。

今年公司高層在業績會上透露，可售貨源為 1,108 億元，而華潤置地今年的銷售目標是 960 億元。

經過戰略糾錯，2015 年年報顯示，深圳大區貢獻率 27%，上海大區 10.2%，北京大區 9.3%，北京和上海的比例仍然有待提高。

為提升毛利率，公司為擴大銷售規模而重返核心城市，為重返核心城市而頻繁拿地，同時為拿地又頻繁融資。與此同時，華潤置地向華潤集團請求資源注入以孵化更多優質項目，華潤置地力爭盡快實現期待已久的「千億」目標。

2.「買買買」

「買買買」一直是華潤置地從去年到今年不可間斷的動作。

「2015 年我們整個投資策略還是比較成功的。全公司也沒有買一塊貴得離譜的地。」在業績發布會上，華潤置地董事會副主席、總經理唐勇很自信地如上表述。

但 2015 年前 8 個月華潤置地連奪四大「階段性」地王也被很多投資者質疑。1 月份，聯合首開、平安競得北京豐臺區花鄉白盆窯村地塊，86.25 億元；3 月和 6 月，聯合華發競得上海閘北區姊妹地塊，分別為 70.52 億元和 87.95 億元；8 月，競得武漢光谷地塊，47.2 億元刷新武昌單價地王紀錄。華潤置地高層曾對此回應「總價高，單價合理。」

長期以來，華潤置地位居房企銷售榜第二梯隊，業績增速平穩，規模擴張緩慢，在拿地方面也鮮有大手筆。2014 年中傅育寧上任後，華潤置地土地投資策略明顯轉變，也有聲音認為這是「激進派」華潤置地執行董事吳向東風格的延續，不管怎樣，華潤步子邁得凶猛確是事實。

2015 年成為華潤的「購地年」。公司在一二線城市砸下 293.6 億元（權益部分，地塊出讓金總額為 592.1 億）增持 18 宗土地，較 2014 年增長了 96%，若加上購買集團土地註資花費的 186.4 億港元，合計金額更是達 748 億元。與此對照的是 2013—2014 年間，華潤置地新增土地建築面積持續下降，從 1,010 萬平方米減少至 510.6 萬平方米，地塊數量也從 34 幅下降至 18 幅。

2016 年，華潤拿地勢頭未減。2016 年前 4 個月，公司又在南昌、上海、成都、珠海、佛山、沈陽、海口等 11 個城市完成 11 宗土地收購，建築面積共計 440 萬平方米（權益面積 240 萬平方米），地塊總出讓金共計 250.51 億元（權益出讓金 141.93 億

元）。其間，11塊土地中僅有上海靜安蘇河灣項目位於一線城市，其餘均為二線城市地塊。招商證券（600999）高級分析師蘇淳德表示，這並非是華潤今年重二線而輕一線，這與一二線城市供地節奏有直接關係。「一線從嚴調控，這也影響到土地供應情況，由於土地有限，地方政府更加傾向於舊改」。

與規模接近的房企對比，華潤 2015 的新增土儲均價在 TOP20 房企中居首位（融創未公布），明顯高於同樣定位中高端的世茂、綠城和龍湖。

但 2013—2015 年，據 CRIC 報告顯示，華潤在上海、北京和深圳這三座城市的土儲還是有所增長，合計占比從 24.4% 上升至 32.6%，其中在北上主要靠招拍掛，深圳則舊改居多，並由集團注入了大衝村項目。相對一線城市，華潤置地在某些二線城市如沈陽土儲下降幅度最大，達 4.2%，海南區域也未有新地塊補充。

一線城市「麵粉」價格高漲，但華潤置地高總價地塊仍集中在核心位置，未來必然要打造高端項目；另一方面，華潤置地的合作項目明顯增加，通過與華發、九龍倉、華僑城、平安等「合體」減輕資金承壓。

3. 力推「輕資產」

2014 年 4 月，傅育寧臨危受命，從招商局集團董事長任上空降華潤集團。

傅育寧是標準的「下過鄉、留過洋」的央企掌門人。1975 年，在河北省插隊當知青，1986 年，在英國布魯諾爾大學獲海洋工程學博士學位，1988 年回國。任招商局集團董事長期間，傅育寧協助招商局走出了 1998 年的亞洲金融風暴，也扛住了 2008 年全球金融危機衝擊。2013 年，招商局利潤總額 268.66 億元，在各央企中排名第 10 位。媒體曾用「學者型商人」來形容他，稱他「內斂深靜」「淵博儒雅」。在赴任之後的 20 多天時間內，傅育寧走遍華潤集團旗下醫藥、地產、金融、消費、電力、水泥、燃氣七大戰略業務及相關企業。

傅育寧上任后，在香港首次召開的集團大會上，他特別提出：「希望華潤敢打敢拼敢衝的商業文化不要改變」。儘管華潤集團旗下有金融板塊，但規模小，與房地產的結合甚少。有著多年招商集團背景的傅育寧，深諳「地產+金融」模式能帶來的利好。在其治下的招商局集團，金融作為業務重要支撐，貢獻了集團近過半利潤。

因此，傅育寧為華潤帶來產融結合的新戰略佈局。4 月初，傅育寧在集團內部講話中提出，將加快建立產業基金：「決定組建大健康、商業地產、華創消費品、能源、微電子等 9 個產業基金。」

早在今年 2 月，華潤置地深圳公司便與華潤信託等成立基金，並簽訂了合作協議，這是華潤置地首次在商業地產開發中引入基金。基金先由新豐樂旗下的 SPV 作為普通合夥人出資 1 億元，LP 份額的初始募集總規模預計為 47.98 億元。募集資金將用於華潤置地在珠海橫琴自貿區的國際化商貿綜合體「萬象世界」，總建築面積 100 萬平方米，預計總投資額超過 170 億元。按照規定，該基金不會作為公司的子公司而納入華潤置地合併會計報表的合併範圍。

空降華潤后，傅育寧愈發看重金融和互聯網業務發展。有業內人士表示，華潤置地旗下多個商業項目未來有做成資產包上市或向證券化方向發展的可能。數據顯示，2015 年華潤的購物中心收入 42.33 億元，同比增長 29.9%，占營收的 4.09%；同時，

華潤投資物業的毛利率達59.6%，拉高了公司整體盈利水平。

截至2015年年末，華潤置地營運的商業面積達492.2萬平方米，包括21個購物中心。從物業銷售及商業營運兩個口徑評價，華潤在國內處於第一陣營，擁有著名的萬象城、五彩城，其品牌優勢，國內無出其右。截至去年年末，華潤置地在營業的投資物業總建築面積為491.2萬平方米。其中已開業的萬象城11個，新增體量約160萬平方米，其間五彩城（萬象匯）7個，其他購物中心兩個，2016年和2017年將分別再有2個和5個開業。

華潤公司內部認為，持有型物業將是華潤置地抵抗行業風險的重要資產，未來3至5年內，發展商業物業仍是公司重心之一。預計，2018年華潤將持有38個購物中心，總建築面積達880萬平方米。到2017年和2018年，華潤置地將迎來其商業項目開業高峰期。唐勇曾表態，到2017年，華潤置地的商業地產單獨剝離後的估值相當於一家市值1,000億元的上市公司。但大量自持商業為華潤置地帶來了長期的資金沉澱，如何讓不動產動起來，鬆綁華潤沉澱的資金，新掌門人傅育寧治下的華潤未來走向資產證券化等輕資產路徑或成大概率事件。

4. 整合中的輾轉與騰挪

據悉，傅育寧在招商局工作期間，表現出強大的管理功力，同時對資本市場非常瞭解，對集團多元化發展也頗有心得。這也恰好適用於旗下產業跨度大、關聯度低（包括零售、啤酒、食品、飲料、電力、地產、水泥、燃氣、醫藥、金融等，下屬公司超過2,000家），且前期大量的併購產業難以消化的華潤集團。

「空降」至華潤僅一年，傅育寧便果斷對消費和醫療板塊上市平臺「大開刀」。據相關報導，「華潤創業」剝離了麾下零售飲品等業務僅保留啤酒業務，並從百威英博回購了華潤雪花啤酒49%股權，叫停了主營西藥的「華潤雙鶴（600062）」對主營中藥「華潤三九（000999）」進行整合，轉而併購主營化學處方藥的華潤塞科；同時華潤醫療板塊借殼鳳凰醫療上市。

2015年，華潤集團實現銷售收入4,729.2億元，利潤總額440.3億元，資產總額9,994.8億元。而華潤置地營收和利潤占比分別為18.3%和26.8%，是貢獻集團利潤的功臣之一。背靠大樹，華潤置地的房地產業務可與集團金融板塊中的銀行、信託、基金等板塊產生協同。不少其他房企的項目中均閃現過華潤信託的身影。事實上，從2014年起，華潤置地不斷撬動財務槓桿，融資近230億元。2015年，為增加土地儲備，公司先後通過配股、發債、票據兌現、出售股票、短期融資等手段，在資本市場融資超過270億元。

2015年5月12日，華潤置地通過「先舊後新」的方式，以每股25.25港元的價格配售4億股股票，成功籌集股權資本101億港元，成為華潤集團系內規模最大的一次新股配售，也是2015年香港房地產上市公司規模最大的配售交易。本次配售可謂對公司資本結構進行優化梳理，並為華潤置地未來實現更快更有質量的增長鳴鑼開道。

CRIC分析師傅一辰總結歸納出傅育寧整合思路：果斷剝離營利性弱業務，縮小產業跨度，集中發力盈利強、前景好的板塊；加大整合業務間的協同關聯性；最終借力資本市場實現證券化，使「大象」變輕。分析師進一步預測，華潤置地拿地力度的加

大表明傅看好房地產板塊，未來「不排除大刀闊斧併購和改革可能」，而這或影響寶萬之爭棋局的最終走向。事實上，身為國企，華潤置地獨特的運作讓人羨慕不已。華潤置地會在項目產生明確盈利預期前，先在集團公司（上市公司母公司）孵化，等盈利預期明確即安排資產注入相應上市公司。

2015年年初，華潤置地以總代價186.4億港元，從集團收購深圳大衝村、深圳三九銀湖、深圳帝王居、濟南興隆和濟南檔案館共5個項目。此次註資交易於2014年5月正式啓動，是集團對華潤置地的第9次註資，也是歷年來規模最大、資產最優、過程最長、交易結構最重複，被稱為「四最」的一次註資。該類做法靈活，極大支持了華潤置地開發週期長開發難度大（如舊城改造）等項目，為職業經理人做出精品提供了緩衝期與可能性。

資料來源：http://house.hexun.com/2014-08-16/167581736.html
　　　　　http://stock.10jqka.com.cn/hks/20160608/c590844226.shtml

思考題：
1. 華潤置地可持續發展之道是什麼？
2. 對華潤新戰略有何啓發？

案例8　富力發展戰略

一、富力淡出一線地產開發商

博弈論中講述的「囚徒困境」故事正在被富力地產（02777. HK，富力）重新演繹，只不過博弈的對象是富力自己。這家中國地產界曾經的「華南五虎」之首，過去數年因為戰略選擇的屢屢失誤，在左手商業地產開發與右手住宅開發的互搏中牽絆住自己，如今不僅已經淡出一線地產開發商陣列，而且困境難解、進退維谷。

2014年7月2日，富力地產公布上半年銷售額為257億元，只占700億元年度銷售目標的36.8%。在中國房地產測評中心的報告裡，富力上半年具體項目的去化率僅為43%，在上半年TOP50房企中排名34位。

在連續數年銷售額徘徊在300億元左右之后，富力敢於把今年的銷售目標同比提升67%，是因為去年花了434億元增加了2,090萬平方米的土地儲備，占總土儲的48%。這些錢不但超過其過去5年買地花費的總和，甚至超出了當年422億元的銷售額，這也讓富力的淨負債率達到5年來的新高，高達110.82%。

富力似乎總是踏錯戰略節拍，與市場無法同步。當萬科等同行專注住宅開發、實行高週轉戰略時，富力選擇了加大現金回流緩慢的商業地產開發力度，商業與住宅開發比例一度高達1∶1，這使富力失去了高速擴張的機會，被當年的「小夥伴們」遠遠地超越。

而今富力正試圖走出這種困境。2013年富力重回擴張路線，並把今年的銷售目標定在700億元的高位。但當其重新掄起「高週轉」之劍，却發現市場已經變了，樓沒

那麼好賣了。

擺脫困境，重回一線，對富力而言，是個巨大的挑戰。

1.「舊改王」廣州掘金史

富力是中國少有的從「舊改」起家並躋身一線的開發商。依靠對市場以及政策脈搏的精準把握，香港人李思廉和廣州人張力，帶領富力完成了從廣州「舊改王」到「CBD霸主」的進化。

2013年12月6日，富力東山新天地全球發售。這是富力廣州楊箕村舊改項目的首秀，在歷經三年的拆遷與改造后，終於作為富力20年的豪宅旗艦面市。5萬元/平方米起的售價，8,529元/平方米的樓面價，利潤空間巨大，讓富力再一次嘗到「舊改」的甜頭。

富力的舊改故事，已經成為地產界傳奇。自1994年介入廣州荔灣區嘉邦化工廠舊改項目開始，富力在舊廠改造之路上一路高歌猛進，原廣州銅材廠、同濟化工廠、老殯儀館、建材廠等變為一個個富力樓盤。業界甚至流傳著這樣一句話，「每一根烟囱的倒下，都有富力的一份功勞」。到2001年末，富力完成廣州舊廠改造總面積超過250萬平方米。

在廣州不少地產業內人士看來，富力聯席董事長張力和李思廉當時敢於嘗試舊廠房改造項目，是因為敏銳地看到了當時廣州市政府推行城市功能轉變的機遇。

2010年，廣州新一輪三舊改造正式啓動，舊城擬拆除建築1,050萬平方米，涉及整體拆除重建地塊的用地約5.53平方公里。富力借機再次先后拿下獵德村、同和村、楊箕村的城中村舊改項目，進一步擴展了在廣州老城區的版圖。

「開發商墊付資金、政府出抬政策、村委會協助的『獵德模式』被富力運用到其他城中村項目中。」合富輝煌首席分析師黎文江指出，甚至時任廣州市政府常務副市長蘇澤群都公開聲稱其他城中村改造方案「借鑑這種模式」。

珠江新城某開發商中層則向時代周報記者表示，富力是一個深諳政商關係的企業。良好的政府關係、善於對舊改項目的評估及豐富的談判技巧，讓富力在舊改上表現突出、收穫頗多，「像楊箕村那麼好的地段，一般開發商肯定拿不到」。

富力憑什麼能拿到位於廣州大道、寸土寸金的楊箕村舊改項目？

「在楊箕村2007年啓動舊改方案后，富力就出現並有諸多接洽，如雙方在2010年簽署了舊改協議，村里先期3億元的拆遷費用也是富力出的，」楊箕村村委某工作人員曾向時代周報記者透露，一般都認為楊箕村項目已是富力囊中之物，但村民意見「極大」，擔心協議出讓會讓楊箕村被「賤賣」，要求採取公開拍賣的形式。

最后，2010年12月，楊箕村舊改項目出讓公告出現在廣州市國土資源房管局網站上。不過這份公告對競拍者提出了諸多要求：如註冊資本在8億元以上、在周邊區域自持物業15萬平方米以上、不接受聯合競拍。滿堂紅研究部高級主任肖文曉向時代周報記者表示，此條件堪稱嚴格，在廣州僅富力、越秀、保利幾家符合條件。

競拍之前，一直有傳言稱保利要與富力角逐該地塊，但保利最后並未出現。「富力在楊箕村扎得很深了，並墊付了很多拆遷資金，保利再參與競拍，顯得不合時宜。」廣州一位業內人士向時代周報記者指出，如保利競拍成功，不僅要支付富力墊付的拆遷

費用，舊改方案還要與楊箕村重新談判一次，這將異常尷尬。

最終，富力如願以償。2011年1月18日，富力作為唯一競拍者，以4.73億元底價拍得楊箕村27.38萬平方米的土地，加上18.8億元的改造成本，折合地價為8529元/平方米。

富力地產董事長助理陸毅曾公開表示：「在中國，社會關係還是最大的生產力。政府關係好的話，你可以第一時間獲得很多很準確的信息。政府起著全面調控的作用，你必須讓政府更好地理解、瞭解你的想法。這樣的話，企業的很多決策就能準確地配合整個城市的發展步伐。」陸毅說，在富力各個職能層面，一直跟各級政府保持非常良好的關係，包括我們老板張力，他是全國政協委員，經常就城市建設的各種問題，向中央以及省市領導提交了很多提案，得到政府部門的高度重視。

李思廉也曾感嘆，舊改項目十分重複，需與當地政府有較好的關係才會有信心。富力曾一度決定，不碰外地項目，就是因為在此之前，富力希望介入武漢舊改項目，無奈在招、拍、掛市場上輸給上海復地。

廣州CBD：「富力新城」？

憑藉舊改上位累積的業績以及上市后的春風得意，2007年富力以161億元銷售額排名房企第四位，僅次於萬科、綠地和中海，居「華南五虎」之首。也是憑藉於此，張力以420億元身家，穩居胡潤百富榜前五位。

但激進的商業地產和拿地戰略，將富力從高位上拉了下來。

商業地產是個吸金黑洞，富力對這一點深有體會。

富力的商業地產之旅起源於廣州，更確切地說，是在十年之前的珠江新城。

規劃了近10年却仍一片沉寂的珠江新城，在2003年重新啟動。當年1月22日，廣州市政府發出通告，歷時5年的《珠江新城規劃檢討》替代原有規劃，由政府發布通告並正式實施，成為指導珠江新城下一步規劃設計和建設管理的文件依據。

2004年，珠江新城核心區建設全面啟動，市政重點配套設施廣州歌劇院、廣州圖書館、廣東省博物館、廣州市第二少年宮、超高雙塔（分東塔和西塔）等六大標誌性建築紛紛布子珠江新城，且力保要在2010年「廣州亞運年」前建成。

先知先覺的富力早已搶先一年捷足先登。在2003年9月30日的土地拍賣中，富力以7.7億元獨攬4幅地塊，樓面地價僅在2,380元/平方米。之後一年內，富力又拿到3塊地，總建築面積達到52萬平方米。富力放言，珠江新城的地「出一塊拿一塊」。

「在當時，同行們都覺得張力瘋了，」熟悉富力的人士對時代周報記者說，對於2005年香港上市之前全年銷售僅約為60億元的富力來說，如此大手筆投資商業地產，有些冒險。

但張力成竹在胸。「張力原先在天河區政府任職，並且參與了20世紀90年代廣州舊工廠的改造，累積了不少人脈資源和開發經驗。」黎文江認為，富力對此可謂輕車熟路。

商業地產營運，也是富力擅長給資本市場講的一個好故事。富力某離職中層張先生（化名）對時代周報記者回憶，富力地產香港IPO時的遠景規劃是2010年及以後，銷售額是300億~350億元，同時有25億~30億元的年租金收入。

這一份在當時內地房企中少見的商業規劃，也使境外投資者在對富力保持每年100%高速綜合增長率同時仍能維持穩健現金流的狀況建立信心，使其股價從2005年7月發行時的10.8港元上漲至2007年9月21日的復權價134.8元。

2005年，富力H股上市，成為首家被納入恒生中國企業指數的內地房企，並榮登市值最高公司之一。洶湧而來的輝煌，讓富力想在更多的地方插上自己商業地產的旗幟。僅在廣州的CBD珠江新城，富力就接連拿下17個項目，坊間戲稱珠江新城為「富力新城」，而在北京、天津、成都、重慶等地，富力亦有相當面積的商業物業體量。

富力學習的是新鴻基，以商業物業來平衡住宅物業可能出現的風險。

「但富力並沒有累積足夠雄厚的資金實力，難以支撐租售並舉的模式，即使獲取了如此多的商業地產，也並不能以長線持有來獲取穩定收益，依然要像賣住宅樓盤一樣去銷售商業項目，」蘭德諮詢總裁宋延慶評價稱，至今，他還沒有看到富力商業地產的品牌營運影響力。

果然，重倉商業地產，讓富力數度面臨危機，最集中的一次爆發在2008年。這一年，富力商業地產和住宅地產開發速度比例高達1∶1，激進的發展策略讓富力地產的資金鏈幾乎繃斷，一度陷入破產危機。在當時，富力的官方口徑喊道「要撐過明年」。

李思廉坦承，富力走了極端，有太多商業物業同期落成，大量資金被凍結，導致債務與資產比率比較高。在當時，富力並不願意將手中商業地產項目廉價出售，為了解決商業地產導致的資金困局，富力多方面努力，例如打包REITs等，但商業項目均未成熟，讓打包計劃久久不能成行。2008年，富力宣布，收回新項目開工權，暫停大型商業項目開發。

幸運的是，在2008年及2010年兩次調控之後，商業地產價值開始顯現。2012—2013年，富力商業部分銷售提供了三成以上年度貢獻，並以54%的毛利率拉高富力整體毛利水平。時代周報記者梳理發現，樓板價為2,751元/平方米的富力天域中心，去年均價為2.65萬元/平方米，帶來業績7.24億元。而當前銷售均價為6.2萬元/平方米的富力盈凱廣場，樓板價僅為4,308元/平方米。

2. 失落的6年

在上一個房地產黃金十年裡，富力並沒有完全踩對市場的節拍。

「在富力赴港上市之前，我受邀為它寫一本書。在書的最後一節，一向低調的富力發出要做中國第一的宣言。」廣東省體制改革研究會副會長彭澎稱，令他沒想到的是，這幾年房企業績分化嚴重，富力掉隊了。

生猛與激進，一度是富力2005年上市后最明顯的行事風格。

2006年，富力大舉拿下21宗土地，全國佈局藍圖全面打開；2007年，富力繼續高歌猛進，僅天津、佛山、廣州三幅地王合計地價就要112億元。這一年，富力拿地1,030萬平方米，土地儲備增加了46%，總建築面積達到約2,617萬平方米，以161億元銷售額奪得「華南五虎」之首的桂冠。

在隨後到來的2008年金融危機和樓市調整雙向夾擊中，富力開始走下坡路。它急需為大肆買地投資而攀升的高負債買單，這一數字從2005年上市之初的20.5%，於2007年底飆升為139.5%。

當年，富力挖角時任中海地產華東區總經理朱榮斌，任命其為富力的副總裁兼華南區總經理，並調低售價，加大促銷力度，希望借此扭轉頹勢。

即便如此，富力 2008 年預計 200 多億的銷售額，只實現 160 億元。當年，富力在沒有買地，也沒有交納大量土地出讓金的情況下，資產負債率依然高達近 124%，各種負債總數高達 204 億元，年終僅余 14 億元現金。

據知情人士向時代周報記者透露，在 2009 年初與投行的內部交流會上，富力的負債率受到質疑，甚至有股東開始懷疑管理層的決策力。在 2009 年 3 月份舉行的 2008 年業績說明會上，李思廉公開表示，當年首要任務是降低負債比，但投資者信心難拾。

從 2009 年 3 月份開始，外資投資銀行對富力的減持已經開始。4 月突然惡化，摩根士丹利當月 16 次減持，共拋售了富力地產 2,570.89 萬股股票，摩根大通、瑞銀集團、德意志銀行等國際投行紛紛跟進。一時間，香港各媒體的股票分析版面都列出了「小心富力」的標題，富力的股價出現節節向下的局面。

深諳資本市場游戲規則的富力，在該年 5 月份就以約 18 億元分別拿下了北京廣渠門、廣州從化的兩幅地塊，股價重拾升勢。富力再度延續了 2007 年的策略，轟動一時的廣州亞運城地王也是在 2009 年獲得。

當年，市場回暖，富力獲得 242 億元銷售額，但排名滑落到第 8 位。2010 年，房地產調控重拳出爐，隨后的三年，富力的銷售額始終在 300 億元關口徘徊。

「當年富力的激進拿地也可能不是一時熱血，背后不排除有一套系統的融資規劃：中國香港 IPO 融資—迅速發債擴張—迴歸 A 股上市融資—平抑債務后再擴張。」上海某券商人士對時代周報記者說，富力是 H 股上市的中資股，無法通過股權融資將自身的槓桿降低，海外融資便利度不及恒大等紅籌股。因此富力一直謀劃迴歸 A 股上市，但數度衝刺至今未果。

「我們不想走鋼絲過日子。」在 2013 年博鰲 21 世紀房地產論壇上，張力這樣解釋連續三年來的原地踏步，他說，發展速度快並不等於是一個好企業，富力不想跟別人爭第一，最重要的是穩打穩扎，提高企業整體的抗風險能力。

但「穩健」的代價是巨大的。在 2013 年房企銷售 50 強排名中，富力已下跌至第 16 位，約 422 億元的銷售額不足老大萬科的四分之一，曾經被富力甩在后面的恒大、碧桂園也已挺進千億俱樂部。

廣州知名樓市專家韓世同則對時代周報記者說，2010 年開始，限購政策對富力的中高端路線產生影響，同時，富力本身的產品並沒有過多品質優勢，近年來更屢遭業主投訴，這也導致前幾年的銷售額提升有限。

2010 年以來，相繼曝光的北京富力又一城、廣州亞運城和上海青浦區富力桃園等質量門事件，將富力推向輿論風口。同時，富力設計、開發、施工、總包、園林、物流等在內的全產業鏈模式也遭遇市場拷問。

3. 足球生意經

足球是張力最喜愛的運動項目，在中超 16 家球隊中，富力佔有一席之位。

2011 年 6 月 23~26 日，張力僅用了三天時間，將瀕臨解散的深圳鳳凰隊變成了廣州富力隊，註資成立了廣州富力足球俱樂部。

在當年的通氣會上，富力宣布，五年內投資足球10億元，花5億元建高水平足校。后來又聘請瑞典名帥埃里克森出任富力隊主帥，光年薪就達300萬美元（約合人民幣1,840萬元）。由於共同的愛好，以及對名帥埃里克森的「追星」，一些政府官員一度成為富力足球俱樂部的座上賓。此外，富力還提出了要興建專業足球場。此前，在恒大提出要在跑馬場興建可容納10萬人的專業足球場后，張力曾表示希望與恒大一起接手該項目。

富力俱樂部副董事長陸毅在接受媒體專訪時曾坦承，「做地產我們是賺錢，做足球現在都沒想過賺錢，全是花錢，這是最大的區別。」

「足球肯定是沒得賺，但是我們不叫虧損，」李思廉說，「足球要這樣看，它對於我們這一類型的全國性發展的公司是一種宣傳與推廣，因為與地產不同的情況是足球的見報率很高，這點不得不承認。」足球所有的開支控制在銷售額的1%之內都可以接受，比如富力能夠賣300億，那麼足球開支可以在3個億內。而且多退少補，足球多花了錢，廣告投放就少一點，這也是可以的。

4. 迴歸的挑戰

不滿於過去幾年的溫吞業績，2013年富力重回擴張路線，並劍指今年的700億目標。但要實現3年內躋身千億俱樂部的目標，廣納儲備糧是關鍵的一步。於是，沉寂許久的富力在去年屢屢出手拿地，一年內花掉434億元獲得2,090萬平方米土儲，占總土儲的48%。

最遠的一筆投資去了馬來西亞，在柔佛州116英畝的土地上富力砸下了80億元。去年8月份，碧桂園馬來西亞金海灣項目開盤，僅兩個月時間，金海灣成功賣出6,000多套房子，實現近百億元人民幣銷售額，有望成為馬來西亞第一大開發商。這給了富力信心。

「像碧桂園這樣所有案場都來輸送客源上島支持海外項目，不是每家公司都能複製的，」易居中國聯席總裁丁祖昱如此評價說。有消息人士對時代周報透露，富力為此挖走了碧桂園馬來西亞項目上採購總監等幾名高管。

在國內，富力於2013年、2014年在上海連落三子。2014年3月27日，李思廉在上海簽下一份極具象徵意義的合同，自此成為虹橋商務區最大「地主」。三幅地塊地價78.5億元，總投資近200億元，開發體量達66.7萬平方米。除此，富力還首次進入長沙、梅州、南寧、貴陽等10個二線城市。

在2014年6月份的一次媒體研討會上，標普點名了包括富力在內的多家財務槓桿過於激進的房企，指富力在2013年債務增速超過5成。

「富力在去年的淨負債率創下2008年以來新高，」申銀萬國在近期一份研報中提到，到2013年年末，公司負債增加了72%，約615億元，其中短貸衝高到180億元，淨負債率攀升至111%。

此外，申銀萬國稱，富力仍有總共260億元土地款尚未支付，其中2014年需要支付的為140億元。富力預計2014年建工開支將增長三成左右至220億，各項稅費增長兩成至210億。按此簡單估算，即使不考慮新土地收購，富力全年的資本開支也已經達到570億元。錢從哪來？

融資—拿地—銷售，環環相扣，哪一個環節失誤，都可能讓富力再度滑向深淵。

「在行業集中度提升的情況下，富力希望躋身一線房企梯隊，所以必然要積極拿地。但富力拿地動作較為激進，對於今年（2014年）整個樓市的預計並不到位。大量的土地儲備若沒有比較好的槓桿率支持，容易積壓成為包袱和累贅。」房地產業內人士嚴躍進稱。

2014年7月2日晚，富力上半年營運數據出爐，銷售額257億元，位列房企50強第14名，比2013年底上升4名。但從年度去化率看，富力未完成上半年300億元的節奏安排，僅占年度銷售目標36.8%。

「大本營廣州，依舊是富力業績營收的重點區域，2014年要貢獻20%的業績，銷售壓力挺大。剛需貨很少，商業項目偏多，而珠江新城供過於求的情況已被屢屢提及。」跟富力相熟的業內人士對時代周報說，今年五一期間，富力在廣州啓動了促銷季，其中南沙項目可以零首付購房。在外地，如南京，富力也推出了首付一成的所謂「火山爆發」活動，意圖化解去化壓力。

供過於求的隱憂，也出現在富力新進入的上海虹橋。睿信致成管理諮詢董事總經理郝炬告訴時代周報，他服務的一個房企也重倉了虹橋區域，2014—2015年，虹橋區域商辦項目集中入市，對散售模式的房企的回款能力提出考驗。

申銀萬國同樣對富力700億銷售目標的達成表示擔心，富力67%的年增長目標是目前（2014年）上市公司中最高的漲幅，在樂觀假設下認為，富力有能力實現全年銷售增長三成至550億元，基於570億元的資本開支，預計年底的負債率水平幾乎沒有改善，「除非銷售強勢增長的態勢非常明確，否則財務狀況將持續打壓公司的估值。」但在房地產下行的大勢之下，強勢的銷售增長知易行難。

二、富力地產啓動「互聯網+」戰略

2015年9月11日，富力地產於廣州富力麗思卡爾頓酒店舉辦主題為「極質互聯，榮耀啓幕」的發布會。發布會上富力地產正式發布「互聯網+」戰略，同時發布旗下高端品質樓盤壹號半島正式開盤，發布會邀約200多位富力地產VIP業主和數十家媒體共同見證富力地產未來的華麗篇章。

1. 極質互聯，富力地產重磅打造富力「互聯網+」戰略

富力地產成立二十多年來，以「創建非凡，至善共生」的理念緊跟時代脈搏，勇於創新，創造輝煌的富力時代，已成為中國房地產行業的標杆企業。今天，在「互聯網+」的時代背景下，富力地產順應時代潮流，推出「互聯網+」戰略，開創富力地產的「互聯網+」的新時代！

發布會上，富力地產集團副總裁兼華南區域總經理劉瑗重點闡述了富力地產的「互聯網+」戰略及未來規劃。劉總表示，富力地產「互聯網+」戰略是基於時代的選擇，也是富力地產未來的重要戰略。富力地產「互聯網+」戰略將「用戶體驗」作為核心，攜手員工、客戶以及可信賴的合作夥伴共建一個富力地產的互聯網生態圈，讓所有用戶在這個互聯網生態圈裡都可以獲得更多財富、更精彩的生活、更多元的娛樂和更有品質的圈層。富力地產「互聯網+」戰略對富力地產本身、地產行業都將起到示

範的作用，在「互聯網+」戰略下，富力地產的下一個新時代一定將更加輝煌。

發布會高潮部分，富力地產負責人與戰略合作夥伴明源雲客負責人，更連同全場嘉賓一起，攜手共同啓動「廣州富力」微信公眾號，標誌著「廣州富力」微信公眾號正式上線營運。據介紹，「廣州富力」微信公眾號是富力地產打造的一個信息全面、互動性強的線上服務平臺，用戶可以在「廣州富力」查詢廣州富力的所有在售項目及品牌信息，而公眾號推出的「創富薈」更是一個全民皆可參與的創富平臺，只要註冊成為富力全民經紀人，即可隨時隨地利用自身資源在線銷售富力旗下項目，輕鬆賺取創富佣金。

隨后，主持人現場對「廣州富力」微信公眾號及富力淘寶店進行了生動的演繹，詳細介紹了兩大互聯網平臺的功能優勢；為鼓勵業主加入富力全民經紀人，富力還在發布會現場獎勵了 10 位「富力全民經紀人」，他們作為表率也號召更多市民快快加入富力全民經紀人，共同實現創富夢想。

2. 富力壹號半島榮耀啓幕，高端項目打造私屬產品

除了富力「互聯網+」戰略發布外，發布會還有另一個重頭戲——富力壹號半島啓幕發布，富力壹號半島一經發布，稀缺地段的臻品價值和規劃中 36 個泊位碼頭立刻吸引了在場 VIP 客戶的熱情關注和熱烈談論，現場媒體也將焦點聚集於這一迄今為止富力旗下最高端的樓盤項目。

據介紹，富力壹號半島是富力地產在琶洲國際化展貿中心傾力打造的高端品質且極具收藏價值的私屬會館。

富力壹號半島位於廣州市海珠區琶洲新港東路玥瓏街 1 號，一線江景，三面環水，半島形態，在市中心是非常難得的低密度定制高端物業。項目總規劃僅為三棟樓，總樓高為 9 層，標準層層高 3.5 米，樓棟沿江面鋪開，確保每一戶均能俯瞰珠江水景景觀。

富力壹號半島為稀缺地段的臻品樓盤，總戶數僅為 50 戶，3 梯 2 戶，各戶型均為南北通透設計。項目主力戶型「攬江大戶」面積涵蓋 280 平方米至 650 平方米，以 270 度雍容觀景平臺將珠江勝景收納眼底，彰顯稀缺地段的臻品設計。

另外特別值得一提的是，富力壹號半島規劃中設有 36 個遊艇泊位，為高端客戶私屬擁有，打造專屬圈層，這一亮點當即就吸引了現場 VIP 嘉賓的預約看房。

從「互聯網+」戰略的理念，到「廣州富力」微信服務號、富力淘寶店的平臺，再到富力壹號半島的圈層效應，富力地產「互聯網+」戰略正在從理念一步步變為實際動作，這也將引領富力地產走向一個全新的時代。

資料來源：http://finance.ifeng.com/a/20140717/12743316_0.shtml

思考題：
1. 富力淡出一線地產開發商的原因是什麼？
2. 富力地產實施「互聯網+」戰略能成功嗎？

案例 9　藍光發展戰略

一、藍光戰略轉型

近日，藍光地產（相關干貨）內部人士對外透露，公司正準備向全國市場推出「雍景系」高端產品，相關地塊也已經確定，較之前的「金悅系」，其向改善型物業發展商轉型的意味更為強烈，未來藍光給人的印象將不再是「剛需王」。

2015 年以來，川派房企標杆藍光地產借助母公司藍光發展這一強大的資本平臺優勢，加速整合社會優質資源，一個明顯的標誌就是其對產品線的不斷創新，引來業內高度關注。

除了即將面市的「雍景系」高端產品線之外，藍光地產還準備向全國擴張其「耍街」系街區商業品牌，這將既移植成都「耍」文化基因又能豐富當地特色的商業產品線。

1. 藍光謀變高端產品線

「標杆房企已擁有自己的產品線，對於正在走出去的藍光也是必由之路。」銳理數據相關負責人表示，回顧藍光擅長的「短平快」項目開發模式，COCO 系列產品應市，試水蓉城。

2012 年，藍光 COCO 時代、COCO 金沙與 COCO 蜜城系推出之後，因其所有戶型的靈活可變性，引來青年剛需人群的高度追捧，成為那時市場的主流產品，藍光地產也在成都樓市異軍突起。

隨著成都熱銷 COCO 系產品，藍光地產將這種標準化、可複製性強的產品迅速推向周邊的重慶、昆明以及中東部多個佈局城市。2013 年，藍光地產首次突破全國銷售額 200 億元大關。

2014 年，全國樓市迎來供需大逆轉，市場持續低迷，藍光地產在仍然繼續保持 200 億元銷售額基礎上，成功斬獲 241 億元銷售額，躋身全國房企綜合排名第 25 位。

2012 年至 2014 年，藍光地產成功實現全國化突圍的秘訣正是主打青年剛需，以此為基礎的「高週轉」快銷模式，但其背後巨量的全國化土地儲備，也使藍光地產背負了一定的融資壓力和相對高昂的資金成本，這對構築其核心競爭力的利潤率指標存在一定掣肘。

2015 年以來，藍光地產從推出其與在線短租巨頭途家網合作的「藍途計劃」，到發布 i5 生活平臺，這種自我求變的速度明顯加快。

藍光地產相關負責人表示：「放眼全局，業內外普遍認識到中國房企已經到了大起大落的時代，傳統的拼規模已經成為過去時，新的戰略新的價值，乃至不動產新的思維成為行業新的聚焦點。」

發布 i5 生活平臺之後不久，藍光地產在成都樓市推出了主要面向首次改善型兼顧剛需型的「金悅系」系列產品，主要是金悅城、金悅派和金悅府。

不過，藍光地產內部人士認為，「金悅系」僅是本輪產品升級的過渡性產品，還談不上公司真正的產品線大轉型。該人士透露，藍光地產正在籌劃全國落地「雍景系」中高端產品，將涵蓋獨棟、雙拼、疊拼等別墅、高端住宅產品，除了在成都落地之外，還將在合肥等核心城市落地。

實際上，藍光地產在籌劃「雍景系」之前，早已儲備了不少高端經驗，其中位於成都的藍光1881公館以及藍光觀嶺國際社區，分別代表了藍光地產在高端住宅、別墅方面的成功探索。該相關負責人解釋說：「對藍光而言，這是一個運籌帷幄決策未來的時間關口，回首我們走過的24年，這樣激烈的時刻也是為數不多的。因此，變是歷史的必然，是企業的選擇，是擺在藍光面前的十字路口，主動迎變、應變，是國民經濟新常態下的主基調。」

據瞭解，藍光地產如今試圖轉型打造高端產品，但這並不意味著其就放棄了對剛需型產品的持續推出，因為畢竟每年還有大量的青年剛需客湧入市場，這仍是藍光地產繼續鞏固業績的基礎。

按照藍光地產「民生地產」的戰略定位，未來其將構築起以「COCO系」為核心的剛需型產品、以「雍景系」等品牌為核心的中高端改善型產品線，實現藍光地產產品線的豐富化、標準化、品牌化，以及在此基礎上基於互聯網思維模式下的個性化與接地氣。

2. 創新「耍街系」街區商業

繼去年5月份發布「紅街·金種子計劃」，藍光地產正在強力推出「耍街」這一街區商業品牌項目，這被業內觀察人士稱之為是藍光地產商業地產第四代作品。

藍光地產內部人士透露，目前「耍街系」首個項目已經落地青島，川蜀特色是藍光耍街商業示範區最大的亮點，置身其中，仿佛就能切身體會到那份來源於成都、追求輕鬆享樂的休閒文化。這也正是藍光「耍街」建設的初衷之一。

據瞭解，青島藍光·耍街商業示範區是融含了古樓建築風情與休閒商業氛圍的示範商鋪，將藍光·耍街的精髓——「來自成都，更懂生活」這句話作出極好的詮釋。

值得一提的是，耍街商業示範區古色古香的建築立面和飛檐翹角的別致造型，流露出的是中國人引以為傲的古風建築精粹美感。實際上，這一建築設計理念和風格正是藍光地產充分汲取了其成功打造COCO「紅街系」的民國建築風情的經驗。

此外，耍街商業示範區西側一排為示範商鋪，更以十分精妙的情景式包裝，活靈活現地演繹出現代商業的休閒與繁華。

尤其是耍街還囊括了童趣十足的「熊貓學校」，令人仿佛看到孩子們在此學習與歡鬧的場景，而裝點精美的鮮花店，為這春末夏初的好時節再添一份生機，以及高端時尚的休閒咖啡廳，文化韻味十足的茶館和串串香美食店，無不令人流連駐足，暢想未來下樓即能享吃喝玩樂的幸福生活。

二、藍光地產全國戰略受創

面對行業利潤率的持續下滑，中小房企更難以避免。據四川藍光發展股份有限公司發布2015年年度報告。2015年全年，藍光發展實現營業收入175.98億元，比2014

年同期增長14.89%。但2015年內,藍光歸屬於上市公司股東的淨利潤共計8.05億元,比2014年下降7.51%。完成借殼上市,渴望實現快速擴張的藍光地產仍將面臨新的挑戰。

1. 淨利下滑

根據公司2015年年報,藍光發展年內營業利潤為15.13億元,比2014年同期增長8.87%。2015年內,藍光歸屬於上市公司股東的淨利潤共計8.05億元,比2014年下降7.51%。同時,公告顯示,藍光發展期內共計負債448.93億元,房地產開發部分負債共計450.34億元,現代服務業部分負債2.44億元。

房地產開發業務方面,藍光2015年內營業收入共計160.77億元,同比2014年增長15.11%,年內毛利率為27.67%,比2014年減少0.08%。其中,商業地產業務年內毛利率從2014年下降5.29%至56.82%,住宅及配套業務毛利率下降3.39%至13.58%。

相關人士表示,這是藍光借殼上市一年後首次披露年報。從藍光業績表現來看,與中上游房企業績增幅相比仍有一定差距。

2. 全國佈局

上述人士分析,行業利潤率持續下滑已成常態,中小房企將面臨更大壓力。尤其是中小房企在努力完成全國佈局的情況下將付出更多的成本。

資料顯示,藍光地產從商業地產起家,該公司1992年成立。2000年以後藍光奠定了四川「第一商業品牌」的地位,開發了多個成功的商業地產項目。2004年,藍光集團進軍住宅開發。2008年,藍光地產開始走出四川。

2012年,藍光全國化進程提速,逐漸進入「以成都、西安為中心的成都區域」「以武漢、合肥、長沙為中心的華中區域」「以北京、青島為中心的環渤海區域」「以重慶、昆明為中心的滇渝區域」「以上海、蘇州為中心的長三角區域」五大區域。之後,藍光地產提出「九年1,000億元」目標後,藍光便走上了擴張之路,先後進駐北京、昆明、蘇州、武漢、長沙等城市。

據不完全統計,截至2015年12月,藍光已進駐全國近20個城市,分佈在成都、滇渝、華中、長三角、環渤海五大區域,開發項目超過100個;共持有231.19萬平方米的可開發土地,規劃計容建築面積共計達425.06萬平方米。

但從區域貢獻上來看,成都區域仍然是2015年度營業收入最多的區域,而另外4個區域營收只有環渤海區域營收增長最大,其他區域業績則表現一般。業內人士分析,若要尋求突破,藍光必須尋求在成都以外的城市形成突破和深耕。

3. 深耕戰略

資料顯示,藍光地產集團以房地產開發及營運為核心,經營模式以自主開發銷售為主,主要收入來源於房產銷售和自有物業出租收益。

作為四川本土的大型房企,藍光地產自2008年起開始尋求借殼上市,並於2013年啟動迪康藥業的重組預案。2015年3月30日完成重組,4月13日迪康藥業宣布更名,藍光地產長達七年的上市目標終於達成。

藍光地產表示,藍光不再滿足於四川市場的開發和佈局,除了成都區域之外,其

他幾個佈局地區的營收都呈上漲趨勢。在滇渝地區、環渤海地區、長三角地區以及華中地區，藍光已著手深耕。

此外，商業板塊仍是公司不可或缺的業務收入來源。年報中顯示，藍光發展的商業地產板塊收入達 52.37 億元，同比增長 57.14%。但同時，商業地產的營業成本增加了近八成，因此毛利率減少 5.29 個百分點。

資料來源：http://news.winshang.com/news-528581.html
　　　　　http://news.163.com/16/0407/00/BK0Q791R00014AED.html

思考題：
1. 藍光地產戰略轉型成功的關鍵是什麼？
2. 藍光地產全國戰略受創的原因是什麼？

案例 10　中糧發展戰略

一、戰略佈局合理，建立多層次產品線

中糧地產的發展一向穩健，在業內素以「精細化、深耕化」的操作方式著稱，戰略上以「北上廣深」一線城市為大本營，深耕重點城市，擇機拓展新城市，強化城市分類管理，提升城市公司發展內驅力，以一線和重點二線城市為主。目前集團已經進入北京、深圳、廣州、上海、成都、杭州、長沙、瀋陽、南京、天津等城市，另外在產品上，通過近幾年的積極轉型，公司的產品線結構已近日趨合理。傳統上，公司是素來以開發中高端住宅為主的房地產企業，例如成都的中糧·御嶺灣項目、上海翡翠別墅、長沙的中糧·北緯 28°等都是其高端豪宅的典型代表，市場認可度高，在豪宅市場有引領市場的號召力。公司根據自身戰略要求，及時調整產品線，著力打造首置首改的剛需型產品，形成了較好的產品線梯度。其中面向剛需型打造的都市精品系列有：北京長陽半島、北京祥雲、南京彩雲居、南京頤和南園、上海奉賢項目、深圳鴻雲、深圳錦雲、天津中糧大道、成都香榭麗都等。產品線間互不干擾，形成了較好的產品線梯度。

中糧地產在北京開發的項目北京祥雲國際就位於與孫河項目相隔不遠的北京中央別墅區。祥雲國際包含了聯排別墅、景觀大宅在內的多種戶型產品，景觀設計和建築設計是由專門聘請的澳大利亞專業建築設計公司擔任。

祥雲國際打造以祥雲小鎮為商業特色的社區，將引進全球人熟識的酒店、醫院、學校、會所、餐飲娛樂、購物品牌，組成全景式國際生活樣板，突出街區商業主題風格。目前在售的產品房型設計美觀，舒適性高，富有國際氣息。

作為一家國有房地產類開發公司，多年的房產開發經驗，使得公司在公租房建設方面更是如魚得水。公司目前在南京、杭州等地區有多例四十平左右房產開發項目，產品可以直接複製應用於北京的安居房開發項目。

二、中糧地產系之惑

地產黃金十年，不少央企、國企實現了規模大跨越，完成從百億到千億的蛻變。而同為央企的中糧，旗下地產業務卻一直保持穩健的發展風格，在銷售規模和品牌知名度等方面，都尚未進入行業第一陣營。

2015年4月，中糧地產發布2015年第一季度財報，其一季度營業收入約為6.49億元，同比下滑33.22%；歸屬於上市公司股東的淨利潤約為7,193萬元，同比增長7.29%。

而中糧集團旗下的商業地產業務平臺——大悅城地產，截至2014年12月31日，集團的營業收入為57.13億元，較去年68.09億元同比下降16.1%。雖然擴張的步伐在繼續，但大悅城地產最近的業績預警也同樣引人矚目。受到投資物業公平值預期下降和新開項目的影響，大悅城地產2014年度綜合溢利將較2013年度下跌約45%至50%。

（一）黃金十年，中糧錯失了什麼？

在眾房企迅速崛起的大背景下，中糧地產業務為何稍遜一籌？白銀時代，中糧能否迎頭趕上？

1. 起步較晚，未能充分把握時機

過去中糧模式講求「合」，寧高寧希望在一個體系下的中糧地產、商業、旅遊、酒店等齊頭並進，但是「整而不合」的最終結果讓寧高寧放棄該模式。股權和業務的梳理受阻是上一次整合最大的絆腳石。2015年1月，中糧置地控股改名為大悅城地產。中糧將大悅城悉數歸於大悅城地產，並借殼在港上市，體現了寧高寧對於厘清股權及業務的決心。大悅城業務系列的整合，兩個主要地產子公司業務分工明確，互不干擾，形成兩個助推器。

不過，再往前梳理，我們發現：2006年中糧集團收購深寶恒，更名中糧地產，標誌著中糧正式進入規模化住宅開發與銷售行業，然而，這在央企房地產企業中，算起步較晚的。

2014年中糧地產實現合約銷售約154億元，同比增長37%，位列中國房地產企業銷售第50名。而與此同時，起步較早的中海、保利經歷了房地產發展的黃金十年，都已成功進入千億級房企的行列，且在業績上有穩定的增長；儘管華潤沒有達到千億規模，但這幾年業績不斷攀升，年均增長超過百億，牢牢占據房地產企業銷售前十強的席位。

商業地產方面，在實體零售公司業績跌聲一片時，寧高寧所推崇的「大悅城」戰略發展相對穩健，逆市擴張。儘管大悅城方面的計劃面面俱到，在業內人士看來，大悅城地產旗下項目具備獨到的定位，形成了較為成熟的模式，但面對購物中心整體的發展困境，以大悅城地產為代表的一批商業地產公司也正處於探索當中。按照企業2008年所說的5年20「城」目標，中糧目前的進展與計劃相比，尚有一定距離。

「以前購物中心經營一般面臨選址難和招商難兩大問題，現在又新添了營運難。」中國商業地產聯盟秘書長王永平直言。事實上，經濟下行導致消費力不足，實體商業競爭無序、O2O模式尚未成型，諸多問題都在困擾著購物中心發展。對此，克而瑞總

結分析認為，形成中糧集團地產整體業務穩健風格的重要內在原因，就是對於整體業務的不斷梳理和調整。早在 2004 年寧高寧入主中糧集團之後，就開始醞釀地產業務的整合。2006 年中糧地產借殼深寶恒成功實現 A 股上市，中糧集團也下定決心劃分住宅與商業地產的業務。2010 年寧高寧提出了地產業務整合的「三步走」戰略，包含「人員整合，股權整合，資產整合」，時至今日，中糧地產酒店業務已形成了以發展持有型物業為主的中糧置地控股和以開發銷售型業務為主的中糧地產這「兩駕馬車」。遺憾的是，此時恰逢中國房地產發展的黃金時期，中糧在發展的同時不得不兼顧整合，在一定程度上錯失了市場高速發展的機會。

2. 部分高價地塊挑戰企業開發能力

在展開業務整合以來，中糧的地產業務曾經激進擴張過，但是部分高價地塊的獲取為企業后續發展帶來了較大的壓力和挑戰。對此，克而瑞分析認為，從近幾年中糧地產拿地情況來看，大規模的購地都集中在 2010 年和 2013 年。這兩年房地產市場的形勢極其相似：一方面都是房地產市場量價齊升、火熱發展的年份，土地市場競爭激烈，重點城市平均地價上漲，企業拿地成本亦水漲船高；另一方面，緊接的 2011 年和 2014 年房地產市場都處於調整期，整體市場表現不佳，這對於前一年剛剛大舉購地的中糧地產來說，資金鏈壓力較大。在市場較為平淡的 2011 年、2012 年，重點城市平均地價均呈現下跌走勢，但中糧地產由於前期拿地過多，且拿地成本不低，導致資金緊張，錯失在土地市場抄底的機會。

市場高位拿地，對企業后續項目去化帶來一定的壓力。首先在較高的土地成本驅動下，項目銷售定價相對較高，影響去化。同時由於中糧的大戶型和高端產品比例相對較高，部分產品定位在改善型高收入客戶圈層，去化速率也相對較慢。項目的去化緩慢，直接導致資金回籠受阻等一系列問題。

高成本項目的去化不暢，不僅制約企業規模增長，企業利潤也無法保障。為了加速去化，企業往往會回調銷售價格，但是高昂的土地成本是不可忽視的，因此隨著這些項目陸續進入結算週期，2012 年、2013 年中糧地產的毛利率低於萬科、保利等企業。

（二）白銀時代中糧能否迎頭趕上？

可以說，整而不合、拿地時機不當等因素阻礙了中糧過去幾年的擴張。對於未來，中糧將以怎樣的步伐跑贏市場？對此，易居智庫研究中心研究總監嚴躍進表示，對中糧集團的地產板塊來說，把「大悅城」品牌打響，是推進商業項目升級的重要一步，這符合目前很多商業地產商的戰略邏輯，即以具體品牌來驅動企業品牌升級。

當然，中糧集團目前也在積極配合國企改革，后續若要做大規模，應該積極往城市營運上的路線上靠攏。比較目前中糧集團在金融投資、工業物業、商住物業上都有比較好的佈局，后續應該加強此類資源的整合。事實上，從最近中糧地產業務的一系列整合以及企業自身一些變化來看，中糧在經歷了前期整合、高價拿地、業務調整的陣痛之後，中糧成長潛力正在慢慢恢復，利潤等各項指標呈現好轉的態勢。對此，克而瑞將原因歸結為以下幾方面：

（1）中糧地產 2010 年高價地項目已經陸續進入結算週期，目前已經消化大半，隨

著近年企業新購項目進入銷售環節，2010年高價地給企業帶來的負面影響也逐步消除，中糧地產已經開始重整邁向新的發展階段。

（2）近年企業購地漸趨理性成熟。近幾年中糧購地較少，即使在土地市場火熱的2013年，中糧地產在招拍掛的土地市場購地只有3宗，其餘地塊都是通過入股舊改項目、自有工業用地轉為經營性用地，或者收購公司等途徑獲取。

（3）除了資產整合，釋放A+H兩個平臺的發展活力，工業用地儲備充足，盤活潛力不可小覷。據悉，中糧地產在深圳寶安區擁有可出租的工業地產物業約120萬平方米，其中新安片區占地面積約30萬平方米，建築面積約50萬平方米，福永片區占地面積約50萬平方米，建築面積約70萬平方米。深圳作為特大一線城市，土地市場供應十分有限且地價高企，盤活工業用地資源是未來增加土地供應的重要途徑，而中糧地產在寶安區的工業用地體量巨大。此外，作為央企，中糧地產在工業用地轉經營性用地方面，有著天然的優勢，如果未來這些工業用地能夠順利轉化成經營性用地，企業發展潛力巨大。

（4）中糧還需要把握好抄底機會，可參與舊改、合作購地、非公開市場收購等方式靈活購地。

首先，中糧可以考慮加大對棚改項目的投入。對於許多大中城市來說，未來土地供應量極為有限，棚戶區改造是未來土地供應的最重要的方式之一，這一塊的蛋糕將會十分誘人。事實上，其他央企也在做舊改的相關工作，華潤置地的舊改業務的發展已較為成熟，保利也成立舊改公司——保利城投公司，舊改公司直接與總部合署辦公，且由保利地產總經理朱銘新兼任城投公司董事長，足見其對舊改的重視。

其次，中糧地產應該強化合作購地。這既能減少企業拿地資金的支出，降低企業資金壓力；又能與合作方共擔風險，學習對方的優秀操盤經驗；同時達到企業規模擴張的目的。目前，中糧在這方面也已有涉足，位於北京的中糧萬科長陽半島項目在業績方面表現就相當不錯。

同時，中糧地產可以考慮通過非公開的市場，股權收購一些小公司，獲取其土地資源等。在市場調整期，通常都會有一些中小型房企資金週轉不過來，中糧地產可留意一些這樣的機會，購地方式不會競爭太激烈，可以以較高的性價比獲得土地。

資料來源：http://finance.eastmoney.com/news/1354,20150115468131346.html
　　　　　http://house.china.com.cn/home/view/789344.htm

思考題：

1. 中糧地產的產品戰略是如何實施的？
2. 中糧地產的戰略選擇存在哪些問題？

第 13 章　家電企業案例

案例 1　格力電器發展戰略

一、格力電器「走出去」戰略

2014 年被稱為中國企業「走出去」的元年，中國企業境外投資總量首次超過外商對華投資。2015 年 1 月，在瑞士達沃斯世界經濟論壇上，國務院總理李克強也再次展現了鼓勵中國企業「走出去」的一貫態度。

應該看到，與中國企業上一輪國際化實踐不同，在中國經濟新常態和全球經濟新常態下，中國企業「走出去」不僅要思考如何應對荊棘和挑戰，更需要深入思考的是走出去后「我是誰」。

也就是說，新常態下的「走出去」對企業提出了更高的要求。企業不僅承擔著推動中國經濟向全球產業價值鏈中高端升級的任務，還要以世界級公司為標杆考量自身，為中國企業和中國製造業贏得更高的國際聲譽。

誰能擔此大任呢？我們看到，在隨同李克強參加會議的企業家陣容中，董明珠所帶領的格力電器，就是一顆正在冉冉升起的全球企業新星。

1. 銷售「全球領先」

縱觀美國著名《財富》500 強榜上的世界級公司，他們身上有五個共同的特徵：一是主要業務生產規模和營業收入處於全球前列；二是具有全球化的品牌形象；三是對行業技術或商業模式的變革創新做出了顯著貢獻；四是擁有自己獨特的發展戰略或商業營運模式；五是公司員工具有非常高的職業化和專業化水平。

比照來看，在家電行業內，特別是空調行業，格力電器的生產規模、營業收入以及各項業績增速，都位居世界前列。

數據顯示，目前格力電器家用空調年產能已超過 6,000 萬臺套，商用空調年產能 550 萬臺套。員工總數 7 萬多人。產品種類有 20 個大類、400 個系列、12,700 多個品種規格，其中商用空調有 10 大系列、1,000 多個品種。

營業收入方面，格力電器不僅是中國首家實現千億的家電上市企業，格力產品已經遠銷全球 200 多個國家和地區，其中「格力」品牌空調（自主品牌）遠銷全球 160 多個國家和地區。格力家用空調產銷量自 1995 年起連續 20 年位居中國空調行業第一，自 2005 年起連續 10 年位居世界第一。

就在達沃斯會議前兩天，格力電器發布了 2014 年業績快報，順利實現了 1,400 億

元的營收目標。從 2011 年至 2015 年，格力電器銷售額連續 4 年保持著 23.4%的年均增速，淨利潤連續 4 年保持著 35.1%的年均增速。按照格力電器董事長董明珠的規劃，到 2017 年格力電器的營業收入要突破 2,000 億元。

雖然與世界排名前十的家電企業相比，格力電器在營業收入方面仍有較大差距，但從國內企業目前的成長能力來看，格力電器無疑是目前國內最具有潛力成長為全球企業的「種子選手」。

2. 技術「國際領先」

在技術創新方面，格力電器的「國際領先」性為業界所公認。

截至 2015 年，格力電器累計申請技術專利 1.4 萬多項，其中申請發明專利近 5,000 項。自主研發的超低溫數碼多聯機組、高效離心式冷水機組、1 赫茲低頻控制技術、變頻空調關鍵技術的研究和應用、超高效定速壓縮機、R290 環保冷媒空調、多功能地暖戶式中央空調、永磁同步變頻離心式冷水機組、無稀土磁阻變頻壓縮機、雙級變頻壓縮機、光伏直驅變頻離心機系統、磁懸浮變頻離心式制冷壓縮機及冷水機組共 12 項「國際領先」成果，填補了行業空白，改寫了空調業百年歷史。

上述技術字眼聽起來非常專業，用產品實例也可以很好地說明。以「永磁同步直流變頻離心式冷水機組」為例，2013 年 4 月，格力直流變頻離心機組實現系列化量產，引領大型中央空調進入了直流變頻時代。

以「1 赫茲低頻控制技術」為例，實現了變頻空調 1 赫茲低頻穩定運行，不僅節能省電，而且可以保持房間溫度恒定，從而給人帶來更為舒適的感覺。這項技術是一個歷史性突破，不僅超越了國內同行，也實現了對國際同行的超越。目前，1 赫茲變頻技術已應用於格力電器全部家用空調產品。

「光伏直驅變頻離心機系統」，把「不用電費的中央空調」由夢想變為現實。它可使太陽能以高效形式轉化為電能直接驅動中央空調機組。這項創新技術還使空調兼具了儲電功能，能將多余的電量輸送給城市電網。

格力電器在技術研發上的投入從不設上限，每年科研投入超過 40 億元。目前格力電器擁有 8000 多名科研人員、2 個國家級技術研究中心、1 個省級企業重點實驗室、6 個研究院（制冷技術研究院、機電技術研究院、家電技術研究院、自動化研究院、新能源環境技術研究院、健康技術研究院）、52 個研究所、570 多個實驗室。僅 2014 年申請專利就達 4,100 多項，平均每天有 11 項專利問世。

3. 品牌「全球形象」

在家電行業的領先地位，以及多項國際領先技術的取得和企業社會責任的塑造，自然讓格力的品牌形象也大有提升。

格力空調是中國空調行業唯一的「世界名牌」產品，格力電器連續 12 年上榜美國《財富》雜誌「中國上市公司 100 強」。董明珠本人是 2014 年夏季達沃斯論壇青年導師，而且在去年 9 月份還被聯合國開發計劃署聘為「城市可持續發展宣傳大使」。

其實，十多年前格力電器就已叩開了國際市場的大門。早在 1994 年底拿到國內第一張歐盟 CE 認證證書后，產品就通往了歐洲市場；1998 年，格力電器正式決定走出去，格力空調敲開巴西市場，以「格力」品牌進行銷售；2001 年，格力投資 3,000 萬

美元在巴西正式建廠；2006 年，格力在南亞巴基斯坦建立了第二個海外生產基地，生產線由當地經銷商投資，格力提供技術支持，但生產銷售的都是格力牌空調。

格力空調先後中標過 2008 年「北京奧運媒體村」、2010 年南非「世界杯」主場館及多個配套工程、2010 年廣州亞運會 14 個比賽場館、2014 年俄羅斯索契冬奧會配套工程等國際知名空調招標項目，在國際舞臺上贏得了廣泛的知名度和影響力。

在達沃斯會議期間接受鳳凰衛視採訪時，董明珠曾謙虛地說，現在還不能說世界上所有國家都認識了「格力」，但使用格力品牌空調的 100 多個國家，不僅認識了格力，還通過格力的產品質量和研發技術重新認識了中國製造業已經不再是「低質低價」的代名詞。

4. 領導力「遠見」

格力早期的國際化戰略，奉行的是「先有市場后有工廠」的經營思路，堅持以「技術創新搶占制高點」，嚴格把控產品的質量關。2006 年，格力被巴西國家質量技術監督局授予了「巴西人最滿意品牌」的稱號。

據董明珠透露，格力電器下一步要在歐洲建廠。但是她特別強調，格力如今進入海外市場不再只是簡單地建廠，不再只是簡單地出去搶占市場份額，而是希望通過格力的研發技術、管理服務、企業文化與當地市場深度融合，選擇當地合作夥伴，更多地輸入技術，實現合作共贏，真正發展成為無國界的全球性企業，既服務於當地的消費者，同時又利於促進當地的經濟發展。

中國企業走到國際舞臺，在不斷提高自身競爭力的同時，與當地「小夥伴」抱團取暖是業內專家們公認的法則。站在世界經濟論壇的講臺上，董明珠向世界傳遞了格力電器成長為全球性企業的信心和優勢，也向世界展現了格力電器敞開懷抱服務世界經濟的成長理念。

格力電器還獲得了自主創新工程體系國家科技進步獎。相比於格力電器此前獲取的單項技術獎，這個獎項的分量更重，因為該獎項更加關注企業「軟」的創新組織管理行為。這說明，格力電器不僅僅是董明珠一個人在發光，在她的帶領下，格力電器已經形成了系統化的管理體系和企業文化，「創新」「責任感」已經自然而然地內化於每個格力人的基因。

總之，新常態下，中國企業「走出去」已經是大勢所趨。格力電器已經具備技術創新、企業責任、品牌形象和高管領導力等多項成長為世界級公司的基礎和條件。從「營銷女皇」到「董小姐」，人們對董明珠的欽羨和喜愛溢於言表。我們期待，董明珠和格力電器的高管們能夠帶領格力電器在「走出去」的路上再樹標杆，盡早成長為世界級公司，為中國企業和中國製造業的轉型升級再創聲譽。

二、格力業績回落 3 年前

格力衝破 2,000 億的目標或隨著業績遭遇滑鐵盧而難以實現。據格力公布的 2015 年業績數據來看，其營收 977.5 億元，同比下降近 30%，淨利潤 125.3 億元，同比下降 11.5%。從格力最近幾年的業績來看，2015 年營收直降 422 億元，已回落到 2012 年。

作為空調界的老大，格力為何業績下滑如此之快？這與曾一手將格力推向千億大

軍的格力掌門人董明珠不無關係，一位長期關注格力的證券分析師認為，格力這是在「還債」，過去每年200億的增長只能說是一種「假象」。而這一定論也得到空調渠道商的一些證實。

1. 欲速則不達

從格力最近5年的業績來看，2011年營收835.9億元，同比增長37.5%。淨利潤52.4億元，同比增長22.7%；2012年營收1000.84億元，同比增長19.8%。淨利潤73.8億元，同比增長41%。2013年營收1,200億元，同比增長20%。淨利潤108億元，同比增長46.5%。2014年營收1,400億元，同比增長16.7%。淨利潤141億元，同比增長30.6%。很顯然，格力業績在2015年之前一直處於高速發展中，「其占據空調近一半的市場份額；產品高端、高價；多年的自建渠道使之長期擁有渠道話語權。」這些因素也讓外界有理由相信格力的增長速度。

董明珠曾對外稱，格力將以每年200億元的增速發展，這曾讓同行和競爭對手羨慕不已。與格力增速形成反差的是，隨著家電下鄉、以舊換新等政策紅利結束後，國內家電市場便開始陷入增長瓶頸，「靠天吃飯」的空調陷入滯銷。據相關數據顯示，截至2015年，空調行業庫存總量已突破4,000萬臺，行業庫存與2014年末相當。2015年，中國空調整體零售量下滑，2016年即使空調企業不生產空調也可以通過庫存滿足市場。

「如果以格力占據近50%空調市場份額來看，格力將承擔一半的庫存量。」一位空調業內人士表示。

那為何早已陷入庫存危機的格力，其業績却是一直增長？「壓貨。」該空調業內人士表示，格力為了達到每年的增長業績，一直以向經銷商壓庫存的方式來填平這個虛增的缺口，直到2015年，泛濫成災的洪水（庫存）終究衝垮了大堤。

2. 渠道神話或將破滅

格力從4,000萬到1,200億的規模增長，一直被業界歸功為其不易被複製的格力式渠道。格力早期通過股份制銷售公司的模式創建了格力獨有的市場模式，將格力與經銷商利益進行捆綁，目前格力旗下30多個省、市、自治區的經銷商都由格力電器控股，以資本為紐帶合資建立聯合股份銷售公司，不僅將當地原先各自分散的格力銷售和服務網路集中起來，以統一價格對外批貨，保證利潤，而且通過進一步增持區域性銷售公司的股份，掌控經銷商。

格力因牢牢掌控渠道話語權，曾公開叫板當時的家電渠道中的巨頭國美、蘇寧，走自建渠道之路。但隨著家電市場增長放緩，線下渠道逐漸向線上轉移，格力線下渠道神話或已只是一個時代的產物。

最近幾年，格力與經銷商的關係開始出現裂痕。有很多經銷商反應，格力為了實行多元化之路，強行向經銷商推送晶弘冰箱、淨水器，如果任務完不成，格力不兌現返利，有些經銷商甚至面臨破產，因不堪銷售壓力而選擇退出。

據知情人士透露，經銷商的不滿以及格力的高額庫存讓格力不得不考慮通過降價來消化，2014年年底，一向不打價格戰的格力開始主動參與價格戰，並在2015年開始與國美、蘇寧「握手言和」，推出一系列針對格力空調專場的降價行動。

「家電銷售渠道從線下向線上轉移已是一個不爭的事實。」一位家電渠道商認為，靠格力品牌本身的議價能力很難通過原有單一的自建渠道支撐空調和其他品類的發展，而一旦格力大力發展其他渠道，也就意味著格力渠道神話的破滅。

3. 多元化戰略起步晚，轉型步伐緩慢

董明珠曾提出格力要走多元化之路來實現 2,000 億規模，但從格力的財報來看，2011—2015 年，空調業務仍然占據格力銷售額的 80% 以上。從格力的其他品類來看，包括其成立的子品牌晶弘冰箱、大松電飯煲，以及格力手機，格力多元化擴張之路並未見起色。

面對市場的低迷，格力的競爭對手海爾、美的卻早已在戰略上完成佈局並紛紛轉型，從速度上看，早在 2011 年，海爾、美的開始採取擴張海外市場、調整渠道策略等措施來應對未來幾年家電市場將出現的飽和危機。2011—2012 年，美的在渠道上進行了大刀闊斧改革，取消了各地銷售公司，將各事業部進行瘦身和扁平化，經過兩年的內部調整並實現美的集團的整體上市。海爾在 2010 年開始啟動「人單合一」，實現零庫存，2014 年通過「小微公司」的模式積極向互聯網轉型，開始從單一硬件公司向智能家居平臺型公司跨越。從業績來看，海爾集團 2015 年利潤增長 20%，成為全球最大白電企業，上百個小微企業營收過億。美的集團淨利達 127 億元，同比增長 21%。

目前，海爾、美的不僅在品類擴張上遠遠超越格力，白電地位通過智能家居平臺戰略將格力甩在身後。在資本運作上，海爾、美的更是通過一系列資本手段壯大自己。最近幾年，海爾通過收購日本三洋電機、GE 家電、新西蘭家電巨頭裴雪派克逐漸擴大海外市場版圖，國內則與阿里合作，阿里已入股海爾日日順；美的則是與小米捆綁，后者 12.66 億戰略入股美的。

最近幾年的格力又做了什麼呢？從格力給予外界的信息來看，更多的是董明珠頻頻公開亮相后引發的一輪輪「口水戰」，包括與小米董事長雷軍的對賭，以及打出「格力手機完爆 IPhone 6S」口號等，無論是董明珠自己作為格力品牌形象代言人，還是網上近日曝光和主持人陳魯豫的合影，董明珠除了爭當「上頭條」之外，外界並沒有看到格力在產品和企業戰略上的更多信息。

「格力與昔日競爭對手之間的差距越拉越遠了。」一位家電企業 CEO 如此評價，格力該沉下心來做點事了。

資料來源：http://news.xinhuanet.com/tech/2015-02/28/c_127526701.htm
　　　　　http://it.sohu.com/20160503/n447346191.shtml

思考題：

1. 格力實施「走出去」戰略的成功之處是什麼？
2. 格力業績回落的原因是什麼？

案例 2　海信電器發展戰略

一、海信電器的新戰略

「畫質最清晰、操作速度最快、質量最好，從這些角度講，海信電視是目前中國市場最好的『電視機』」。2015 年 4 月 29 日，海信電器新任總經理代慧忠在上海首次公開與媒體和投資人見面。他先是拋出了海信產品的三個「之最」，接著又給出了海信在市場上的三個「第一」：海信在中國市場佔有率連續 12 年第一、中國彩電自有品牌全球市場份額第一、中國互聯網電視用戶量第一。

但是最引人關注的，是海信電器將要全力推進的三條產品線佈局。

1. 三條產品線覆蓋優質用戶群

用激光電視的極致視聽體驗俘獲高端人群，以 ULED 世界級畫質吸引日益龐大的中產階層，和極客用戶一起玩耍、給他們提供更好玩的電視……代慧忠演講中表示，海信計劃用三條產品線黏住用戶。

第一條是以互聯網院線為內容服務的「激光影院」產品線。在硬件上，激光影院電視將側重於 80 英吋以上的電視，圍繞高品質視聽需求，在全國院線下線後，新片能第一時間進入海信的「激光影院」，用戶可以隨時用點播的方式在家裡「影院式」觀影。

第二條是以互聯網視頻為內容服務的智能電視產品線，尺寸上主攻 50~80 英吋，是以 ULED 為核心的智能電視產品；

第三條是以極客的方式打造面向互聯網年輕群體的 VIDAA 子品牌電視，尺寸上以 32~50 英吋為主，讓消費者享受更好玩的電視。

這三條產品線方向引起了投資者和媒體人的高度關注。因為，激光影院被認為是將要「消滅」電影院的未來產品，在湖畔大學的講堂上，馬雲也是用了一臺激光電視輔助授課。ULED 則是中國唯一能和韓國巨頭抗衡的高端顯示技術。而「極客電視」很明顯是要向樂視、小米標榜的互聯網低價電視進行絞殺。

值得注意的是，三條產品線產品都將搭載 VIDAA3 智能電視系統，最新產品將在五一上市。

用代慧忠的話說，海信依託「U+X」戰略主打三大產品線，終極目的是「獲得優質用戶數量第一，同時變現用戶價值的能力第一。」

2. 海信電視成長性剛剛開始

「雖然中國國內的電視機銷售增長處於增長緩慢期，但海信電視的成長性才剛剛開始，因為海信找到了新的增長極。」代慧忠預測，5 年後，內容和服務帶來的利潤大於或等於目前硬件銷售的利潤。

代慧忠說，從營運用戶資源的方式和內容服務盈利的模式來看，海信已經成為互聯網企業。觀察人士則認為，海信從以往單純靠硬件盈利到的未來硬件和服務並重，已經顯示出了新時代科技企業的氣質，海信的價值將被重估。

二、海信電視陷入戰略窘境

令人意想不到的是，經過海信一年的不懈努力，中國激光電視 2015 年零售總量只有區區 1,870 臺。奧維雲網提供的另一組數據顯示，2015 年，中國 OLED 電視零售量暴增至 43,000 臺，是激光電視銷量的整整 23 倍。

一個是海信不遺余力推廣的產品，一個是海信想方設法狙擊的產品，而市場給出了相反的選擇。

有分析人士如此評論：一年不足 2,000 臺的銷售，等於宣告海信激光電視戰略徹底失敗。

來自海信耐人尋味的消息還有：2016 年 3 月上旬在上海召開的 2016AWE（中國家電與消費電子博覽會）展會上，海信低調展出了大屏幕透明 OLED 電視產品。

而相似的產品在 2016 年「三星中國論壇」上剛剛出現過。

海信對三星彩電亦步亦趨，但是，在 OLED 這一課，海信却沒有學好。

海信彩電終於迷途知返！只是，這一天來得有點晚了。

猛然想起 2014 年創維彩電營銷總監楊孝駿和海信的賭約：「如果海信三年內不做 OLED 電視，我願意出 1 萬塊錢請大家（記者）吃飯。」

海信低調進入 OLED 領域，實屬不得已而為之。隨著 OLED 技術與產品日趨成熟，越來越多的國內外主流彩電企業宣布進入。繼中韓主流彩電企業之后，日系的松下、索尼也將推出 OLED 產品。在此大勢之下，繼續拒絕 OLED 已經十分不明智。

據可靠消息，在海信内部，關於「誰是電視的未來」爭論頗為激烈，越來越多的有遠見的人士反對將激光電視放在戰略產品的位置上，他們認為，「如果繼續拒絕 OLED，海信有可能丟掉已經取得的市場地位」。

三月中旬，另一大彩電巨頭 TCL 的動作同樣令人矚目。據悉，TCL 多媒體高層已經參訪 LGD，商討在 OLED 領域深度合作的問題。這意味著，中國五大彩電品牌，只剩下海信一家繼續遊離於 OLED 之外。同行企業紛紛倒戈 OLED，海信的壓力可想而知。

OLED 代表了電視的未來，已成為越來越多彩電企業共識。好比十三年前，越來越多彩電企業選擇液晶而非等離子一樣。

現在的問題是：作為中國五大彩電品牌之一，海信已錯失進入 OLED 領域的最佳時間窗口，創維、LG、長虹、康佳差不多已經完成市場前期占位，留給海信等品牌的機會已經大大減少。掉隊的海信，要想重返中國 OLED 電視三強陣營十分艱難，必須付出更多的代價。所謂「天道酬勤」，當別人栽樹的時候你不栽桃樹，當別人摘桃子的時候你就不可能摘桃子。

這還不是最關鍵的。最關鍵的在於，此前海信說了 OLED 那麼多壞話，比如「OLED 不代表電視的未來，只有激光電視和 ULED 代表電視的未來」「OLED 不能頻繁開關機」「OLED 圖像燒屏」「OLED 顯像質量不如激光電視」等等，對 OLED 大潑臟水，不給自己留一點后路，生生把自己逼到牆角，今天想轉身了，怎麼自圓其說？為什麼喜歡張揚自己技術如何了得的海信在 AWE 上展出了 OLED 却不敢聲張？這就是「人無遠慮，必有近憂」，缺乏戰略遠見的結果。

再看海信對三星彩電戰略的追隨。應該說，海信不是個好學生，因為它沒有學會三星的謀略。很多人把三星視為 OLED 的反派角色，事實上，三星壓根兒就不拒絕 OLED，不僅不拒絕，而且是全球佈局 OLED 最好的兩大企業之一（另一家當然是 LGD），三星之所以對大屏幕 OLED 按兵不動，很大程度上是玩「平衡術」——尋求液晶與 OLED 利益最大化，淘盡液晶「最后一桶金」。表面上三星對 OLED 不怎麼積極，實際上在偷偷下功夫，就在 2015 年下半年，三星還大手筆投資 OLED 面板。可以這麼說，三星之所以在 OLED 上不慌不忙，是因為已經建立了戰略屏障，進可據，退可守，海信有什麼？什麼也沒有，手裡就兩張牌，激光和 ULED（實為液晶電視），都難說是好牌。而且，三星從來不抵制 OLED，因為它知道 OLED 意味著什麼。海信極力推廣的激光電視，業內稱之為「激光投影」，十五年前法國湯姆遜即推出該產品，后因種種原因放棄。今天，環顧全球主流彩電企業，僅海信一家在推這種產品。再說海信引以為傲的 ULED，不就是液晶電視改頭換面的新叫法嗎？在液晶技術已經綻放它最后的輝煌之后，液晶還能繼續指望嗎？當然不能。

十三年前，海信還是中國彩電第二陣營的品牌，后崛起躋身中國液晶三強之列，恰恰因為抓住了顯像管電視向液晶轉型的歷史機遇，此可謂「成也轉型」。但是，當彩電產業再次走到轉型期的時候，海信却做出了相反的選擇，從「新技術的追隨者」一下子變成了「舊產品的保守者」，為維護液晶既得利益，不惜大潑臟水，唯恐新技術、新產品的出現威脅到自己的市場地位，哪怕全球主流彩電企業共同看好 OLED 技術，海信也要對它使用最惡毒的詞彙進行攻擊。媒體人士普遍擔心，海信如此下去將導致自己陷入極端被動，想轉身都沒辦法轉身，此可謂「敗也轉型」。

資料來源：http://news.ifeng.com/a/20150429/43662519_0.shtml
　　　　　http://www.360doc.com/content/16/0329/08/476103_546171635.shtml

思考題：

1. 海信戰略「窘」在何處？
2. 海信新戰略能成功嗎？

案例 3　海爾發展戰略

青島海爾集團是中國家電行業中規模最大、產品種類最多、規格最齊全的領航企業。從 1984 年兩家瀕臨破產的集體小廠合併成立青島冰箱總廠算起，海爾的成長用集團董事局主席張瑞敏的話來總結，是執行了三部曲戰略，即由名牌戰略到多樣化戰略到國際化經營戰略。

一、1984—1991 年：名牌戰略階段

1984 年青島冰箱總廠成立時，國內冰箱生產企業林立，國外產品蜂擁而入。張瑞敏經過仔細分析市場后，毅然提出「創名牌、高起點」的戰略，在收集和比較國外 30 多家企業技術資料基礎上，決定引進德國利勃海爾公司的現金技術和設備。為了培育

職工嚴格的質量意識，張瑞敏到廠不久，就責令將廠裡生產的 76 臺不合格的冰箱砸毀，並宣布從他到所有的管理人員全部都受罰。從此，「質量是企業的生命力」「質量高於利潤」「只有一等品，沒有二等品、三等品」，就成了海爾人貫徹名牌戰略的經營理念。經過建立健全嚴格的質量管理制度，1985 年，以「青島—利勃海爾」命名的電冰箱正式投放市場，很快就以高質量、高技術贏得廣大消費者的信任。1987 年，海爾被全國 48 家大型商場聯合推薦為最受消費者歡迎產品冰箱類第一名，名牌戰略初戰告捷。1989 年，在其他冰箱因滯銷而紛紛降價之際，海爾却給自己的冰箱提價 12%，其銷量反而上升。從此，海爾的冰箱以及其他家電產品一直突出高質量，優服務，從不低價促銷。

二、1991—1998 年：多樣化戰略階段

在創出名牌、實力壯大之后，張瑞敏認為有必須擴大企業規模，在市場競爭中，如有名牌而無規模，名牌將無法保持和發展。於是，海爾逐步採用兼併收購的辦法執行多樣化戰略。1991 年 12 月，海爾兼併了青島電冰箱總廠和空調器廠；1995 年 7 月，海爾兼併了青島紅星電器公司，進入洗衣機領域；1995 年 12 月，收購武漢希島實業公司 60% 的股權，成立武漢海爾公司，實現首次跨地域擴張；1997 年 3 月，海爾出資 60% 與廣東愛德集團合資組建順德海爾公司；同年 8 月，合資成立萊陽海爾公司，進軍小家電（如電熨鬥）市場。1997 年 9 月，海爾正式宣布從「白色」家電領域跨入「黑色」家電領域，並向市場推出「探路者」系列大屏幕彩電。此后，海爾先後兼併了杭州西湖電視廠和黃山電視機廠，著力推出大屏幕、高清晰度、高附加值的彩電，並加快數字化彩電的開發步伐。1998 年.海爾又宣布進軍「米色」家電—電腦。這就跨出了家電行業而進入高科技電子行業，既執行同心多樣化戰略，又執行複合多樣化戰略。

三、1999 年至今：國際化經營戰略階段

1990 年，海爾冰箱開始出口；1995 年，洗衣機開始出口；1996 年海爾莎保羅有限公司在印度尼西亞的雅加達正式成立。這些說明海爾的國際化經營戰略起步較早，但由於當時公司實力有限，海爾的主要精力仍然放在國內。隨著公司市裡的增強，海爾集團從 1999 年起大舉向國外擴展，在亞洲、歐洲、北美洲和南美洲等設立生產廠或銷售網點。海爾在國際化經營上主要採取「先難后易」戰略，即首先進入歐美的發達國家和地區，取得名牌地位后，在輻射到發展中國家。據報導，截至 2001 年年底，海爾產品已出口到全球 160 多個國家和地區，並在 13 個國家設廠生產。海爾在美國南卡羅來納州設廠生產的小型冰箱已佔有同類產品 20% 的市場份額。海爾要實現國際化，要做到「3 個 1/3」，即其銷售額有 1/3 來自國外生產國外銷售。海爾集團正滿懷信心的向世界 500 強邁進。

資料來源：王德中．企業戰略管理［M］．成都：西南財經大學出版社，2002.

思考題：

1. 海爾集團三部曲戰略有何啟示？
2. 任何企業都有必要制定戰略嗎？

案例 4　康佳電器發展戰略

一、康佳電視 2016 開門紅，加速未來戰略旗開得勝

　　2016 年，在人們紛紛期盼著猴年「猴塞雷」到來之時，電視行業新趨勢也激發出新的市場活力。在集團 2015 年 12 月底舉辦的「熒光跑」活動上，劉鳳喜董事長提出在「加速未來戰略」的基礎上，多媒體事業部通過調整產品結構，深挖縣鄉市場，在 1 月銷量實現高增長：零售額達 13.9 億元，銷量 53 萬臺，環比增長 47%；1 月結算突破 13.5 億元，銷量 70 萬臺，環比提升 37%。通過開年一役實現 1 月銷量開門紅。

　　2016 開門紅的實現，得益於多媒體事業部有的放矢、快速改善產品結構的銷售策略。自事業部發出「聚變 100 天，重返第一陣營」的號召發出以來，從 2015 年第四季度起，事業部便眾志成城、加速變革，向第一陣營跑步前進。事業部領導更是多次強調調整產品結構，提高中高端產品占比，每週赴分公司一線進行調研，並督促各分公司總經理到一線現場辦公。在事業部領導的正確領導下，整個事業部形成了加速前進、團結拼搏的工作氛圍。每年春節前夕都是彩電銷售的黃金節點，需求大量增加；同時，市場競爭激烈，有來自於傳統電視品牌的終端圍擠，也有來自互聯網品牌的線上搶攻。多媒體事業部一方面憑藉著 X80 系列的「黃金曲率」賣點和 8800 系列「輕薄顏值」的外觀成功匹配市場需求趨勢；另一方面，在洞察到縣鄉市場存量巨大、家電升級換代需求旺盛的背景下，通過創新的「倉儲直銷模式」將真彩電視普及到全國各地。這些加快產品佈局、加速帶動銷售的不同形式和活動使得康佳電視成功地在「加速跑」戰略下「跑出」銷量開門紅。

　　在 1 月形勢大好的基礎上，多媒體事業部五一新品的籌備也正厲兵秣馬。通過 X80 系列曲面電視以及 8800 系列的市場檢驗，「曲面」和「超輕薄」趨勢必然，1 月銷量便可見一斑，五一新品的發布勢必會在這兩大技術上有新的突出。伴隨著「2016 體育年」的到來，多媒體將推出升級的超輕薄電視，搭配「MEMC 動態映像系統」和「真彩 HDR 技術」，即運動畫質補償技術和高動態範圍技術來提升電視的回應速度和畫質體驗，讓產品功能的提升全面跑起來。

　　同時，OLED 更是事業部 2016 年佈局重點。有專家預測，消費者對電視新技術的接受程度越來越高，2016 年將成為 OLED 普及元年。根據奧維雲網數據顯示，2015 年 OLED 有機電視在國內市場的零售量達 4.3 萬臺，比其他新技術電視高出 20 倍之多。可見，OLED 電視在高端彩電市場的霸主地位已經形成。而作為最早推出 OLED 產品的康佳多媒體，在 2015 年 OLED 試水市場中，也累積了豐富經驗，2016 年的 OLED 佈局也將在技術、價格等方面有「大動作」，預計能夠給目前不溫不火的彩電行業注入新的活力，使彩電行業能夠跑步進入「青春」。

　　除了讓產品結構和佈局能夠加速跑起來，多媒體也將策劃一系列吸引年輕人的時尚營銷活動來讓產品的推廣銷售也「加速開跑」。2016 年，多媒體將充分借勢奧運會

等大型體育事件，結合教育電視發起關愛留守兒童的公益活動，更將跨行業聯合其他業界的王者品牌開展異業合作，來回應集團「加速跑，更青春」的口號。

在視頻聚媒、多屏互動等趨勢的發展中，電視的需求只會愈來愈多。而伴隨著多種智能設備對用戶的洗禮衝擊，消費者對電視的要求也今非昔比，「大、輕、薄」將是消費者在2016年的幾個主要關注點，而多媒體事業部與專家預測和消費者關注相一致的產品佈局將十分讓人期待。2016年，多媒體事業部將如虎添翼，加速奔跑。

二、康佳虧損或超十億，合縱連橫戰略尚需重新審視

深康佳A（000016.SZ）股權爭奪戰的后遺症依然在蔓延，市場人士稱，這家老牌彩電生產巨頭有可能滑入更深的谷底。2015年12月15日，深康佳發布公告稱公司副總裁萬里波辭職。一直關注深康佳的世紀證券分析師張毅稱，這表明公司內部動盪尚未結束。

自從2015年5月康佳董事會被中小股東奪權之后，被康佳內部戲稱為「職業跳槽經理人」的劉丹執掌帥印。在部分康佳內部員工看來，劉掌權期間，對公司中高層進行大規模「清洗」，導致近半數業務骨幹人心漂浮，康佳日常經營一度停擺。隨著2016年9月10日康佳董事長劉鳳喜取代劉丹，接任代理總裁，「宮鬥」已告一段落，然而，歷時近半年的人事動盪加上經營不善，使得康佳深陷巨虧泥潭。

生存或死亡，已經成為橫在老牌彩電企業康佳面前的一道難題。記者走訪該公司上下游企業后發現，是趕時髦擁抱轉型熱潮，採用股權激勵等激烈變革手法，還是迴歸到製造和供應鏈優勢？留給康佳的時間和試錯的機會已然不多。

而深康佳董秘吳勇軍則表示，目前公司經營情況正常，並沒有應公告而未公告的內容，但吳勇軍也坦承深康佳業績下滑趨勢或將持續，未來面臨著不少挑戰。

1. 公司停擺

在張毅看來，對任何一家企業來說，中高層的人事變動給企業帶來的傷害，往往是不可估量的。深康佳A在2015年5月28日就經歷了這樣一幕，而且打開的還是持續半年之久的人事動盪。

在2015年5月28日舉行的深康佳年度股東大會上，中小股東「逆襲」董事會，通過二級市場增持的方式，一舉拿下4個董事會席位，控制了董事會，證券市場一片嘩然。6月4日康佳集團董事局主席選舉中，沒有彩電行業背景的張民被中小股東推舉為董事長。

僅在20天后，被中小股東推到董事局主席前臺的張民卸任，張民因此被稱作「康佳發展史上最短命的董事局主席」。原總裁劉鳳喜重新當選董事局主席，而總裁一職則由多年前因業績不佳出走的劉丹擔任。

據一位深圳私募基金管理人介紹，劉丹2007年離開康佳，曾任多媒體平板事業部負責人。其時，康佳的液晶平板市場佔有率從52%降到了27%。有人據此認為劉丹是康佳在平板時代的一大「罪人」。劉丹離開康佳后，去了京東方、宏基、惠科等多個公司任職，最長的3年，最短的幾個月。知情者稱，劉在上述公司任職期間，業績平平。

對於康佳內部員工來說，那段時間感受最深的莫過於頻繁的人事變動。據康佳集

團多媒體事業部的一位中層管理人士透露，自劉丹上任之后，人事方面劇烈動盪。在任職不到 1 個月的時間裡，多次人事「大清洗」導致近半數業務骨幹發生變動，公司上下風聲鶴唳，離職潮洶湧一時。不僅如此，新總裁在用人風格也搖擺不定，親自任命的多媒體事業部總經理，上任兩週被調離，另一位事業部副總經理上任 1 個多月也被免職。

「那三個月是一場噩夢，日常業務完全停擺，正常的經營節奏被徹底打破。」上述中層管理人士向記者抱怨。這種局面一直持續到 9 月 10 日劉丹被暫時停職，康佳集團董事長劉鳳喜兼任總裁職務為止。

據悉，離開康佳后的劉丹並未消停，2015 年 11 月 18 日，劉丹攜新品牌再次亮相，這一次，他創建了一個互聯網電視品牌——夢牌。而記者調查后發現，夢牌電視的經營主體夢派公司創立時間為去年 5 月，劉丹是該公司的股東。很顯然，在任職上市公司總裁期間註冊經營同類業務的公司，劉丹的行為有悖於高管的職業操守，也違反上市公司高管的競業禁止準則，損害了上市公司利益。

2. 歷史巨虧

董事會持續近半年的逼宮大戲終於落幕，不過，由於外部形勢嚴峻加上人事變動帶來的后遺症短時間內無法消除，康佳已然跌入巨虧的深淵，這無疑是康佳近年來遭遇的最大業績危機。

2015 年 10 月 28 日，深康佳 A 發布三季報，公告顯示前三季度淨利潤虧損 8.52 億元，同比下降 1,891.14%。其中「人事震盪最頻繁」的第三季度虧損尤其嚴重，當季虧損 5.5 億元，同比下降 17,535.28%。

而造成巨虧的原因，吳勇軍表示主要來自於兩方面：一是從外部來講，人民幣貶值使康佳在幾天內損失了「4 個億」。據深康佳公告顯示，三季度的虧損包括匯率變動使公司 6 億美元的淨負債產生了約 1.9 億元的匯兌損失，以及因退回節能補貼資金事項導致前三季度合併報表中減少了約 2.22 億元的利潤總額。二是從內部而言，康佳市場佔有率下降，公司銷售規模大幅下降而引起了產能閒置的成本增高。

數據也印證了這一點。最新市場份額數據顯示，同城「兄弟」創維以 20%的市場份額位居家電行業榜首，海信、TCL、長虹分別以 18%、16%、11%緊隨其後，康佳則以 9%的幅度跌出第一梯隊。而根據奧維雲網提供的出貨量數據顯示，去年上半年，康佳彩電總出貨量為 230 萬臺。同一時期，其他主力品牌廠商的出貨量均高於康佳。其中創維達到 420 萬臺、海信為 390 萬臺、TCL 為 303 萬臺、長虹則是 280 萬臺。

這也是康佳近年來最大的一次業績危機，且短時間內難以消除。雖然持續半年已久的「逼宮大戲」終於落幕，董事會、中高層趨於穩定，但迴歸正常還需要一個「撥亂反正」的過程。只不過對正處於加速轉型的家電企業來說，這半年的時間可能需要更激烈的舉措來「挽救」。

3. 阿里概念存疑

實際上，近年來，康佳圍繞著智能家居和互聯網化，進行了一系列的實踐和探索，還積極與互聯網巨頭企業「聯姻」，試圖踏上通往未來的新路，並確立了要做「最懂互聯網的彩電品牌」的定位。這一定位不僅獲得了外界的認可，並從業務層面推出了中

國首個智能電視營運平臺,通過縱向、橫向的生態打通,吸納服務、內容等合作夥伴,利益共享,這與互聯網與傳統家電業融合發展的趨勢是一致的。

事實上,雖然劉丹本人表示對與阿里的合作充滿期待,「多多少少能給未來帶來盈利」,但上述深圳私募管理人士指出,對家電企業來說,過去在硬件和技術上是輕車熟路,但一腳踏進互聯網、社群和應用服務等新業務模式中,免不了要走一些彎路,或在合作模式中處於劣勢地位。

2015 年 9 月 16 日,康佳與阿里天貓宣布合作發展互聯網電視業務,康佳負責硬件,天貓負責智能電視平臺的內容及用戶營運。當時康佳公告稱,預計在未來 3 年內可獲約 10 億元營運收入分成和補貼。根據張毅的粗略計算,以康佳每年約 300 萬臺智能電視銷量估算,對應單臺 ARPU 超過 100 元,每一年有 3 億多元的硬件外的額外收入。可以說,雙方合作一方面有助於提高康佳電視銷量,另一方面也有助於提升康佳未來預期收益。對家電業的收入模式轉型有風向標意義。

根據協議,在接下來的 36 個月內,雙方合作在康佳產銷的智能電視產品中預裝阿里巴巴家庭娛樂服務平臺,包括 YunOS 操作系統、影視、教育、游戲、音樂、電商、應用商店等內容,以及帳戶、支付等服務。其中,康佳負責智能電視的生產、市場銷售、售後服務;天貓則主要提供軟件技術支持以及電商資源支持。而智能電視售出後主要由天貓聯合互聯網電視牌照機構進行內容、應用和服務的營運。

無疑,不僅康佳方面對此次合作抱著極高期待,這也開創了家電與互聯網企業合作的一種全新模式。但看起來很美好的合作,可能暗藏著一些「玄機」。據記者深入調查後卻發現,雙方間的合作並非順風順水。據東莞康佳基地的一位人士透露,當時康佳與天貓合同簽訂時未深思熟慮,由於中小股東意圖拉升股價,很草率地簽訂了合同,從接觸到簽訂合作協議,僅僅用了 10 天時間。雙方間的責權利並不清晰,這為接下來的營運和服務、分帳等埋下了隱患。

對此,上述東莞康佳基地的人士向記者坦言,對於這樣一份合作協議,康佳除了會有部分收益外,並沒有占到便宜。比如內容和用戶營運後臺掌握在阿里手裡,收入的數字又是一個黑匣子,不夠透明,沒有第三方的監督,很難保證收入數據的真實可信。據說自去年 9 月合作以來,康佳並沒有分到一分錢。而且這種只賣硬件的合作方式,相當於將康佳每年的用戶拱手「賣」給了阿里,對於未來康佳爭奪智能家居互聯網市場和完成互聯網轉型,是一種掣肘的效應。短期看有收入,長期則是戰略上的「掏空」之舉。據康佳內部人士透露,正是因為以上原因,康佳未來可能重新審視與阿里的合作模式。

資料來源:http://finance.chinanews.com/it/2015/02-03/7031117.shtml
　　　　　http://money.163.com/16/0123/01/BDVRLCHB00253B0H.html

思考題:
1. 康佳虧損的根源是什麼?
2. 康佳應如何進行戰略調整和選擇?

案例5　國美電器轉型戰略

一、國美電器事件

　　國美電器集團作為中國最大的家電零售連鎖企業，成立於1987年元月一日，是一家以經營電器及消費電子產品零售為主的全國性連鎖企業。2009年底，貝恩投資入股國美電器。在入股國美電器8個多月後，在國美電器正在走出危機恢復正增長的情況下，擁有31.6%股權的國美電器大股東在2010年5月11日的年度股東大會上突然發難，向貝恩投資提出的三位非執行董事投出了反對票。以董事局主席陳曉為首的國美電器董事會隨後以「投票結果並沒有真正反應大部分股東的意願」為由，在當晚董事局召開的緊急會議上一致否決了股東投票，重新委任貝恩的三名前任董事加入國美董事會。2009年1月，陳曉替代黃光裕接任董事局主席一職，開始掌舵國美。2010年8月4日收到黃光裕代表公司的信函，要求召開臨時股東大會撤銷陳曉董事局主席職務，撤銷國美現任副總裁孫一丁執行董事職務。至此，黃光裕與國美現任管理層的矛盾大白天下。2009年8月5日國美電器在港交所發布公告，宣布將對公司間接持股股東及前任執行董事黃光裕進行法律訴訟，針對其於2008年1月2日前後回購公司股份中被指稱的違反公司董事的信託責任及信任的行為尋求賠償。國美事件逐漸越演越烈。

　　國美大爭主要原因之一便是國美董事局責權利嚴重不均勢，作為大股東的黃光裕，雖然持有約32%的股權即出資最多，但在董事局中代言董事席位為零；而與之形成顯明對比的是，在貝恩債轉股之後，擁有約10%股份的貝恩與陳曉合作，卻在11個董事局中直接控制了至少5個董事席位。不能掌控董事局，就不能掌控整個國美，董事局話語權的旁落，使得黃光裕方對自己的利益是否能夠得到保障產生憂慮，因此黃光裕在五項提議中有四項是事關董事人選。

　　國美大爭原因之二是國美董事局決定增發20%的股份，在此之前，黃光裕方作為大股東，其持股比例達到32%，倘若進行股權增發，大股東股權比例有被攤薄之風險，與之對應的是大股東的影響力和控制力也勢必減弱。股權的重要性在國美大爭中已表現得淋漓盡致，一方面，由於黃光裕方股權比例達32%之多，才有權要求召開股東大會，對自己的提議進行表決；另一方面，由於黃光裕一方股權比例不足，才導致五項動議四項被否，這側面證明了黃光裕方對股權增發的擔憂不無道理。

二、國美電器轉型

　　面對日益重複的家電零售渠道競爭格局，上市8年首度出現虧損的國美電器醞釀戰略轉型已是必然。繼不久前強勢整合旗下庫巴網和國美網上商城、中標中央電視臺黃金時段廣告後，2012年12月25日，國美電器發布新三年規劃，以及以「信」為核心的品牌理念和企業文化。

　　2012年外部大環境使整個家電行業陷入前所未有的低迷，對國美電器的影響似乎

更為嚴重。黃光裕入獄后愈發低調的國美電器，2012年出現了上市8年來的首度虧損。國美電器控股有限公司公告顯示，公司2012年前三季度營業收入為360.57億元，同比下降18.02%；虧損6.87億元，而2011年同期盈利為17.91億元。該公告稱，集團銷售收入下滑、人力成本及租金費用上升、電子商務業務虧損是造成虧損的主要原因。

事實上，在新戰略發布前，國美電器已經開始調整組織架構。12月21日，國美電器宣布，為適應線上線下同步發展的新戰略，對採購業務體系和營運體系進行全面調整，由高級副總裁李俊濤主管採購業務體系工作、高級副總裁何陽青主管營運體系工作。此次調整已獲得董事會和大股東黃光裕認可。

獲得黃光裕認可的還有此次發布的新三年規劃和以「信」為核心的企業文化。國美電器表示，未來三年發展戰略、品牌理念、企業文化都將以滿足消費者和客戶需求為導向，以多方共贏為基礎，以推進線上線下協同發展為核心戰略。

國美電器總裁王俊洲表示，國美電器目前遇到的問題是傳統家電連鎖模式共同面臨的難題。家電連鎖長期以北京、上海、廣州、深圳等一線城市為主要根據地。統計數據顯示，2012年，中國家電市場規模達到8,700億元，其中3,600億元來自一線市場，其餘5100億元都由二三線市場貢獻，而二三線市場是包括國美在內的家電連鎖的弱項。同時，電子商務的快速增長，已經給實體店經營帶來巨大壓力。「因此，國美電器確定了以地面店和電子商務為核心的多渠道協同發展戰略。」

據瞭解，國美電器未來三年在不同級別市場的經營規劃各有側重。在一級市場，國美電器將優化升級體驗店、旗艦店，完善網路佈局，豐富產品種類，通過系列改造動作，在2013年實現一級市場單店效益提升5%的目標；在二三級市場，國美電器將重點打通一二級市場供應鏈，加快支撐二級市場的物流中心和售後服務網點建設，以中心大店帶動衛星小店的連片開發模式，推動二級市場的快速增長，提高市場佔有率，並計劃2013年在二級市場新開門店200家；在電子商務業務方面，國美電器已經完成對旗下國美網上商城和庫巴網兩大平臺的后臺整合，將在此基礎上繼續整合現有線上、線下業務平臺，拓展新業務模式，實現業務體系後臺的統一管理和資源共享，2013年力爭實現電子商務業務盈利。

在供應鏈方面，國美電器將優化與合作供應商的業務模式和業務關係，降低和供應商來往過程中的成本損耗。具體措施包括：實現庫存從區域共享到全國共享的轉變，以「週訂單」模式加快商品庫存週轉；建立協同型戰略合作，降低交易成本；搭建城市與區域物流網路，以物流共享提升產業鏈效率；開放信息系統與供應商實現網上對帳與結算，並採取單品採購單品經營模式。對此，王俊洲表示，這種以採購、物流、售後、信息為核心的低成本、高效率供應鏈平臺建設，將對國美電器線上線下的競爭和盈利起到強大的支撐作用，持續提升商品競爭力，提升公司綜合毛利率。

資料來源：1. 黃旭. 戰略管理 [M]. 北京：機械工業出版社，2013.
2. 於昊. 國美電器戰略轉型 [J]. 電器，2013（1）.

思考題：

1. 國美是如何實施戰略轉型的？
2. 國美電器從哪些方面實現了成本的降低？

案例 6　長虹電器發展戰略

一、趙勇的「三板斧」與長虹的智能化戰略

2014 年 3 月 31 日，長虹集團董事長趙勇再次站在長虹智能空調 CHIQ 的新品秀會場，「趙布斯」與現場情景劇亦莊亦諧地互動讓發布會現場充滿了喜感。這是趙勇第三次為長虹 CHIQ 系列新品發布「站臺」，從 CHIQ 電視到 CHIQ 冰箱，再到 CHIQ 空調，趙勇節奏緊湊地向智能家電砸了「三板斧」，賺足了市場的眼球，也贏得了資本市場的認可，從 2014 年的 1 月 1 日到 3 月 31 日期間上證指數上漲－3.13%，而同期四川長虹和美菱電器分別上漲了 12.24% 和 23.75%。

作為一個老牌家電企業，獲得資本市場的認可非常不易，而更難的是在當下和不遠的未來去獲得新興消費群體的認可。

趙勇的「三板斧」不僅僅是砸向智能家電，更希望砸出長虹的未來。「長虹現在是一個智能終端的企業，是一個大數據的企業」，趙勇認為。

趙勇希望以「三板斧」為先導的智能化戰略讓長虹擺脫了傳統家電製造企業的身影。在 2013 年 10 月份，長虹首次發布公司面向互聯網時代的全新戰略規劃和產業佈局。在長虹「新的三坐標戰略」體系中，首次提出將智能化、網路化和協同化作為新的三坐標體系的發力方向，通過各類智能化的終端，與網路化的雲服務平臺和相應的大數據商業模式開發，再引入協同一體化的解決方案，最終在互聯網時代激活長虹原有的家電、手機、信息等各類消費電子業務，從而在消費市場上釋放新的競爭力，進而為長虹系品牌注入新的活力。

最終要讓長虹的「新三坐標戰略」落地，還需要有智能化的終端，或者需要有打動消費者的產品或應用，長虹 CHIQ 電視、冰箱、空調的陸續發布也被視作這這一戰略的執行。CHIQ 電視被視為「中國首臺實現三網融合的新智能終端」，具有分類看、多屏看、帶走看和隨時看的功能；CHIQ 冰箱通過雲圖像識別技術，實現省心、省事、省錢；而剛剛發布的 CHIQ 空調基於人體感狀態感知技術，主動識別人體物理、生理和心理以及周圍環境狀態，適時動態調節空調各項運行參數，通過多種應用場景模式而不是純粹的功能來滿足用戶需求，開創了「軟件＋應用場景模式」的發展新方向。

長虹三個月內發布的三大品類的智能產品還是吸引了不少關注，也為長虹下一步由點到面佈局家庭互聯網、構建智能家居落下了重要「棋子」。從產品和應用層面來看，雖談不上「顛覆」，也不乏一些有價值的應用創新。至少，在產品的開發思路有明顯轉變，以人為中心，以用戶切實需求為研發原點。從行業層面看，長虹的 CHIQ 發布是家電企業在新環境下「蝶變」的嘗試。從這點上，我們或許可以為趙勇鼓掌，為長虹叫好。在變革年代，積極擁抱變革，是一種「在路上」的心態，也是一種進取的態度。

二、長虹家電走向世界「一帶一路」戰略契合海外國家

近年來，長虹集團落實品牌國際化戰略和智能戰略成為經營的重中之重，隨著全球首臺移動互聯電視 CHiQ 二代推出，長虹智能化戰略再次取得重大突破。而相應的，長虹國際化戰略在 2015 年也有了新動作。CHiQ 二代電視通過該公司全球首創並完全擁有自主知識產權的 DCC（Device Connection Control，設備連接及控制）協議，北京電子展實現了擁有移動芯片的終端與電視自由融合無縫對接，不僅可以極大提升電視機的運算處理性能，更重要的是，用戶可以在電視上直接運行原本基於移動終端開發的音視頻、游戲等應用軟件，將「極速爽、大屏玩、智能推」的海量內容帶到大家的眼前，抬頭即可共享如此美好。

長虹將承擔起落地「一帶一路」戰略的重要橋頭堡。與國家「一帶一路」戰略步調一致，落實中國對外開放及國際貿易新機遇，2015 年長虹將深耕以歐洲、印尼、中東為主的根據地市場，鞏固南亞、澳洲市場，力拓美國市場，探索南美、非洲等潛力市場。在印尼，經過十六年的市場拓展和精細化營運，印尼已成為長虹發力東盟市場的根據地。

早起步，深耕印尼十六年。長虹早在 20 世紀就啓動了國際化戰略，1999 年進入印尼市場，2002 年成立代表處。2008 年在全球金融海嘯之際，長虹在印尼雅加達與印尼合作夥伴合資成立長虹印尼電器有限公司，總投資 1,000 萬美元，長虹控股 88%。

以「走出去、走進去、走上去、本地化建立根據地」戰略思想為指引，長虹不斷將自己的產品和服務帶進印尼的千家萬戶。

經過十六年的發展，長虹在印尼已成為中國第一家電品牌，公司業務 2009—2014 年持續增長，年平均增長率 30% 以上，連續五年被評為「TOP CHINA'S BRAND」。印尼長虹是中國企業在印尼的第一個成功申請保稅庫的企業，國際家電展取得了與 SAMSUNG、LG、SHARP 等同等快捷的通關條件。目前，印尼市場已經成為長虹在東盟市場的品牌根據地市場，而印尼長虹也已定位為長虹在東盟的生產經營基地、品牌經營基地和長虹海外營運中心之一。

「一帶一路」，印尼長虹迎新起點。在深度拓展市場的同時，印尼長虹也積極履行企業在當地的社會責任，將本地化進行到底。長虹在印尼本地化採購、員工本地化率已達到 98%，帶動了本地就業。

據印尼長虹總經理馮輝介紹，良好的企業形象，使長虹家電成為印尼家喻戶曉的中國品牌，印尼長虹也成為了中國政府、企業及印尼企業參觀的標誌性企業。隨著國家「一帶一路」戰略的全面啓動，印尼長虹又將迎來新的發展契機。

印尼大使蘇更・拉哈爾佐最近表示，印尼的海洋強國戰略和中國「一帶一路」倡議高度契合，印尼將在加強海上互聯互通方面扮演樞紐作用。而舉世矚目的 2015 亞非領導人會議也將在印尼召開，中尼兩國在「一帶一路」戰略上的合作又將有新的內容。長虹即將參加國際家電展。

2014 年是長虹智能化戰略的元年，推出包括 CHiQ 電視、冰箱、空調等高科技能終端引起業界廣泛關注；除了深化長虹智能戰略，創新推出包括 CHiQ 二代電視在內

的一系列智能高科技終端外,更是開啓了國際化戰略的新篇章。馮輝介紹,結合國家「一帶一路」政策,印尼長虹將進一步實施在印尼本地化生產,產品輻射到東盟其他國家。將印尼拓展品牌市場的經驗複製到「一帶一路」的其他目標市場國家。

資料來源:http://news.cheaa.com/2014/0402/401227.shtml
　　　　　http://www.tvhome.com/article/17536.html

思考題:

1. 如何理解長虹的智能化戰略?
2. 新常態下長虹如何實施「走出去」戰略?

案例7　格蘭仕發展戰略

如果買微波爐,用戶的第一選擇是什麼品牌?答案是:格蘭仕。到目前為止,格蘭仕生產的微波爐排成一列,可以繞地球3圈。將微波爐做到世界第一的格蘭仕,無疑可以作為中國製造業的典型代表。

從1995年開始,格蘭仕微波爐成為中國「第一」,1998年之後,格蘭仕微波爐成為世界冠軍。然而,「第一」和「冠軍」似乎並沒有帶來相應的榮耀。20多年來,秉持「總成本領先、摧毀產業投資價值」理念的格蘭仕已經傷痕累累、身心俱疲。竭澤而漁的價格戰無以為繼,從價格到價值的戰略轉型卻又步履蹣跚。始於2005年前後的戰略轉型和組織變革,目前仍阻礙重重。特別是在全球原材料上漲、人民幣升值的前提下,格蘭仕如何保持高速增長,已經成為其發展道路上的最大難題。格蘭仕變革,路在何方?

一、低價取勝

1992年,廣東順德桂洲鎮(現在的容桂鎮),時年55歲的梁慶德毅然關閉了效益良好的桂洲羽絨廠,他要做一件更有前途的產品——微波爐。雞毛撣子起家的格蘭仕做家電,在當時是個天大的笑話,但是梁慶德力排眾議、決意為之。

當時,中國本土微波爐市場的廠商數量很少,並且規模都不大。1992年,中國微波爐行業主要有蜆華、松下、飛躍、水仙4個品牌。1993年,國內市場份額最大的是蜆華,約占50%,但其在國內的年銷量也不過12萬臺。1993年,松下是中國市場最大的外資微波爐品牌,產品價格大多高於3,000元。1994年,松下、日立相繼在中國投資設立微波爐工廠,但設計產能均僅為30萬臺。1995年,LG在中國天津投資設立微波爐工廠,其70%左右的產能都用來滿足國外需求。

1995年是中國微波爐市場的一個分水嶺。此前格蘭仕並無任何優勢可言,基本上跟著蜆華這樣的知名品牌亦步亦趨,小心跟進、大膽模仿。

格蘭仕這個時候選擇的是做代工(OEM)。和其他OEM不同的是,它將國外的生產線直接搬了回來,沒有花錢,跟國際公司按照比例分成,在價值鏈的低端參與競爭。

1995年5月,俞堯昌與格蘭仕董事長兼總裁梁慶德會面。雙方一見如故。俞堯昌

是營銷策劃的好手，他提出了「價格驅動、引導消費」的概念，提倡文化營銷。共同的理想、共同的語言很快使兩人走到了一起。

當時，市場中常見的營銷方式仍是電視廣告，但這需要很高的資金投入。格蘭仕一方面積極與報刊合作，採取宣傳微波爐使用知識的「知識營銷」手段；另一方面，中國家電企業的「價格戰」已經顯露端倪，在「供過於求、產品過剩」的現實下，格蘭仕通過大幅降價引起媒體廣泛關注，以製造轟動效應。資料顯示，一些年銷售額與格蘭仕相當的家電企業投入廣告上億元，而格蘭仕早期每年的廣告費用僅 1,000 多萬元。格蘭仕「取勝」的秘訣，就是「價格戰」。

按照梁慶德的思路，格蘭仕要做到微波爐產品的全球市場壟斷：「做絕、做穿、做爛，在單一產品上形成不可超越的絕對優勢，這叫作鉚足力氣一個拳頭打人。」而格蘭仕副總裁俞堯昌則這樣定位價格戰：「為什麼我們要這樣做？就是要使這個產業沒有投資價值。」

1996 年 8 月，格蘭仕微波爐第一次降價，平均降幅達 40%，當年實現產銷 65 萬臺，市場佔有率一舉超過 35%。格蘭仕的「價格戰」有兩大特點：一是降價的頻率高，每年至少降一次，1996 年至 2003 年的 7 年間，共進行了 9 次大規模降價；二是降價的幅度大，每次降價最低降幅為 25%，一般都在 30%～40%。從 1993 年格蘭仕進入微波爐行業至今，微波爐的價格由每臺 3,000 元以上降到每臺 300 元左右。

格蘭仕的多次大規模降價，的確使微波爐利潤迅速下降，規模較小的企業根本無法支撐。據三星經濟研究院的研究資料，格蘭仕在當生產規模達到 125 萬臺時，就把出廠價定在規模為 80 萬臺的企業的成本價以下；當規模達到 300 萬臺時，又把出廠價調到規模為 200 萬臺的企業的成本線以下。1997 年、1998 年，格蘭仕微波爐的利潤率分別為 11%、9%。1999 年，格蘭仕主動將利潤率調低到 6%，此時，中國市場的微波爐企業從 100 家減少到了不足 30 家，格蘭仕的市場份額達 70% 以上。

二、轉型陣痛

2000 年是格蘭仕的一個拐點。當年 6 月，梁慶德交棒，梁昭賢成為格蘭仕集團執行總裁，開始全面掌管格蘭仕。

那時格蘭仕微波爐已經快觸到了天花板。微波爐的市場空間難以支撐格蘭仕的快速發展，格蘭仕也因此迎來了一個發展瓶頸，要麼死守微波爐大王的榮譽慢慢走向衰落，要麼開闢新的領域進行轉型，以實現二次跨越發展。

當時的空調領域被譽為家電行業裡的「最后一塊肥肉」，空調產品的利潤率達 20%～30%，且當時的空調業還處於群龍無首的狀態。

2000 年，格蘭仕宣布全面進軍空調領域，並宣稱要做「全球最大空調專業化製造中心」，2001 年，格蘭仕就實現產銷量 50 萬臺。格蘭仕想複製微波爐的成功模式，用價格戰與規模化生產的模式切入空調領域。

但是意外發生了。2001 年，空調業一下子擠進來大量的新生力量，樂華、新飛、奧克斯等。接著，長虹、TCL、小鴨三大家電企業分別收購三榮、卓越、匯豐三家空調企業。資本的大舉進入使空調業迅速由暴利轉入微利，而這對格蘭仕無疑是迎頭一擊。

儘管格蘭仕實現了空調的快速投產，但是其在空調領域的跑馬圈地變得越來越無力。與微波爐這種小家電相比，作為大家電之一的空調產品却有著截然不同的技術、工藝、營運、銷售等需求，尤其是空調領域需要的投資巨大。

格蘭仕副總裁、冰洗產業群總裁陳曙明透露：「微波爐的微利模式當時在空調業根本無法施展。空調不一樣，我們的成本優勢不明顯，雖然我們的成本控制能力很強，但是由於我們的規模沒有別人大，這種微弱優勢很容易就被抵消了。」

2005年格蘭仕向世界宣言：「我們要將空調產品做成格蘭仕的第二個『世界第一』。」這句話再次掀起巨浪。

與微波爐業不同的是，2005年，空調業巨頭林立，行業產品的價格和利潤已經很低了，格蘭仕在這種情況下起步，去擠占別人的市場，如何能夠創造性地顛覆現有空調企業的運作模式，同時又不能破壞行業的健康發展，這是個問題。

格蘭仕的老對手美的電器同在順德，與格蘭仕相距不過15公里，却選擇了一條與格蘭仕完全相反的路。與梁慶德的排斥上市不同，美的創始人何享健認為，股份制改造能使企業更加規範，通過上市可以獲得融資，有了資金，有了好的機制，企業何愁不能發展？

所以，在梁慶德忙著打價格戰圈地之時，何享健則不斷通過資本運作併購白電領域的企業，比如華凌、榮事達、小天鵝，擁有了洗衣機、冰箱、空調多品牌的全線白電產品線。

如今格蘭仕從微波爐領域跨到空調領域已經10年了，梁昭賢多次坦言，在空調市場曾經走過不少彎路，對國內市場的重複程度估計不足。截至目前，格蘭仕空調仍舊在國內第四、第五的名次上徘徊。

三、一年新政

2004年7月，梁慶德與曾和平在美國邂逅。在梁三顧茅廬的誠意邀請下，曾和平「空降」格蘭仕擔任副總裁兼新聞發言人。2006年，以「價格屠夫」著稱的俞堯昌以休假的名義暫時退出格蘭仕的管理層。

曾和平曾是廣東省外貿集團總經理，與梁慶德邂逅時，他剛剛結束在美國的MBA學習。總結其人的特點為：對企業管理非常在行，對經濟學理論也深知其道，然而其為人耿直，言語經常一針見血。

在此之前，格蘭仕的經營出現了困難：2004年9月，格蘭仕出口虧損2.19億元。在曾和平看來，格蘭仕遭遇的困難表面看是外部環境的惡化，實質上是企業多年粗放式管理弊端的總爆發；過去十多年格蘭仕實行的是一種高度中央集權的管理模式。隨著企業組織規模的不斷擴大和經營品種的不斷增多，這種高度集權的管理模式使得集團高層領導天天忙於事務性工作，無暇考慮企業的發展戰略，問題就來了。

曾和平「空降」后做的第一件事就是提價。在他看來，低價策略意味著自殺，他希望通過「技術創新與價值提升」讓格蘭仕告別「價格屠夫」的形象，這被認為是格蘭仕從價格戰向價值戰的轉型。

「當時格蘭仕的體系一直停留在以OEM和ODM為主的生產經營方式，一直處於低

端參與國際的分工合作。」曾和平說，「基於這些考慮，整個集團痛定思痛，開始了一系列的大刀闊斧改革創新。」格蘭仕終於做出從「世界工廠」向「世界品牌」轉型的決定。同時為了防止僅靠微波爐市場的薄利無以為繼，決定成立中國的空調基地，並大力發展小家電，以平衡只有一條腿的桌子，用微波爐、空調和小家電形成「三個支點的一個面」。

格蘭仕的戰略轉型收穫了成果。2005—2006 年，在原材料價格上漲和人民幣升值的雙重壓力下，格蘭仕沒有重蹈 2004 年的覆轍：2005 年銷售額同比增長了 30.95%，利稅總額同比增長了 67.88%；2006 年銷售額同比增長了 12%，利稅總額同比增長了 37.5%，並創下了格蘭仕 29 年來最好的經營業績。

四、被迫上市

2007 年 9 月 7 日，時任格蘭仕副總裁的曾和平在央視《對話》欄目「對話格蘭仕謀變」中，指出了格蘭仕的諸多危機，包括價格摧毀政策增加銷量卻迎來虧損；企業內部管理混亂；員工醞釀大逃亡，現金流管理也一塌糊塗。曾和平其實是想傳遞「新的格蘭仕正在破繭而出」的信息，以期在謀劃上市之際贏得資本市場的信心。然而，曾和平無意中道出了格蘭仕的家醜。

頗具意味的是，「對話事件」不久，曾和平意外離開格蘭仕，俞堯昌重新回來。在實施變革一年多之後，此舉是否意味著格蘭仕將重回「價格屠夫」的軌道？俞堯昌迴歸之後，對此予以了否認：「格蘭仕不會進行簡單的價格戰，而是向高附加值的價值領域挺進。」

而接下來的時間，格蘭仕堅持逐步轉型，開始走多元化道路。2010 年 3 月 28 日，格蘭仕在 2010 年中國市場年會上，之前歷年年會中的「微波爐」三個字已經不見了，由此，格蘭仕開始向世人宣布：格蘭仕涉足多元化的時代真正來臨了，生活電器、日用電器和廚房電器等品類都成了格蘭仕意欲瓜分的蛋糕。

2009 年 9 月，格蘭仕在逆境中擴建白電新廠區，增加冰箱、洗衣機、洗碗機的配套、研發、製造能力，「這個新廠區建成之後，將成為亞洲最具規模的單體冰箱、洗衣機製造基地。目前，格蘭仕基本上實現了以微波爐、生活電器、空調、日用電器為支柱的白電產業佈局。」梁慶德在年會上說。這被看作格蘭仕的又一次轉型。

然而，在微波爐領域「不差錢」的格蘭仕，在轉型到空調領域 10 年后，開始家電產業多元化，它的資金也開始捉襟見肘。

「近年來雖然空調的銷售市場良好，但尚未給公司帶來明顯的利潤支持。此外，這兩年公司仍在小家電方面持續加大投入，這兩大業務板塊都需要強大的現金流支持。」格蘭仕一位內部人士稱。

某投資銀行資深投資經理分析：「格蘭仕作為一家民營家族企業，在與銀行接觸時，不如上市公司信用高，這給格蘭仕圈到巨額資金設置了一個障礙。」

「格蘭仕要想持續發展、更大規模地增長，就需要借助資本的力量。」梁昭賢表示，歐、美、日、韓的家電企業已經完成洗牌，只剩下了幾個巨頭企業。在資本力量的推

動下，中國未來也會有這樣一個大洗牌的過程。最終能在這個洗牌中繼續立足的企業，其規模將會達到千億元之巨，少於千億元的企業將很難生存。屆時，中國大型家電企業可能只有五六家。格蘭仕不成為勝利者就淪為失敗者，不做洗牌者就會成為被洗牌的對象。

「我們正在全力推動公司上市。」梁昭賢 2011 年 1 月公開表示，「目前還沒有清晰的時間表，不過有一點可以肯定，那就是我們會選擇合適的時機盡快上市。」

「格蘭仕很可能將微波爐等優質資產提前上市，一來可以緩解資金壓力，二來可以助力格蘭仕向白電多元化轉型。」中國家電網 CEO 呂盛華分析。

格蘭仕助理總裁、新聞發言人陸驥烈也公開表示，未來 5 年格蘭仕會在資本營運上有充分表現，爭取能夠上市。「對於上市，格蘭仕關注的不是簡單的融資方法，而是堅持低負債高增長的方式，讓更多的投資者看到穩健發展的格蘭仕。」

把微波爐產業做到沒有投資價值的格蘭仕，迷茫中最終選擇了走多元化的道路。在這條路上，上市則成了其必然要走的一步棋，這步棋早走比晚走好，晚走比不走好。

資料來源：http://tech.hexun.com/2011-09-21/133621728.html

思考題：
1. 格蘭仕在總體發展上採用了哪些戰略？
2. 格蘭仕採用了何種競爭戰略？該競爭戰略要求企業應具備什麼條件？

案例 8　TCL 與蘇寧強強聯合戰略

在 2016 年 1 月 23 日的南京，雖然室外天寒地凍，但在蘇寧總部却溫暖如春，TCL 集團董事長李東生帶領的 TCL 高管團隊與蘇寧董事長張近東及其高管團隊就 2016 年雙方開展全面戰略合作事宜進行了熱烈討論，並制訂 2016 年的全年戰略合作目標。2016 年 TCL、蘇寧將在渠道覆蓋和建設、單品定制、精準營銷、市場推廣等多方面展開深度合作。為了將雙方合作的成果與用戶共享，1 月 28 日 TCL 特攜手蘇寧舉辦「曲面賀新春，歡樂過新年」的春節鉅惠活動，從而打響雙方戰略合作頭炮，也為廣大消費者帶來新春換新機的最佳購買契機。

「2015 年，TCL 在蘇寧的線上增速已接近 140%。2016 年，TCL 還將繼續與蘇寧展開很多合作。」李東生表示，2016 年，雙方合作的目的，不僅僅是要把規模做上去，還要借助蘇寧互聯網零售營運的優勢，擴大 TCL 中高端產品和新品類的市場份額，進一步推動品質化發展；通過數據開放，圍繞用戶需求，在彩電、手機等領域打造更多差異化的明星產品。TCL 不斷擴大與蘇寧、國美等渠道商的合作，正是源於以用戶為核心的理念，持續為用戶提供更極致的產品服務體驗。過去一年得益於廣大消費者認可與支持，TCL 在市場疲軟、經濟下滑的情況下持續保持營收增長，TCL 多媒體累計實現液晶電視銷量達到 1,734.3 萬臺，同比增長了 4.64%。此次曲面賀新春活動，TCL 正是為了回饋新老用戶而舉辦，打造歲末最強讓利行動。

據悉，此次活動由 TCL 與蘇寧兩大巨頭強強聯手，以巨大的價格驚喜優惠強勢讓

利消費者。其中今年在電視市場中熱銷的曲面爆款在原本優惠的價格基礎上再降 500 元。此次活動產品以年度爆款 55 英吋高色域曲面為主打，量子曲面 H8800 將領銜全線曲面產品大幅度直降讓利。

「TCL 將在節前引爆一波曲面選購的小高潮。」業內觀察人士表示，2015 年曲面電視接連迎來大爆發，此次節前讓利更將點燃消費者的選購熱情。奧維雲網數據顯示，截止到 2015 年底，曲面電視在北上廣深滲透率達到市場總規模的 25.6%，65 英吋及以上滲透率更超過 50%，並且 2016 年仍將呈現逐步擴大的趨勢，曲面電視已經成為行業高端電視的代表。

可以說 2015 年是曲面電視的爆發元年，以 TCL 為代表的曲面廠商通過一系列舉措推動曲面市場實現爆發。2015 年 7 月，TCL 以一場痛快淋漓的曲面價格戰，撕開了曲面大普及的帷幕，讓消費者首次體驗到曲面電視的驚豔臨場感；在紀念抗戰 70 周年大閱兵上，TCL 曲面電視成功登陸閱兵前線指揮車，讓曲面概念火遍大江南北；而在同年 9 月德國 IFA 上，TCL H8800 更一舉斬獲了年度產品創新獎，向全世界展示了中國製造的大實力與大魅力，TCL 已然成為曲面電視的代名詞。

而作為曲面市場的引爆者，TCL 同時成為了消費者首選的曲面電視品牌。據中怡康監測數據顯示，受益於 2016 年 1 月 16 日品牌日活動的拉動，2016 年第三周，TCL 曲面電視以 35.4% 的零售量份額，位列市場第一，高出第二位 13%，持續領跑曲面電視市場。TCL 曲面電視獲得了市場的極大認可，而此次帶來春節前最後一波鉅惠讓利，正是 TCL 回饋消費者最直接、最走心的體現。

據悉，此次活動不僅讓利幅度巨大，產品陣營更是史無前例，涵蓋 TCL 最新最全的曲面電視產品。其中，以選擇豐富、性價比高著稱的 TCL 曲面 H8800 系列，最為吸引消費者的關注。H8800 系列曲面電視，配備 4000R 黃金曲率屏幕，具備與人眼球同弧度的曲率特徵，除了帶來真實呈現的臨場感，更確保健康舒適的觀看體驗，是春節期間一家大小收看跨年晚會、春節聯歡晚會等大型現場類電視節目的首選神器。同時，H8800 具備最高達 110%NTSC（量子版）的色域覆蓋率，並搭載世界頂級音響哈曼卡頓 S 級曲面音響，在色彩及聽覺臨場感真正滿足消費者的觀看需求。

「2016 年 TCL 將會與蘇寧展開深度合作，將給消費者帶來更優質的服務。」TCL 多媒體相關負責人表示，此次曲面賀新春活動就是雙方合作的大練兵，TCL 全線曲面產品都將在蘇寧全國 1000 多家連鎖店同步讓利銷售，實現一到四線城市全覆蓋。蘇寧強大的全國售後網路，也將為全國用戶帶來更為專業、更為優質的服務，讓全國消費者齊享歲末大回饋。據悉，此次活動將是 TCL 聯手蘇寧的節前最後一波曲面攻勢，機會難得，是消費者入手曲面、緊跟潮流的最佳時機。

資料來源：http://it.sohu.com/20160126/n435863631.shtml

思考題：

TCL 與蘇寧強強聯合成功的關鍵是什麼？

案例 9 LG 發展戰略

一、LG 戰略調整

　　LG 電子（中國）高層管理層於 2002 年初做了較大調整，在華的眾多跨國公司也選擇了這個年度換帥易人，而緊隨人事變動的是在華策略的調整，比如西門子、日立等等。LG 電子在中國發展的大方向不會變，只是加快速度，加強力度。

　　速度調整：首先體現在產品上，以微波爐為例，去年年產 300 萬臺，今年可能就是 400 萬～500 萬臺，這體現了速度的變化。另外，LG 並非將在韓國製造的產品拿到中國來賣，而是將在中國製造的產品銷往全世界，天津生產的微波爐 80% 用來出口，惠州產的 CDROM 出口比例達到 90%。因此 LG 的戰略是，不僅在中國爭做第一，而是在全世界爭做第一，利用中國的優勢做到世界第一。

　　此外，速度還體現於產品研發上，以前 LG 在中國的眾多工廠有各自的研發中心，現在要成立統管各個工廠的整體研發中心；人才本土化方面也有速度的變化，負責營業方面的分公司長已基本實現本土化，而 LG 當初的計劃是，到 2003 年才會出現一個本土化的分公司負責人。

　　LG 電子的策略是，魚和熊掌兼得。新的高端產品，取信少部分高收入者，普及性產品為普通百姓服務。雙管齊下，新品快速研發、快速入市；已普及的產品快速降低本，把降低成本做到世界第一，就可以將產品做到世界第一了。

　　相比於日本企業，韓國晚進入中國，而日本沒有成功與它在中國沒有全身心地投入做市場有關。有一點需要強調，LG 進入中國從未將中國作為國外市場來做，而是對其重視度遠遠超過了對國內市場的重視。如果不是這樣，大概也不會取得今天的成功。

　　此外，LG 電子當初是「全身心投入」的。企業經營最關鍵的三大因素是人、技術、資本。LG 進入中國市場時，將最優秀人才派遣到中國；資金上，只要對在中國今後的發展有利的，都毫不猶豫地投入；技術領域，將國內前端技術以最短的時間投入中國，等離子彩電就是個例子，目前在中國市場大批量銷售的，LG 是跨國公司第一家。

二、LG 家電高端戰略在中國市場的「迷失」

　　作為全球消費電子行業的巨頭，LG 電子的一舉一動備受關注。這家在中國市場上被譽為「本土化」戰略最成功外資企業，在遭遇 2004 年中國業績低谷後，力推「藍海」戰略試圖轉型高端，在一系列品牌戰略和產品策略的推進中，又進展如何？

　　2004 年，LG 電子全球的銷售收入為 24.659 萬億韓元（約合 238.5 億美元），同比增長了 22.2%；一直被 LG 看作無法替代的最重要的海外市場的 LG 電子中國，2004 年僅實現了 5% 的年增長率。這家韓國電子巨頭在中國市場遭遇「滑鐵盧」，這與 LG 電子近些年在全球樹立的「黑馬」形象極不匹配。在中國市場連續多年的高速增長無疑

遇到了一個「增長的瓶頸」。

當時有市場分析家們對 LG 的中國市場策略提出了批評，「LG 剛進入中國時還很有特色的設計和技術優勢已經在越來越多本土對手的追趕下日漸消弭，卻沒有及時反應。」

韓國企業是善於學習和變化的，「我們不能總甘當二流廠商，而應該爭當頂級企業。」2005 年時任 LG 電子 CEO 的金雙秀面對市場的變化發出這樣的豪言。

從 2005 年開始，LG 電子相繼中國推出了「藍海戰略」「一等戰略」，LG 希望告別過去的大眾化路線，轉向高端挺進，以幫助 LG 擺脫和本土低價格的家電產品的正面交鋒，獲得更高的利潤，同時，借助高端產品可以在消費者心中確立 LG 的品牌地位。

在戰略層面調整的同時，在產品策略上，LG 也積極加強了「高端」產品的投放，2006 年 4 月，LG 推出數千元的「巧克力」手機；8 月，推出具有「左右時間」功能的平板電視，平均售價要比一般功能的平板電視高出 2,000 元以上；9 月，「氣質」洗衣機上市，系列產品售價在 1.2 萬至 1.8 萬元；11 月推出的 2in1 空調，售價範圍也在 1.2 萬至 2 萬元之間。2007 年 3 月，LG 電子在上海召開年冰箱新品發布會，推出一款售價高達 4.6 萬元豪門對開門冰箱，昂貴的價格令人望塵莫及。

華麗的外觀、考究的工業設計成了 LG 電子「高端」戰略的發力點，高昂的價格是其「高端」品牌的價值體現，市場對這個「最像中國品牌的洋品牌」的高端轉型是否認可？

據國家信息中心零售監測數據顯示，中國高端冰箱（多門、對開門）銷售呈現大幅增長趨勢，2008 年 1～5 月份，對開門冰箱銷量同比增長 69.4%，而 LG 對開門冰箱的市場份額出現了大幅下滑，由去年同期的 31.1% 降到 22.9%，讓海爾和三星反超而跌至第三位。在暢銷的 10 款高端產品中也由過去的三款縮減至兩款。

對於這種企業品牌戰略與市場表現的背離，業內分析人士認為，LG 自從進入中國以來，一直採取大眾化策略，通過收購、與國產品牌合作等方式快速適應市場，取搶占了不少的市場份額，但同時，LG 產品也給消費者留下了「最像中國品牌的洋品牌」的大眾印象。LG 電子也被認為是在中國市場本土化最成功的外資企業之一。而在實際市場運作中，LG 的「一等戰略」與「中國本土化」戰略之間缺乏有機的銜接和整合，出現了兩個戰略目標間的差異，一邊是只求利潤不求規模，一邊是追求規模背後的利增，兩者之間的差異，造成了企業在市場營銷、網路佈局、推廣手段等方面缺乏融合，轉型所要耗費的時間和資源投入相當大，最終使得 LG 在中國市場上的轉型頗為尷尬。

國家信息中心市場處處長蔡瑩認為，近兩年，國內本土企業隨著實力的增強，也紛紛加大高端產品的研發和推廣，進一步增加 LG 電子向高端轉型的難度。

「LG 這兩年的高端轉型戰略有所氣色，但不明顯，其品牌地位依然尷尬，不高不低。」某知名連鎖企業的一位不願透露姓名的人士也表示。「要真正實現戰略轉型，LG 電子需要更長時間，也需要真功夫。」

三、LG 戰略失誤，索尼或迎來發展良機

雖然已經投入了數十億美元開發新型顯示技術，但由於產品開發進度緩慢，加之

單價接近1萬美元，迫使三星電子和LG電子相繼調整高端電視機戰略。

這兩家韓國企業的失誤為日本的索尼、夏普以及中國的創維創造了難得的機遇。這些公司都在推出採用傳統液晶面板的電視機，並以大約一半的價格提供足以與新技術媲美的分辨率。

作為全球最大的兩家電視機製造商，三星和LG遲遲未能通過OLED電視盈利。相比於多數採用液晶面板的電視機，這種技術的亮度更高，畫面也更加銳利。雖然這兩家公司去年就曾表示將量產OLED電視，但LG的首款機型直到今年才正式在韓國上架，而且售價高達1,100萬韓元（約合9,900美元），而三星的產品仍未上市。

三星和LG正在調整戰略，計劃加大液晶電視機的出貨量，以保持行業的領導地位。與此同時，索尼却準備通過擴大液晶電視產品範圍，在超高清電視機市場奪取更大的份額。

「三星和LG都誤判了超高清市場。」美國證券公司E-Trade駐韓國分析師Joen Byung Ki說，「他們現在認為，可能仍要堅持發展一段時間的液晶技術。」三星和LG發言人均表示，他們的公司將繼續開發OLED產品，但也會擴大超高清液晶電視的產量。

據美國市場研究公司DisplaySearch測算，全球超高清液晶電視面板（4K）出貨量可能會從去年的6.3萬片增長到今年的260萬片。

索尼正在憑藉所謂的4K技術拓展介入傳統液晶技術和OLED技術之間的領域。這家全球第三大電視機製造商上月宣布以5,000美元的價格出售一臺55英吋電視機，今年11月還推出售價2.5萬美元的84英吋機型。

索尼的電視機業務在過去的幾年裡一直處於虧損狀態。該公司CEO平井一夫於2013年1月曾表示，超高清電視機是為了取悅消費者，並給他們帶來驚喜。

索尼董事會討論過美國對沖基金經理丹尼爾·勒布（Daniel Loeb）的一份提案。勒布建議索尼出售20%娛樂業務並專注於電子產品。平井一夫曾經承諾，將在截至2014年3月的財年內帶領電視機業務扭虧為盈，並出售1,600萬臺電視機。三星2012年的全球平板電視機銷量為5,100萬臺，LG約為3,000萬臺。

憑藉著娛樂業務的支持，索尼將為該公司的電視機買家提供電影。該公司正在轉換《阿拉伯的勞倫斯》和《出租車司機》等老電影，並將從2013年開始為4K Bravia電視機用戶提供下載。

「索尼正在刺激4K電視機的需求。」DisplaySearch駐日本分析師Hisakazu Torii說，「這兩家韓國廠商也必須推出4K電視機來利用這一趨勢，他們可能還要快速行動。」

三星和LG都將賭注壓在OLED技術上，原因是這種屏幕耗電更少，比傳統液晶面板更薄，且畫質更加優秀。這兩家公司都在2012拉斯維加斯國際消費電子展（CES）上展示了55英吋的OLED電視原型機，機身甚至比蘋果iPad還薄。

但這兩家公司却未能提升足夠的產能來實現與液晶面板相同的規模效益。這也意味著銷量的增加也將十分緩慢。

E-Trade預計，OLED將占2016年全球電視機出貨量的10%。

索尼2007年推出了全球首款OLED電視機，但由於尺寸僅為11英吋，但售價高達2500美元，導致需求受阻。索尼和松下去年宣布合作生產更多OLED電視機。

三星早在 2006 年就開始投資 OLED 生產設施，主要用於該公司旗下的 Galaxy 系列智能手機。三星過去兩個財年已經投入 7.9 萬億韓元開發 OLED 技術，針對的目標包括電視機和移動設備。LG 去年和今年也投入了 1.1 萬億韓元開發 OLED 電視機面板。

　　投資公司 HI Investment & Securities 分析師 Chung Won Suk 表示，這兩家韓國公司之所以逐步放棄液晶技術，是因為這種產品的利潤自 2004 年便開始萎縮，而且他們需要尋找新的增長領域。

　　今年第一財季，電視機所在的三星消費電子部門利潤已經萎縮過半，至 2,300 億韓元。LG 今年 4 月稱，該公司的電視機業務利潤也已經從一年前的 1,640 億韓元驟降至 300 億韓元。

　　「OLED 在價格和分辨率上並不具備太大優勢，仍然有待進步。」Chung Won Suk 說，「現在商業化可能還為時尚早，所以這兩家韓國公司才需要超高清電視機。」

　　資料來源：1.http://info.1688.com/detail/1002343447.html
　　　　　　　2.http://www.people.com.cn/GB/it/49/151/20020621/758330.html
　　　　　　　3.http://tech.sina.com.cn/e/2013-05-23/10308370507.shtml

思考題：
1. LG 是如何進行戰略調整的？
2. LG 戰略的得與失是什麼？

案例 10　創維電器發展戰略

一、五大升級戰略推動創維白電發展

　　作為彩電行業的主力軍，近年來創維集團在做強彩電主業使其飛速發展的同時，也將目光投向白電市場，開啓白電版圖的擴張。為快速擴大白電的市場份額，創維集團更是提出產品升級、品質升級、製造升級、市場升級、品牌升級的五大升級戰略，令白電產品的結構與影響力迅速提升，目前創維白電產品已取得優異成績，成為白電市場的一股新勢力。

　　1. 產品品質升級加速高端化發展

　　自 2015 年開始，創維的品牌戰略由原來的專注「電視」向構築「智慧家庭」發展，開啓了多元化的品牌戰略，冰洗產品將成為集團多元化戰略的主要成員。創維電器總經理吳啓楠認為，創維要發展就要從其他品牌手中奪取份額，因此，向高端化、智能化轉型升級勢在必行，為此，創維相繼推出多款高端冰洗產品。

　　其中，創維「風冷+」冰箱，搭載自主研發的 i-health 智能控制系統，可合理匹配冷控系統，實現多點感溫和精確控溫；「風冷加濕養鮮系統」具有化霜保濕、送風加濕功能，從水源徹底解決風冷冰箱需要補水的技術難關。「i-DD」變頻滾筒洗衣機，採用 DD 直驅變頻電機，利用磁懸浮原理，搭配 LED 觸控高清屏，實現廣域網下的人機互動，手動或 PAD 完美操控洗衣機；多維傳感裝置可精準檢測衣物，實現感知洗衣信

息,自動匹配用水和洗滌劑。在「五大升級」戰略思想指導下,創維白電高端產品占比顯著提升。

2. 技術製造雙升級打造創維精品

然而提速白電製造,不只是單純追求產量提速,產品質量的提速更是不容忽視。創維負責人指出,「重規劃、高效率、系統致勝、團隊保證」是創維電器的製造戰略,從而實現精益規模製造。此前,創維集團新增風冷冰箱開發部、滾筒洗衣機開發部與軟件部,白電研發中心目前共7個部門,獲得技術專利近30項。據瞭解,創維冰箱根據公司的規劃合理配置設備、模具、工裝、器具、人力資源等軟硬件設施,在設備方面引進進口設備,如義大利COMI吸塑機、日本自動化U殼線等。另外,創維通過設計先進合理的工藝流程、物流路線,從生產設備與工藝流程方面,保障效率的提升。先進的自動化生產系統及智能化生產管理,不但提升了生產效率,也大大節約了人力占用。

為了改善冰洗產品的檔次及技術,創維選擇跟東芝合作,從而推出滾筒洗衣機、高檔冰箱等產品。與東芝展開合作,是創維針對旗下冰箱、洗衣機產業所做的重要戰略佈局,創維白電在中國市場將實現雙品牌運作,這將極大地加快創維白電的高端化轉型步伐,實現創維白電的高端化、智能化和國際化,推動技術、製造雙升級。

3. 市場品牌升級助推百億銷售目標

創維白電產品在品質、技術、製造不斷升級的同時,市場及品牌升級也在持續推進。借助「黑+白」特有的整合優勢,在白家電營銷上,創維集團實行農村包圍城市的營銷策略,推動白家電向城市市場、專業大賣場升級,向一、二級市場擴張,並利用彩電現有的市場終端和強大的市場推廣資源,強化國內白家電市場。同時,為進一步推動白家電業務的銷售,實現電商平臺全覆蓋,創維集團已經在全國建立41個專屬物流倉庫,以及遍布全國的服務網路,積極拓展電商渠道,希望讓白電有更大的銷售渠道和發展空間,從而助力突破百億銷售目標。

據瞭解,創維在全國的終端銷售網點數量超過25,000家,包括5,000家專賣店、3,200家縣城店和17,000家鄉鎮店。2015年,在集團多元化戰略的支持下,創維營銷總部在全國構建了5,000家全品類專賣店,助力創維冰洗銷售全面爆發。實現2016年冰洗銷售300萬臺、2020年銷售500萬臺的目標,躋身行業一線品牌,創維與東芝宣布將在白電產品的國內外市場銷售、產品開發、供應鏈及精益製造等領域展開長期合作。創維電器將實施創維東芝雙品牌運作,借助日本品質優勢開拓高端市場。創維集團總裁楊東文更透露,2016年,創維集團將配置3,000萬資源支持創維電器對冰洗產品的品牌推廣,加上創維電器自身的投入,全年品牌推廣費用將突破1億元。

五大升級戰略推動創維白電加速發展,在「專注健康科技」的整體品牌定位基礎上,創維白電將聚合集團的渠道和推廣資源優勢,為冰洗產品打通「國際化」「智能化」的大產業通道。

二、創維智慧家庭戰略落地

2015年3月11日,創維智慧家庭戰略落地發布會在上海舉行的中國家電博覽會

（AWE）期間盛大舉行。中國電子視像行業協會常務副會長白為民、創維集團總裁楊東文、創維集團彩電事業本部總裁劉棠枝、創維電器公司總經理吳啓楠、創維酷開公司董事長王志國、創維空調公司總裁肖友元等悉數出席，並參加了創維智慧家庭戰略落地發布儀式，共同見證創維集團戰略佈局及取得的階段性成果。

此次創維智慧家庭戰略發布會與其他企業同類發布會有所不同，自始至終強調「落地」二字。據楊東文總裁介紹，創維在智慧家庭戰略佈局已久，選擇這個時機對外發聲是做好了準備，胸有成竹地進入該領域。

1. 智慧夢想，源於專注

專注才能做到極致！創維就是這樣一家企業，27 年來主動迎擊彩電的每一次技術變革，始終將電視帶給用戶的極致體驗放在研發和生產的第一位。正是絕佳的體驗和服務贏得了用戶口碑，奠定了創維多年在黑電行業的領先地位。

由於對電視的專注，創維人對這塊屏的未來寄托著夢想。創維集團總裁楊東文先生深情地回憶起四年前的場景，在同研發和市場人員探討智能電視的發展趨勢時，他們堅信電視這塊智慧屏幕將成為未來智慧家庭的服務入口和內容引擎，承載著無可估量的價值。從那時起，智慧家庭就成了創維人心中一粒珍貴的夢想種子，由此萌生了一個偉大夢想——通過智慧屏幕將各項生活服務送達億萬家庭，讓全球共享物聯網給生活帶來的美妙、便捷和自由。

四年前，創維的產業還比較單一，創維意識到，單獨的智慧屏幕勢必無力承載全球智慧家庭之夢，且這個偉大夢想需建立平臺和活躍軟硬件開發者生態，才能提供家庭環境所必需的豐富服務。任何一家公司靠單打獨鬥都做不了這件事情，「家有梧桐樹才能引得鳳凰來」，想要引來合作夥伴共築夢想，首先需自己搭好平臺，並有切實的落地效果。

2. 佈局四年，穩扎穩打

創維懷著全球智慧家庭偉夢，四年前正式啓動多元化、國際化、智能化和團隊培養的戰略佈局，一步一個腳印踏上了夢想徵程。首先，創維發揮自身在品牌、銷售、售后、倉儲等方面的資源優勢，在機頂盒、冰洗、空調、照明、安防、家用電器等多元化產業發力；同時，攜優勢產品大舉進軍東南亞、非洲、歐洲和北美市場。創維尤其重視對互聯網人才的引進和培養，設立專項資金預算鼓勵內部各互聯網團隊創新和試錯，待新業務發展明晰便給予空間、獨立單飛。

據楊東文總裁介紹，四年來創維人勵精圖治，多元化產業在各領域嶄露頭角甚至獨領風騷。創維數字分拆上市，市值已過百億；創維電器進入市場僅三年，產能就突破 600 萬臺，銷售增速 55% 以上，實現行業逆襲；創維節能空調即將進入 7,000 家專賣店。創維的國際化戰略也頗具成效，已成功占領東南亞和非洲市場，歐洲和北美市場也在穩步推進。目前，創維的聯網智能電視已達 1,000 萬臺以上，日活躍智能電視達 500 萬臺以上，且新增激活量以每天 2 萬~3 萬的量穩步提升；截至目前，創維多元化產品已成功覆蓋 2 億家庭，輻射接近 7 億用戶，整體呈持續上升態勢。

值得關注的是，創維研發中心內部培養了酷開操作系統、指尖遙控、電視派、應用圈等十幾個戰鬥力超強的互聯網團隊，成員以 80、90 后為主，孵化和推出的產品服

務多是圍繞智能電視這塊屏幕，目前已在市場大力推廣，最小的產品用戶量也在50萬以上；創維不局限於自己培養互聯網創業團隊，其戰略投資部也對外投資了十幾家與智慧屏幕服務相關的互聯網公司，且取得了不錯的投資回報。

3. 厚積薄發，率先落地

在物聯網的推動下，智能化是傳統家電行業不容質疑的發展方向，這在業內已達共識。智能化首先是一場技術變革，這場變革掀起的浪潮必將帶來巨大的發展空間和商業前景。2014年越來越多的巨頭意識到結盟才能彌補各自劣勢，無論是硅谷的科技巨頭谷歌、蘋果，還是國內的海爾、美的，亦或聯想、騰訊、阿里，甚至包括萬科、花樣年、龍湖地產等房地產和物業公司也加入了這場混戰。

儘管各大公司都從自身優勢出發，互相結盟，對行業歷經各種探索，但仍沒有哪一家公司找到打開智慧家庭大門的金鑰匙。創維智慧家庭戰略的落地，有望改變這一狀況，讓這一夢想不再可望不可及。

創維酷開公司董事長王志國介紹，創維智慧家庭發展思路是基於對家庭用戶的研究和對雲端數據的支持，並結合創維線上線下優勢，實現了率先落地：

第一，鋪開智慧家庭入口。從智能電視操作系統入手，全球首款完美支持智慧家庭的創維智能電視操作系統5.0在底層植入智慧家庭模塊後，通過全網系統升級，可快速讓數千萬用戶進入家中電視的智慧家庭入口。

第二，用軟硬件連通的服務吸引用戶。創維智能電視不是將各種設備冷冰冰的信息顯示和控制功能帶給用戶，而是基於軟硬件連通的服務來吸引用戶。比如用戶在觀看影視服務模塊提供的探險影片時，家中燈光、音箱、空調、加濕器等會依據影片場景的變化工作起來，親歷4D影院都無法提供的身臨其境的樂趣。

第三，購買流程引導。用戶在開啟創維智慧家庭的各種服務時，會有對應的場景微電影引導和所需設備的購買入口。倘若場景成功打動了用戶，可在界面一鍵支付購買設備。創維多元化產業對智慧家庭戰略具有強大的價格傾斜和支撐，用戶在服務界面會發現異常心動的銷售價格，易產生購買衝動。

第四，送貨安裝優勢。創維專業的線下倉儲、物流、安裝服務團隊有良好的口碑，用戶線上購買設備可實現快速送貨上門，創維將通過標準化流程快速安裝和調試各種設備。

第五，Kiss協議一秒吻連。創維智慧家庭產品走Air Kiss協議，所有創維多元化設備和深度合作夥伴設備，均可跟電視一秒自動連接，無須通過AP進行Wifi的繁瑣設置。

第六，售後服務互聯網化。未來創維智慧家庭生態的所有產品均可通過電子保修卡實現售後諮詢和維修，維修診斷和進程標準化、可視化、透明化，解決用戶維修產品聯絡繁瑣、價格不透明、流程冗長等問題，讓售後服務更便捷、可信、高效。

4. 攜手夥伴，共築夢想

楊東文總裁介紹說，2015年3月1日，創維正式成立智慧家庭戰略發展部，大膽啟用80後團隊組建這支戰隊，旨在打造以智慧屏幕為核心的智慧家庭開放平臺，攜手上下游夥伴共存共贏，共建生態。

落地發布會上，楊東文總裁代表創維宣布開放智慧屏幕，搭建智能硬件平臺，發布標準協議，積極邀請上下游合作夥伴共享智能電視屏幕，共同開發智慧家庭相關的豐富服務。創維堅信，在行業的攜手努力下，必將在不久的將來建立一個良性的智慧家庭生態系統，為全球用戶提供更高品質的家庭服務。

資料來源：http://science.china.com.cn/2016-03/19/content_8649128.htm
　　　　　http://www.hea.cn/2015/0319/224843.shtml

思考題：
1. 創維智慧家庭戰略成功落地的原因是什麼？
2. 創維是如何實施五大升級戰略的？

國家圖書館出版品預行編目(CIP)資料

企業戰略管理基礎與案例 / 曹小英 主編. -- 第一版.
-- 臺北市 ： 崧燁文化，2018.08
　面 ；　公分

ISBN 978-957-681-518-8(平裝)

1.企業管理 2.策略管理

494　　　　　107013636

書　名：企業戰略管理基礎與案例
作　者：曹小英 主編
發行人：黃振庭
出版者：崧燁文化事業有限公司
發行者：崧燁文化事業有限公司
E-mail：sonbookservice@gmail.com
粉絲頁　　　　　　網　址：
地　址：台北市中正區重慶南路一段六十一號八樓 815 室
8F.-815, No.61, Sec. 1, Chongqing S. Rd., Zhongzheng Dist., Taipei City 100, Taiwan (R.O.C.)
電　話：(02)2370-3310　傳　真：(02) 2370-3210
總經銷：紅螞蟻圖書有限公司
地　址：台北市內湖區舊宗路二段 121 巷 19 號
電　話：02-2795-3656　傳真：02-2795-4100　網址：
印　刷：京峯彩色印刷有限公司（京峰數位）

　　本書版權為西南財經大學出版社所有授權崧燁文化事業有限公司獨家發行電子書繁體字版。若有其他相關權利及授權需求請與本公司聯繫。

定價：350 元
發行日期：2018 年 8 月第一版

◎ 本書以POD印製發行